黔南民族师范学院资助出版

贵州省一流大学重点建设项目"概论"课程资助出版

煤矿安全事故成因的
技术哲学研究

缪成长　著

西南交通大学出版社

·成都·

图书在版编目（ＣＩＰ）数据

煤矿安全事故成因的技术哲学研究/缪成长著. —
成都：西南交通大学出版社，2021.4
ISBN 978-7-5643-7679-6

Ⅰ. ①煤… Ⅱ. ①缪… Ⅲ. ①煤矿事故 – 安全事故 –
技术哲学 – 研究 Ⅳ. ①TD77

中国版本图书馆 CIP 数据核字（2020）第 187405 号

Meikuang Anquan Shigu Chengyin de Jishu Zhexue Yanjiu
煤矿安全事故成因的技术哲学研究

缪成长　著

责 任 编 辑　　郑丽娟
封 面 设 计　　严春艳

西南交通大学出版社
出 版 发 行　（四川省成都市金牛区二环路北一段 111 号
　　　　　　　西南交通大学创新大厦 21 楼）
发行部电话　　028-87600564　　028-87600533
邮 政 编 码　　610031
网　　　　址　　http://www.xnjdcbs.com
印　　　　刷　　四川森林印务有限责任公司
成 品 尺 寸　　170 mm × 230 mm
印　　　　张　　17.25
字　　　　数　　257 千
版　　　　次　　2021 年 4 月第 1 版
印　　　　次　　2021 年 4 月第 1 次
书　　　　号　　ISBN 978-7-5643-7679-6
定　　　　价　　128.00 元

序

中国煤矿企业目前的发展面临着两难困境。一方面，它在国家行业发展规划中已经被定性为"夕阳产业"；另一方面，当前煤炭在中国能源结构中仍占 70%，预计到 2035 年煤炭占比仍在 60%以上。也就是说，在今后相当长时间内，煤炭是中国经济发展主导能源的地位不会改变。由于中国煤矿地质条件较差，开采技术较落后，煤矿安全事故死亡率远高于发达国家，甚至在发展中国家中也位居前列。21 世纪初，各级政府和煤矿企业历经努力，使煤矿安全事故有较大幅度下降，但重特大事故仍时有发生。这种煤炭企业发展的两难困境，以及中国煤矿产业的现状，必然给煤矿安全生产带来更大的考验和挑战。因而，煤矿安全事故综合治理的任务仍很艰巨，从理论上加强相关研究、在实践中加强实际指导非常必要。

当前学界对中国煤矿安全事故的研究存在诸多问题：研究领域主要聚焦在技术场域，立足于社会场域的研究比较少；研究方法主要是实证研究，理论研究严重不足；研究视野主要是微观探测，宏观分析并不多见。从已有研究成果看，工程技术角度的研究，把煤矿安全事故仅看成物化技术的问题；经济学、管理学角度的研究，则把煤矿安全事故仅看成社会或政治场域的问题。这两种研究方式各有其自身的局限性，一是把煤矿安全事故的技术场与社会场隔离开来；二是在理论上无法深入，很难形成一个比较完整的理论框架。这种技术与社会、理论与实践相脱节的研究状况，使煤矿安全事故的成因研究，不仅在理论上很难深入，而且缺少实践指导价值，很难有效预防和控制事故。

缪成长博士的专著《煤矿安全事故成因的技术哲学研究》，从技术哲学角度对煤矿安全事故成因展开研究，在一定程度上弥补了现有理论研究的不足。技术哲学是关于技术的哲学研究，是对技术的哲学思考。煤矿安全生产的核心，实际上就是采煤技术的使用，因此，把煤矿安全事故视作技术风险事件进行研究是完全可行的。换言之，在研究煤矿安全事故中，只要紧紧围绕采煤技术提出问题、分析问题和解决问题，形成对采煤技术的分析和思考，就可能形成技术哲学研究的语境氛围，建构技术哲学研究的理论框架。将煤矿安全事故放在技术哲学研究背景下，并辅以事故案例研究，就可能实现理论研究与实践研究、技术研究与社会研究的交叉融合，弥补现有研究的缺陷。

自从 19 世纪后期德国学者卡普（E.kapp）出版《技术哲学纲要》以来，特别是近半个多世纪，技术哲学的影响越来越大，并逐渐成为一门显学。在技术哲学研究领域，关于技术风险的研究，已经形成了哲学分析、风险社会、社会批判和技术事故等多种研究模式，出现了理论研究、案例研究、工程技术研究、社会文化研究等多种研究理路。这些研究模式和研究理路，又可以进一步分化和综合。

作者以技术哲学为背景，以技术及技术风险的相关原理和理论为指导，采用理论分析和案例研究相结合的方法，对中国煤矿安全事故成因进行了多维度探讨，并提出了自己思考的基本对策，具有宏观视野、微观分析和实证研究相结合的特色，富有时代性和创新性。无论从中国煤矿安全事故频发的现实迫切性，还是从中国煤矿安全事故现有研究的理论局限性，抑或从技术哲学研究煤矿安全事故的可行性来说，本论著的研究工作都非常有价值。

技术哲学诞生于 19 世纪后期的德国，以 1877 年德国学者卡普（E.kapp）出版《技术哲学纲要》为标志。此后至今的一个多世纪，技术哲学逐渐成为显学，逐步发展成为具有很强包容性的学科体系。技术哲学是关于技术全方位的哲学反思和研究。发明、设计、制造和使用等各种形态的技术，以及技术主体、技术客体、技术对象、技术情境等各种技术要素，都是技术哲学的研究对象。技术风险、技术伦理、技术与社会、技术与环境等技术实践中出现的问题，也是技术哲学研究的应有疆域。技术哲学起源于人类对技术发展和应用中所产生各种问题的关注与思考，也正是技术哲学研究对象的多样性和研究内容的丰富性，决定了技术哲学研究领域的广泛性，并为其持续拓展视域空间提供了各种可能性。

技术哲学研究传统的多元性，决定了其研究风格的差异性。技术哲学研究传统至今并无统一划分，国内外影响较大的有三种划分。一是从国家层面的划分，包括德国的技术哲学分析传统、法国的技术伦理学研究传统、英美的技术社会—历史研究传统，日本的技术论研究传统等。二是美国著名技术哲学家卡尔·米切姆的划分，分为工程学的技术哲学和人文主义的技术哲学，前者主要讨论技术的本质、结构及意义，后者主要探究技术的社会、文化和伦理等方面的价值。三是国内学者吴国盛在《技术哲学经典读本》中的划分，即"社会—政治批判传统""现象学—哲学批判传统""工程—分析传统""人类学—文化批判传统"。

技术哲学历经 100 多年的发展，形成了丰富的技术哲学理论体系。国内学者盛国荣在《西方技术哲学研究中的路径及其演变》一文中，列举了具有代表性的理论，如波兰学者科塔宾斯奇（Tadensz Kotarbinski）的技术行动学，美国学者杜威（John Dewey）的实用主义技术论，德国学者德绍尔（Friedrich Dessauer）的第四王国理论，海德格尔（Martin Heidgger）的存在技术论，美国学者芒德福（Lewis Munford）的人文主义技术论，法国学者埃吕尔（Jaeques Ellul）的技术自主论，美国学者博格曼（Albert Borgmann）的装置范式论，平奇（T.J.Pinch）的社会建构主义技术论，伊德（Don Inde）的实践技术论，加拿大学者芬伯格（Anderw Feenberg）的技术批判理论。

在技术已经成为重要时代特征的今天，进一步开辟技术哲学研究新领域，不仅在实践上很有必要，而且在理论和研究传统上也已经具备了一定的可能条件。

技术风险研究是西方"舶来品"，从 20 世纪 50 年代起，随着工业化对环境和生态的破坏，西方学者对技术风险的关注和探讨日益深化，形成了多种多样的研究模式。比较典型的有四种：哲学分析模式、风险社会模式、社会批判模式和技术事故模式。

哲学分析模式是一种比较正统的技术风险研究模式，通过揭示技术的历史发展、本质特征以及与社会的关系，来探究技术的风险本质。如马克思（Karl Marx）的劳动异化理论，海德格尔（Martin Heidgger）的现代技术批判理论。

风险社会模式是以社会学为工具，把技术风险当成社会的一个重要特征来加以研究。如德国学者乌尔里希·贝克（Ulrieh Berk）和英国学者吉登斯（Anthony Giddens）探讨现代社会制度条件下社会风险形成机制，英国学者道格拉斯（Mary Douglas）与斯科特·拉什（Scott Lash）为代表的文化风险社会理论，法国学者福柯（Michel Foucault）的风险统治理论，以及劳（Lau）的现实主义风险社会理论。

社会批判模式关注科学技术对阶级矛盾、政治经济制度结构以及大众心理的影响，如马克思的政治经济学批判理论。法兰克福学派从不同视角对技术社会风险进行了探究，如卢卡奇（Ceorg Lucacs）从宏观社会学角度出发，揭示人在工业社会中的生存状况；弗洛姆（E.Fromm）从微观心理学的角度，揭示人异化的根源；马尔库塞（Herbert Marcuse）批判社会的"单向度"病态特征；哈贝马斯（Jurgen Habermas）对科学技术的"意识形态"统治地位进行批判。

技术事故模式直接把对技术风险的关注聚焦于技术灾难、技术事故、技术负面效应。如美国海洋微生物学家卡逊（Rachel Carson）在《寂静的春天》中，首次揭示技术对环境的危害。此后不断发生的技术灾难，如工业化的公害事件、核泄漏事故、疯牛病事件、航空事故等，大大推动了对技术风险的研究。

技术事故分析已成为较为成熟的技术风险研究模式，将技术风险理论与技术实践结合起来，发挥技术风险理论的实践指导价值，以最大限度地减少尚未发生的技术风险，具有很强的社会现实意义。

煤矿安全事故是煤矿安全生产中发生的灾难，是一种特殊的技术风险，不同于自然界演化过程中自发形成的自然灾害，而是在采煤技术使用中人为酿成的技术风险事故。煤矿安全生产的实质是采煤技术的使用，是矿工使用采煤技术的实践活动，符合技术使用的三个基本结构要素：技术主体（矿工）、技术客体（采掘机等）和技术对象（煤炭）。采煤技术使用模式的总体特征是"人—机器—环境"一体化，三要素具有整体联动的特点，三者关系呈强关联，技术风险一旦出现，就会迅速扩散，难以控制。且煤矿安全事故具有很大的社会影响力。据官方数据统计，煤矿安全事故死亡人数远低于交通安全事故，但因社会大众对煤矿安全生产环境十分陌生，故煤矿安全事故具有社会放大效应，容易引起社会各界关注，更需要学界做理论联系实际的深入研究。

本论著首先在技术哲学背景下，对技术及其风险进行系统理论考察。作者从人的生存角度探讨技术的属人性，从人的生存关系角度探讨技术的本质特点，从人的生存状态角度探讨技术的风险特征及其根源，因此引出煤矿安全事故实际上是特殊的技术风险事件。通过深入揭示煤矿安全事故的技术风险特征和本质，为从技术风险视角研究煤矿安全事故奠定理论基础，也为煤矿安全事故成因的技术哲学研究寻找立论依据。进而，作者从第二章到第六章，用大量篇幅从技术成因、制度成因、权力成因、心理成因和文化成因的多维度，对煤矿安全事故的成因进行全面深入的探究，挖掘各成因的根源，揭示成因的构成要素、形成途径和形成机制，并集合典型案例进行深入的成因分析。最后，结合中国煤矿安全事故的现状进行对策思考，提出制度创新、心理机制和文化建构等方面的对策建议。

作者首先将技术使用不确定性定为煤矿安全事故的重要技术成因，指出，技术不确定性是指技术未来状态的不稳定和无法确定，包括技术应用、产品开发、市场开拓、基础研发等多重不确定性。作者着重将技术不确定性限定在技术使用的不确定性上，仅指技术使用未来状态的不稳定和无法确定。作者认为，技术不确定性的根源，在于作为技术基础的科学理论的相对性、技术系统结构的复杂性、技术实践的不可控性、技术主体的身心多变性等，并从技术客体、技术主体、技术活动过程和结果等方面探讨技术不确定性的表现形式，又从采煤技术系统运行、采煤技术决策、因风险概率心存侥幸的心理本质、事故问责的立法建制等方面，进行煤矿安全事故的技术成因分析。

在技术成因分析的基础上，作者继而对煤矿安全事故的制度成因、权力成因、心理成因和文化成因进行分析。作者指出，矿工主体地位的缺失，管理机构的多头、烂尾和虚位，管理规制的模糊、缺漏和冲突等，是煤矿安全事故的主要制度成因。通过对技术权力弊端的深入探察，揭示出技术权力不仅会引发技术风险出现，还会控制技术风险分布，左右技术风险应对。指出，在诸多采煤技术权力中，技术资源配置权、技术开发决策权和技术风险监控权，是煤矿安全事故的主要权力成因。从技术风险形成的心理动力源角度，指出技术风险的内生性、外生性和综合性，是煤矿安全事故的主要心理成因，随即阐述煤矿安全事故的情境类、个性类和状态类三种心理成因类型及其成因机制。作者认为，技术风险总是发生在一定的文化背景之下，安全价值观、技术风险管理模式、技术风险认知与沟通方式等文化因素，共同构成技术风险的主要文化成因。指出，煤矿安全事故正是采煤技术场、社会场和政治场等不同场域文化因素交汇碰撞的结果。

最后，在上述理论研究基础上，作者给出中国煤矿安全事故的对策建议。指出，实现采煤技术人性化转向，是规避煤矿安全事故的重要路径；加强制度创新、完善心理机制、加快文化建构，是规避煤矿安全事故的具体策略。

整个论著不乏作者的创新之处。

在研究视角上，本论著开创了煤矿安全事故的技术哲学"元研究"，打通了煤矿安全事故研究的技术场域和社会场域，从而从技术的元层次上为煤矿安全事故的成因找到依据。作者尝试将煤矿安全事故视作采煤技术在使用中出现的风险事故，也即将煤矿安全事故界定为技术风险事件，对其成因进行深入的技术哲学分析，利用技术哲学的包容性，将学界此前关于煤矿安全事故成因的制度研究、管理学研究、心理学研究和文化研究等，都统摄到技术哲学框架下，置于技术哲学理论背景下进行阐释分析，使研究内容更加丰富，研究视野更加开阔，更全面深刻地揭示煤矿安全事故的形成根源，有利于从更本质的层面探究煤矿安全事故的防控措施和应对策略。

在研究方法上，本论著采用理论与实践相结合的研究进路，将理论的系统分析寓于典型案例的全面解剖之中，形成本研究的鲜明特色。特别是煤矿安全事故的五大成因分析中，选择"大兴煤矿特大透水事故"的典型案例，进行煤矿安全事故的技术成因和制度成因分析；选择"四川肖家湾煤矿'8·29'特大瓦斯爆炸事故"的典型案例，进行煤矿安全事故的权力成因分析；选择"德丰煤矿'9·24'窒息事故"的典型案例，进行煤矿安全事故的心理成因分析；选择"肃南煤矿'1·3'透水事故"的典型案例，进行煤矿安全事故的文化成因分析。作者对案例描述之完整，对案例解读之深刻，案例与理论结合之紧密，都是之前相关研究所不及的。作者采用"大事记—案例情景—情景分析"的呈现方式，更符合人们的认知特点，也使论著显得生动活泼。这些典型案例分析，也对作者之前的理论分析进行了验证式研究。

在学术观点上，本论著提出一系列独到的创新观点。

作者的最大理论贡献，是通过对技术不确定性的探讨，创造性地提出"技术使用不确定性"概念，并阐述其种种表现和发生机制。关于"技术不确定性"，当前学界一般从技术使用的意义上，把技术不确定性与技术风险等同起来，认为技术不确定性就是技术风险。作者认为，等同论只是从表现形式上将技术不确定性与技术风险视作简单同一，并没有真正揭示出两者之间的内在联系。作者认为，技术不确定性是相对的和有条件的，是确定性与不确定性的统一。比如，技术风险发生的可能性是确定的，但何时发生、以什么方式发生是不确定的。技术不确定性程度，会随着技术的完善而下降，但有些技术越高级，不确定性程度越高，因为其系统更复杂，系统要素更多，相互作用关系更多，技术系统的兼容性就差，不确定性就会增加。作者首次尝试提出较为完整的"技术使用不确定性"概念，并对技术使用不确定性的形成原因和表现形式进行深入的理论分析。读者可参见作者在《东北大学学报（社科版）》2015 年第 3

期发表的《技术使用不确定性的四维审视》一文（人大复印报刊资料《科学技术哲学》2015年第8期全文转载）。作者还对技术使用不确定性与技术风险之间的因果关系进行了深刻揭示。作者认为，技术使用不确定性，实际上是技术风险的重要成因。

正是技术使用存在不确定性，才使技术在使用中可能产生风险，致使技术风险的产生与否、何时产生同样具有不确定性。因此，再安全的技术在使用中都可能会出现风险，相反，风险再高的技术在某段时间内也可能不会出现风险。后者也是使各技术主体心存侥幸的原因。技术风险决策者们心存侥幸，故而敢于铤而走险、盲目决策，成为他们推卸风险责任的理由；技术风险评估者们也据此在利益面前心存侥幸，故而对技术风险状态做出违心评价，成为他们开脱风险责任的"挡箭牌"；技术使用者们也才会心存侥幸，为了省事省力、走捷径，成为他们无视风险的根据。这一创新观点，既符合理论的逻辑推演，也符合实际的经验认识。

作者还通过对采煤技术风险、传统技术风险和现代技术风险独到的比较研究，提出采煤技术风险的大小位于传统技术风险与现代技术风险之间的独特认识，因而，采煤技术风险的可控性也介于两者之间。这在理论上有助于更清楚地认识采煤技术风险，在实践中有助于更合理地应对采煤技术风险，在理论和实际的结合上具有很好的借鉴和启示作用。

作者还尝试从新观念、新视角出发，对原有的相关政策理论或现象进行新解读。

"安全第一、预防为主"已由国家确立为生产企业共同的安全生产价值观，但是大多数企业实际上都将之降格为安全教育培训的具体内容。"安全生产"虽然重心在安全，但中心在生产，安全只是生产中的安全，而生产首先尊重的是经济规律，突出的是经济效益，强调安全必然以付出生产的速度和效率为代价。所以，"安全"与"生产"本身就是冲突的。很多煤矿企业安全投入资金不到位，使"预防为主"成为一句空话。但是一旦事故发生，救援工作却能做到不惜一切代价，要什么有什么。由此造成煤矿安全事故的防控多呈现

"马后炮"现象。作者从技术观的角度看问题，认为煤炭企业应该倡导"安全第一、预防为主"的采煤技术使用风险观，而不是煤矿安全生产价值观。事实上，技术使用遵从的是技术原理，技术原理要求技术使用必须遵守技术规范，而遵守技术规范不仅可以保证技术使用的有效，也可以防范技术风险的发生，也就是说，规避技术风险是技术使用的应有之义。这样，倡导"安全第一、预防为主"的采煤技术使用风险观，实际上就是塑造"生产"与"安全"相统一的采煤技术文化。

作者运用技术风险理论，重新审视和解释限定电煤价格政策。作者指出，政府出台限定电煤价格政策的初衷是稳定电价，以达到稳定国家经济的目的。但是，把电煤价格限定在远远低于市场价格的水平，虽然保证了电厂的利润空间，却牺牲了煤炭生产企业的经济效益。作者指出，限定电煤价格的结果是，发电技术风险可能被转嫁给采煤技术。因为电煤价格过低，会直接导致煤炭生产企业因为经济效益差而对安全投入严重不足，从而造成煤矿安全事故多发。此前，仅有学者从经济学角度对限定电煤价格政策进行解读和评判。

作者还对"百万吨之三的煤炭开采死亡率"政策进行哲学批判。作者指出，这一死亡率，是与风险—收益分析相对应的一个经济学概念。按照这一政策，开采 1000 万吨煤炭死亡 30 人，跟开采 100 万吨煤炭死亡 3 人，风险是完全相等的。由此，特定单位煤炭开采死亡一定数量矿工具有了合理性，采煤风险的大小被相对化，人的生命价值和意义能够以冰冷的经济学数据和符号来衡量。作者指出，"百万吨煤炭死亡率"政策，是实证主义技术风险管理模式在现实中的反映。如果仅以经济学为指导的实证主义管理模式，只能运用于物质生产和物物交换过程，而不适用于物与人生命的交换。这一从新视角对相关政策的解读和评判很有见地，对相关政策的制定和执行将会有重要的启示、矫正和纠偏作用。

综上所述，作者在技术哲学背景下，把中国煤矿安全事故视作技术风险事件，从技术、制度、权力、心理和文化等多个维度对其成因进行探求，并辅以典型案例的分析和验证。本研究对煤矿安全事故的预警和规避，人性化、科学化和合理化的管理制度的实现等，在客观现实上具有重要指导意义，而且在理论上也对技术风险乃至技术哲学研究有所丰富和发展。

作者硕士毕业后，曾在淮南职业技术学院任教。当时学校是以矿业为特色，通过教学等，作者接触了不少煤矿安全事故问题。读博后，在博一时，作者偶然了解到 2005 年 8 月 7 日发生的"广东大兴煤矿特大透水事故"，这次事故死亡了 123 人。据分析，事故原因是多方面的，包括工程技术上不具备开采条件，社会方面的侥幸心理、权钱交易、管理缺位等。随着关闭全省 253 对煤矿，到 2005 年 9 月，广东成为"无煤之省"。但是这样一起典型的煤矿安全事故并未引起学界的重视，作者从技科学视域研究煤矿安全事故的应急救援，在 2012 年 7 月《自然辩证法研究》上发表了《对中国矿难应急救援的技科学分析——以广东大兴煤矿特大透水事故为例》一文，揭露了应急救援中存在的普遍问题，并提出建议。通过研究，作者发现很多问题以及值得进一步研究的地方，后来就确定了从技术哲学角度研究中国煤矿安全事故的博士论文选题。通过多年的积累和深入研究，才有了这本呈现在大家面前的专著。

当然，研究无止境，本研究还可以不断深入和完善。今年是恩格斯 200 周年诞辰，自然辩证法和科学技术哲学研究任重道远。我们期待缪成长博士有更多的理论成果面世。

是为序。

萧玲 于北京家中

2020 年 8 月 18 日

前言
PREFACE

　　我国煤矿安全事故隐患一直存在，重特大安全事故时有发生。本论著期望通过对煤矿安全事故成因的研究，对煤矿安全事故的预警、防范和控制起到推动作用。

　　论著以技术哲学为学科背景，以技术及技术风险的相关原理和理论为指导，采用理论分析和案例研究相结合的方法，对煤矿安全事故成因进行了多维度探讨，并提出了初步思考和对策。论著具有宏观视野、微观分析和实证研究相结合的特色，在研究过程中，在煤矿安全事故和技术风险问题上获得了不少新认识，也提出了一些新观点，体现了一定的创新性和时代性。

　　论著各章的主要工作或主要观点如下：

　　第一章通过对技术及技术风险进行系统的理论考察，为从技术风险视角研究煤矿安全事故奠定理论基础，并揭示了煤矿安全事故的技术风险特征和本质，为煤矿安全事故成因的技术哲学研究找到立论依据。

　　第二章通过对技术不确定性的初步探讨，提出技术使用不确定性概念，阐明技术使用不确定性的种种表现和发生机制，指出技术使用不确定性是煤矿安全事故重要的技术成因。

　　第三章通过对技术风险制度根源的深刻揭示，指出矿工主体地位的缺失，管理机构的多头、烂尾和虚位，以及管理规制的模糊、缺漏和冲突等，是我国煤矿安全事故主要的制度成因。

第四章分析指出，技术权力引发技术风险出现，控制技术风险分布，左右技术风险应对，在诸多的技术权力中，技术资源配置权、技术开发决策权和技术风险监控权是我国煤矿安全事故主要的权力成因。

第五章在对技术风险内生性、外生性和综合性心理成因进行分析和归纳的基础上，提出并阐明我国煤矿安全事故情境类、个性类和状态类三种类型的心理成因和成因机制。

第六章指出，作为一种技术形态，技术风险总是发生在一定的文化背景之下，安全价值观、技术风险管理模式、技术风险认知与沟通方式等文化因素，共同构成技术风险的文化分析框架，煤矿安全事故正是采煤技术场、社会场和政治场等不同场域文化因素交汇和碰撞的结果。

第七章指出，实现采煤技术的人性化转向是规避我国煤矿安全事故的重要路径，加强制度创新、完善心理机制、加快文化建构是规避我国煤矿安全事故的具体对策。

论著对技术风险根源、成因因素和成因机制的探讨，是对技术风险理论的开拓和发展，因此丰富了技术哲学的理论研究。同时，论著在技术风险背景下，对煤矿安全事故成因进行多维探求，并辅以典型的案例分析和论证，客观上对我国煤矿安全事故的预警和规避，人性化、科学化和合理化的管理规制的实现等，有一定的现实指导意义。另外，论著采用理论分析和案例研究相结合的研究方法，也试图为今后相关理论联系实际的研究提供示范和借鉴。

缪成长

2020 年 1 月

目录
CONTENTS

第一章

煤矿安全事故的成因：
人—技术—风险

从宏观上描述，人类的历史进程，就是人类生存方式的演变过程。在这个过程中，技术起到了积极的推动作用。正是技术的创造、发明、设计和使用，才使人类渐渐走出蛮荒，步入现代化的征途。但是，不可思议的是，技术在带给人类福祉与希冀的同时，也带来越来越多的灾难与恐惧。面对如此的"困境"，人们会情不自禁地反问自己：为什么技术是人的"作品"，但技术的结果会远离初衷？责任到底在技术还是在人自身？

第一节 技术：人的生存方式

"人何以生存？""人的本质是什么？""技术是什么？""技术如何产生？"几个不同的哲学命题互相诠释如何可能？连接这几个命题的"桥梁"不是技术，而是人性。

一、人性的探讨

对人性的追问由来已久，学术探讨更是遍地开花，诸多名家大师的著作或直接或间接涉猎于此，甚至可以毫不夸张地说，人性是所有人文学者著书立说的立论根基。之所以如此，是因为对人性的追问不仅表明人类的自我认识已经达到了一定的深度，更体现了人类对自身进行认识和反思的需要，因为人的本性必然决定人的生存方式和生存规律，人对自己的生存方式和生存规律了解得越清楚，就会生存得越安全、越美好。

那么，什么是人性？人性，顾名思义，就是人的性质或属性，是作为"类"的人所共同具有的区别于动物或植物的特征。但是，这个答案过于笼统，可谓"澄"而不"明"，让人知其然而不知其所以然，原因在于它只是给人性下了个抽象的定义，并没有触及人性的真正内容。要了解人性到底是什么，还需要经历一个从抽象到具体的过程。古今中外的众多学者，提出了不同的人性观。孟子认为，人性就是恻隐之心、羞恶之心、恭敬之心和辞让之心。(《孟子·告子上》)马斯洛认为人性是不断递增的需求，这些需求从低级到高级可以分为五个层次：生理、安全、爱、尊重和自我实现。[1]休谟把人性分为观念、知识、理性、骄傲、爱恨、正义和善恶等不同方面。[2]弗洛伊德认为人性就是人的原始本能的聚合物，因此，他把人的性欲"力比多"看成人性。马克思则认为，人性就是人类为了生存和发展，通过实践活动创造和获得满足自身不断增长的物质文化需要的本性。[3]如此等等，不一而足。

要真正了解什么是人性，还得先从人性的起源说起。一种观点认为，人性是与生俱来的，是先天的，是恒定不变的。自古以来，学者们倾向于认为人性是先天的。中国古代的大思想家多持此见。孔子曰："性相近，习相远。"这句耳熟能详的话，虽然重心在后，目的是强调学习的重要性，但不难窥见其中"人性天成"的观点。中国古代另一个大思想家荀子对

---

① [美]马斯洛著，成明编译：《马斯洛人本哲学》，九州出版社2003年版，第1页。
② [英]休谟：《人性论》，商务印书馆1980年版，第2页。
③ 王伯鲁：《马克思技术与人性思想解读》，《自然辩证法研究》2009年第2期，第36页。

人性多有论述。他说："今人之性，饥而欲饱，寒而欲暖，劳而欲休，此人之情性也。"（《荀子·性恶篇》）他又说："今人之性，生而有好利焉，顺是，故争夺生而辞让亡焉；生而有疾恶焉，顺是，故残贼生而忠信亡焉；生而有耳目之欲，有好声色焉，顺是，故淫乱生而礼义文理亡焉。"（《荀子·性恶篇》）可见，在荀子看来，人性不仅生而有之，且本质是恶的。古希腊哲学家柏拉图晚年的治国理念从德治转向法治，为了强调法律的重要性，他对人性进行了批判。他认为，不能过于相信统治者的良心，而要发挥法律的作用，因为人都有逃避痛苦而追求快乐的本性，这会让人变得既贪婪又自私。弗洛伊德把人的性欲称为"力比多"，"力比多"是人的原始本能的积聚，是人的一切行为的依据，亦即人性。显然，性欲是正常人都具有的生理机能，人生而有之。

反思先天人性观，似乎有两个成立的理由。其一，人性是与生俱来的观点，理解起来比较习惯和方便。因为"人性"本来就是"性"与"人"的统一，而如果人性是后天习得的，就必然先有"人"，再有"性"，两者之间就存在分开的时空。那么，这两者之间又是何时和如何合二为一的呢？其二，人性与生俱来的观点，在逻辑上更加合理。人一生下来就在不同的环境中生长，有着各不相同的人生经历，很难理解不同的人能习得完全相同的人性。既然人性是人类共同具有的性质，它就一定有同样的源起，因此，人性只可能是与生俱来的。但是，如果人性真是先天的话，同样也有两个问题无法得到解释。第一个问题是，人类的教育体制为什么正在以不同的形式竞争发展，而且是总体朝着越来越健全的方向迈进？因此，事实上，如果人性是先天的、不可改变的，那就等于宣布自古以来的教育是失败的，特别是在德育领域的人性教化就更是弥天大谎、无济于事。杜威说过："如果人性是不变的，那末，就根本不要教育了，一切教育的努力都注定要失败了。因为教育的意义的本身就在改变人性以形成那些异于朴质的人性的思维、情感、欲望和信仰的新方式。如果人性是不可变的，我们可能有训练，但不可能有教育。"[1]第二个问题是，人对环境具有适应性的根据是什么？不可否认，人类千百万年来

---

① [美]杜威著，傅统先等译：《人的问题》，上海人民出版社 1965 年版，第 154-156 页。

的进化与发展，就是建立在人能不断适应环境变化的基础之上的，否则人类就不可能不断地创造和改变世界，因为这样做将无异于自掘坟墓。可见，人具有适应性的特征进一步说明，"人性天成"的观点是很难成立的。一个众所周知的例子可能会彻底动摇"人性先天"的思想根基。20世纪 20 年代，印度有两个孩子——后来被取名为卡玛拉和阿马拉——不幸落入狼窝，成为狼孩，具有了狼的生活习性——舔食食物，白天睡觉，夜间潜行，还会发出类似狼的嗥叫。他们七八岁时，被猎人发现，带回人类的生活中，经过数年教化和熏陶，他们又恢复了人的部分习性，卡玛拉还学会了 45 个单词，遇到伤心事还会流眼泪等。

与"人性先天"的人性观相对应，人性起源的另外一种观点则认为，人性是习得的，是后天养成的，是不断变化的。当然，持后天人性观的大多学者并不否认人的生理特性对于后天人性形成的基础意义。思想家洛克认为，人在出生前是没有人性的，只具有承载人性信息的生理结构——大脑，大脑是通用计算机，可以存入信息。[1]弗洛姆也认为，人性既有它的生物学基础，也有后天实践形成的一面，是一种"综合体"。弗洛姆说："人不是一张能任凭文化涂写的白纸；他是一个富有活力和特殊结构的实体。当他自身在适应时，他是以特殊的、确定的方式反应外在环境的。"[2]显而易见，弗洛姆所谓的"特殊结构的实体"是指人的先天生理基础，而人对环境的适应性则是人性后天形成的基本方式和过程。

后天人性观，确实有其合理之处。它可以轻而易举地解释先天人性观不能面对的问题，比如"教育为什么是必要的也是可能的？""人的适应性的根据是什么？"等等。那么，既然人性是后天习得的，"什么是人性？"的答案就必然存在于人的生存方式之中，因为生存方式是人在世或者说存在的基本形式，包括生产方式和生活方式两个方面。[3]下面将以较大的篇幅来讨论人的生存方式，即生产方式和生活方式，试图从中得出"什么是人性？"的答案。

---

① [美]弗朗西斯·福山著，刘榜离等译：《大分裂》，中国社会科学出版社 2003 年版，第 217 页。

② [美]弗洛姆著，冯川等译：《弗洛姆文集》，改革出版社 1997 年版，第 147 页。

③ 王治东：《技术的人性本质探究》，上海人民出版社 2012 年版，第 54 页。

人要存在，首先就必须有载体，这个载体就是孕育人类的自然，是自然为人提供了生存物以及生存方式展开的场所——生存环境。因此，从自然界孕育人类并为人提供生存物和生存场所的意义上讲，人直接是自然存在物。正因为如此，马克思说："人靠自然生活。这就是说，自然界是人为了不致死亡而必然与之不断交往的人的身体。所谓人的肉体生活和精神生活同自然界相联系，也就等于说自然界同自身相联系，因为人是自然界的一部分。"①可见，人具有自然属性。

　　但是，如果到此为止就得出"人具有自然属性"这个结论的话，将面临的一个诘难是：动物同样是自然界演化的产物，也靠自然界提供生存物和生存场所，为什么自然界仅仅赋予人以自然属性？如果要消解这个诘难，就必须澄明在与自然的关系上人和动物之间的差别。众所周知，人脑的机能决定人是有意识的自然存在物，具有天赋、才能和欲望等特质，这些特质以主动塑造自然界的本质力量表现出来，并以生产劳动的形式改造自然，使之不断地满足人的需要，从而使自然具有"属人性"，成为人化的自然。人与自然正是在这种客体主体化、主体客体化的过程中，实现了现实的统一。然而，动物只能被动地适应自然。至此，"人具有自然属性"的结论尘埃落定。

　　不过，作为个体的人能够索取自然、改造自然以满足自身生存的需要吗？不能。人，力不如牛，行不如马，缘不如猴，很难想象个体的人能够生存于灾害频发、野兽成群的自然界。因此，人与人之间是相互需要的，换句话说，人只有结伴而生，以家庭生活或社会生活的方式才能存在于世。这样，如果用一句话概括，人与人之间关系的本质就是：彼此的存在是为了对方需要的满足。但是，问题是，在生活实践中，要让对方感知到自己对对方的"需要"或者"关注"，就必须表达出来，这就要借助生活交往。这个交往的过程就是社会关系建立的过程，也是人性表达和展示的过程。例如，婴儿靠啼哭提醒母亲自己的存在和要求，吃奶时不停地用小手抚摸母亲，以传达自己的爱和对母亲的依赖；母亲一边哺乳，一边哼着儿歌，脸上露出甜美的微笑，尽情享受母爱的满足。

---

① [德]马克思、恩格斯：《马克思恩格斯全集》（第42卷），人民出版社1979年版，第96页。

如此这般原始、常见而又简单的生活，岂不正滋生了人性，也构成人性展示的精彩过程？所以说，人的生存方式是在社会关系中展开的，社会关系是人性生长的土壤，也为人性提供了展示的舞台，使之成为生活的主体性因素。马克思也正是在这个意义上说："人的本质并不是单个人所固有的抽象物，在其现实性上，它是一切社会关系的总和。"①所以，人不仅具有自然属性，也具有社会属性。

事实上，上段文字不仅论述了人的社会属性，也描述了人的社会属性形成的机制，即人是通过何种方式建立社会关系的，或者说，人是如何获得和表达人性的。显而易见，答案是社会实践。因为"社会生活在本质上是实践的"②，而正是各种不同的社会生活实践形式，使人表现出自己不同的需要和关注，从而赋予社会关系以丰富的内容。比如，生产劳动直接反映的是人与人之间的协作关系，人们在生产劳动过程中培养和表达了各自的情感；而生产劳动成果的分配和占有，直接反映的是人们之间的经济利益关系，人们在处理经济利益关系的过程中，产生和表达人的善恶德性。所以说，人性是实践的产物，人性还具有实践性。

更进一步地说，承认人的实践性和社会性，其实也就等于承认人的历史性，即人性不是固定不变的，而是不断发展变化的。因为人的社会实践是在社会关系中进行的，所以人永不停息的生产和生活实践，也是不断地建立和调整社会关系的过程。换言之，人的实践创造和改变了世界，也促进了社会关系的发展变化。所以，作为"一切社会关系的总和"的人的本质就是不断发展变化的，永恒不变的人性是不存在的，人性具有历史性。

讨论至此，应该自问的一个问题是：人获得和表达人性的基本动因是什么？很显然，对这个关于人性讨论逻辑起点的问题，必须做出明确的解答，否则，一切关于人性的立论都是空中楼阁。根据常识或经验审视，人要安身立命，"首先需要衣、食、住以及其他的东西。因此第一个

---

① [德]马克思、恩格斯:《马克思恩格斯选集》(第一卷)，人民出版社 1995 年版，第60 页。

② [德]马克思、恩格斯:《马克思恩格斯选集》(第一卷)，人民出版社 1995 年版，第18 页。

历史活动就是生产满足这些需要的资料，即生产物质生活本身"①。而且，
"……已经得到满足的第一个需要本身，满足需要的活动和已经获得的为
满足需要的工具又引起新的需要"②。人类正是按照"需要—实践活动满
足需要—新的需要"循环演进，实现从低级形态到高级形态的发展和进
化。我们很难想象存在脱离人的需要的人的活动。马克思曾多次强调："任
何人如果不同时为了自己的某种需要和为了这种需要的器官而做事，他
就什么也不能做。"③所以，人的需要现实地体现人的本性，并构成人维
持生命存在而从事的一切生产和生活实践活动的前提和动因，也是获得
和表达人性的基础和条件。

综上所述，需要是最基本的人性，人是在不断追求需要和需要的满
足中生存的。但是，由于人自身的局限性，自然界不会自动满足人的需
要。这就意味着，人类需要的本性决定他们一定会不断地超越自己、超
越自然，以满足自身不断上升的需要。而人类要实现对自身和自然的两
个"超越"，就必然要借助某种手段和条件——技术。

二、人的技术生存

所谓生存方式，就是人类在某个阶段的生存特征。它由那个阶段对
人生存起最主要和决定性作用的因素来命名。迄今为止，人类经历了自
然生存和技术生存两种生存方式。自然生存方式是指人类主要依赖自然
界的条件和自身的身体条件获得生存的方式，技术生存方式是指人类主
要依赖近代技术和技术物而生存的方式。④那么，技术为何能成为人类的
一种生存方式呢？

首先，技术的产生源于人的需要本性，反过来也推动人的需要向前
发展。人类之初，人处于自然生存阶段，人仅仅依靠自然界的物质资源
和自身的自然能力生存。但是，自然物质资源和人的自然能力都是有限

① [德]马克思、恩格斯：《德意志意识形态》，人民出版社 1972 年版，第 21 页。
② [德]马克思、恩格斯：《德意志意识形态》，人民出版社 1972 年版，第 22 页。
③ [德]马克思、恩格斯：《德意志意识形态》，人民出版社 1972 年版，第 26 页。
④ 林德宏：《科技哲学十五讲》，北京大学出版社 2004 年版，第 285-289 页。

的，自然环境提供给人的生存条件并不优越于动物，它也只能满足维持人的生命的基本需要。然而，人性的需要本性决定，当生命需要得到起码的满足以后，人又会不断提出新需要。这样，人类生存就面临着两大基本矛盾，即"人类需要无限性和自然资源有限性的矛盾、人类需要无限性和个人能力有限性的矛盾"①。但是，由于人的需要是不断向前发展的，上述两大矛盾不可能彻底解决，换而言之，"需要"的不断升级，总是会带来满足"需要"条件的不断提升，也就是说，在人的"需要"与"满足"之间总是不断产生新的张力，这种张力只有通过不断提高满足需要的条件来加以释放。在这种情况下，人类继续依赖"被动的"自然界的条件以及自身的身体条件，已经不能满足生存的需要，因此必须借助外部条件，改变人与自然的作用方式，"逼迫"自然提供更多的物质资源。在这种情况下，以技术人工物为标志的技术产生了。技术人工物一方面通过新功能的实现超越和取代了天然自然物，使人类对自然物的利用率大大提高；另一方面通过取代人的身体器官和功能，提高了人的能力。这样，技术人工物通过不断满足人的物质需要，在一定程度上解决了人类生存的上述两大矛盾。但是，正是技术人工物的这种功能，促使人类在希冀新技术的同时，又产生新的物质需要。因此，技术人工物总是在人的物质需要和满足的张力中不断进步。这是政治、法律、宗教、哲学、文化、艺术等其他人类生存因素所无法比拟的，也是技术成为人类生存方式的根本原因。

其次，技术是人的意识性的产物，反过来，技术活动也促进了人的意识的发展。马克思曾经指出，劳动是"自由自觉的活动"，"而人的类特性恰恰就是自由的自觉的活动"。②可见，人与动物的主要区别是渗透在劳动中的人的意识性。也就是说，动物没有意识，只能被动地适应自然，根据自己肉体的直接需要去片面地"生产"。而人具有意识性，人的活动是自觉的、有目的的和能动的。正如马克思的形象比喻，"蜘蛛的活动与织工的活动相似，蜜蜂建筑蜂房的本领使人间的许多建筑师感到惭

---

① 林德宏：《科技哲学十五讲》，北京大学出版社 2004 年版，第 286 页。
② [德]马克思、恩格斯：《马克思恩格斯全集》(第 42 卷)，人民出版社 1979 年版，第 42 页。

愧。但是，最蹩脚的建筑师从一开始就比最灵巧的蜜蜂高明的地方，是他在用蜂蜡建筑蜂房以前，已经在自己的头脑中把它建成了"①。马克思的这个形象的比喻不仅表明了人与动物的差别在于人的意识性，同时还暗示了人的意识产生与发展的机制，即在人的自然能力和天然条件不具备的情况下，人能够通过有意识的创造性劳动改造自然，使自然界适应人自身，反过来说，正是人类改变自然的创造性劳动推动人的意识的产生和发展。但是，现在面临的另外一个问题是，人改变自然的创造性劳动的本质是什么？或者说，人改变自然的创造性劳动通过什么样的方式展现出来？南京大学林德宏教授说："人的技术活动是对自然的物质结构与运动结构的重组，这便是人类对自然改造的本质。"②因此，我们说，技术是人的创造性劳动的集中体现，是意识的产物；同时，技术活动又促进了人的意识的产生和发展。

下面我们以技术物为例，来说明技术与人的意识之间的辩证关系。如果立足于技术物的发明和设计的角度，人的意识在先，技术物的出现在后，技术是意识的产物。具体地说，发明和设计某一技术物，必须首先在发明者和设计者的大脑中产生技术物的某种使用功能，然后根据其功能构思出形状、大小、质料和稳定性等结构特征，而正是这些结构特征最后决定技术物以什么样的面貌出现。然而，如果从技术使用角度说，技术物的存在在前，技术物的使用在后，而技术物的使用必须在人的意识的支配下才能完成，所以技术的使用也促进了人的意识的发展。具体而言，特定结构技术物的使用必须在一定的程序下操作，才能实现既定的功能，虽然这"一定的程序"是固定不变、事先存在于使用者的大脑当中的，但是技术使用的情境总是不断变化的，这就要求使用者在技术使用过程中运用自己的意识灵活地加以应对。

最后，技术的产生与发展离不开人的社会关系，反过来又促进了社会关系的发展。第一，从技术形态或实践方式的角度看，技术是人与人分工协作的过程。技术发明、技术设计、技术制造和技术使用主体，分

---

① [德]马克思：《资本论》(节选本)，人民出版社 2004 年版，第 207-208 页。
② 林德宏：《科技哲学十五讲》，北京大学出版社 2004 年版，第 290 页。

属于一切社会关系之"网"上不同的"网上扭结"，但正是他们在各自的岗位上分工协作，才共同编织了由不同技术形态构成的技术实践网络。即使是某一技术形态的实践，往往也需要多主体来协作完成。反过来，技术协作也会增进技术主体之间的感情，密切他们之间的社会关系。第二，从技术规范的角度看，技术是人与人之间的"约定"形式。不论是技术行为规范，还是技术道德规范，都是技术实践主体共同意志的体现，可以说，离开技术规范，技术的功能无法实现。反之，技术实践推动人们对技术规范的制定、修改、遵守和评价的过程，就是技术构造社会关系网络的过程。第三，从技术功能的角度看，技术是人的社会关系的直接体现。从表面上看，技术是调整人与自然之间关系的基本手段。然而，技术作为生产力的重要因素，总是通过物质生产活动调节着生产关系。而所谓的生产关系就是人们在生产过程中形成的人与人之间的关系。因此，从技术功能意义上说，技术离不开人的社会关系，同时又促进了社会关系的发展。第四，从技术发展的角度看，技术的进步与人类社会关系的进步是同步的，因为技术史与人类史具有同构性。[①]换言之，技术进步的历史，就是人类社会进步的历史，而人类社会的进步既表现为生产力的进步，也表现为生产关系的进步。马克思的经典论述——"手推磨产生的是封建主的社会，蒸汽机产生的是工业资本家的社会"[②]，正说明了这一道理。

同样，政治、法律、道德、科学、艺术和哲学等也产生于并反映一定的社会关系，但是从它们离生产关系的远近，或者说影响生产关系的直接性来说，都不及技术。

综上所述，人创造了技术，技术的产生、发展及其特征和本质都根植于人的本性；反之，技术也塑造了人，技术是人性的展现，技术使人与动物区别开来，获得人的内在规定性。一言以蔽之，技术是人的生存方式，技术既不可取消，也不可替代，否定人的技术生存方式就是对人的存在合理性的否定。那么，到底什么是技术，技术有什么特征呢？

[①] 王治东：《技术的人性本质探究》，上海人民出版社 2012 年版，第 57 页。
[②] [德]马克思、恩格斯：《马克思恩格斯选集》（第一卷），人民出版社 1995 年版，第 142 页。

三、技术及其属性

人创造了技术，技术也塑造了人。但是，人类对技术的认识，并没有因为对这一基本事实的认同而走向统一。恰恰相反，从近代至今，人们对技术做出了各种各样的解释。究其原因，在于技术呈现给人们的面貌可谓千姿百态。正如美国的奥格伯恩所说："技术像一座山峰，从不同的侧面观察，它的形象就不同。从一处看到的一小部分面貌，当换一个位置观看时，这种面貌就变得模糊起来。但另外一种印象仍然是清晰的。大家从不同的角度去观察，都有可能抓住它的部分本质内容，总还可以得到一幅较小的图画。"①

最流行的观点认为，技术是科学的应用。马克思承认科学相对于技术的基础性作用的观点可参见《政治经济学批判大纲》。在该文中，马克思论述了科学对资本主义大工业技术建立的主导地位。马克思说："发展为自动化过程的劳动资料的生产力要以自然力服从于社会智力为前提。"又说："固定资本的发展表明，一般社会知识，已经在多大的程度上变成了直接的生产力，从而社会生产过程的条件本身在多大的程度上受到一般智力的控制并按照这种智力得到改造。"②我们认为，就人与自然的关系来说，"技术是科学的运用"的观点是正确的。因为，"改造自然的活动以正确认识自然为前提，从这个意义上说，没有科学也就没有技术"③。但是，如果单从科学与技术之间的关系来讲，技术未必一定来源于科学，"技术有自身的发展逻辑，一种技术可以来自于另一种技术，也可以是另一种技术的应用"④。甚至，科学有时也产生于技术实践。恩格斯的那句经典表述——"社会一旦有技术上的需要，这种需要就会比十所大学更能把科学推向前进"，就是科学来源于技术的最好论述。

另一种较普遍的观点认为，技术是物。苏联的奥赛戈夫说："技术是

---

① 林德宏：《科技哲学十五讲》，北京大学出版社 2004 年版，第 218 页。
② [德]马克思、恩格斯：《马克思恩格斯全集》(第 46 卷下)，人民出版社 1980 年版，第 223、219 页。
③ 林德宏：《科技哲学十五讲》，北京大学出版社 2004 年版，第 219 页。
④ 林德宏：《科技哲学十五讲》，北京大学出版社 2004 年版，第 219 页。

劳动手段、生产工具和一切用以提高劳动生产率的实物。"①显然，奥赛戈夫是从技术功能的角度来界定技术的，其合理之处在于，如果技术不能结构化为某种实现功能的手段，很难想象技术与生活世界的联系。但是，如果技术仅仅是物，那么技术发明、技术设计、工程师、技师、技术员等包含知识含量的词汇，就只能是"造词学"的误会，应该从词典中删去。换句话说，技术既是物，也是以知识为主的信息。

还有一种观点认为，技术是人的一种活动。东北大学的陈凡教授把技术界定为"人类在利用自然、改造自然的劳动过程中所掌握的各种活动方式的总和"。②我们认为，技术的确是利用自然和改造自然的活动。但是，如果利用自然和改造自然的活动都界定为技术的话，那么在旧石器时代，我们的祖先对粗糙石头的运用也就可以称为技术活动了。这样，对技术的理解就未免过于宽泛了。

关于技术含义的理解还有很多，这里不能一一穷尽。通过以上几种常见的关于技术的解释，我们可以得出一个结论：各种形态的技术大相径庭，因此仅仅从技术含义或某一方面的表现形态上来理解技术是于事无补的；要真正理解技术，我们必须挖掘技术的特征，找到技术的共性。

第一，技术是自然性与社会性的统一。"技术的自然属性，指技术的设计和应用应遵守自然规律，违背自然规律的技术是不可能实现的，技术的应用会对自然界的状态产生复杂的影响。"而"技术的社会属性，指技术的设计和应用必然要受到各种社会因素的影响和制约，经济、政治、军事、科学、教育、文化、民族传统、公民素质、价值观念、伦理观念等各方面因素都会在不同程度上影响技术的发展方向、规模、速度和模式"③。按照技术要素分析，技术的自然属性反映的是技术工具和技术对象的特点。从技术工具的角度说，任何技术物都是由一定的自然物质制造而成，如果其设计或应用不遵从自然规律，技术的功能就无法实现。从技术对象的角度说，技术对象都是直接或间接的自然物，如果技术工

---

① 转引自林德宏：《科技哲学十五讲》，北京大学出版社 2004 年版，第 219 页。
② 陈凡：《解析技术》，福建人民出版社 2002 年版，第 4 页。
③ 林德宏：《科技哲学十五讲》，北京大学出版社 2004 年版，第 220-221 页。

具与其作用的方式不遵从自然规律，技术的功能同样也无法实现。与技术自然属性不同的是，技术的社会属性主要反映的是技术主体的特点。经济、政治、军事、科学、教育、文化等社会因素，通过影响技术主体的利益格局、价值和伦理观念，制约技术的应用和发展。

第二，技术是目的性与工具性的统一。技术的目的性体现的是技术主体的意图，技术的工具性体现的是技术客体的功能。由于"人工物的功能是不能脱离于人类的使用情境的"①，所以，技术主体的意图总是根植于技术的功能之中，表现为技术主体可以通过设计不同的技术活动情境来实现自己的不同目的。但是，由于技术结构本身的不稳定性，技术目的的合理性并不一定决定技术功能实现的必然性，通常情况下能够实现的技术功能，有时却未必能够实现。反之，技术结构的确定性，也未必能决定技术目的的合理性，技术滥用现象的存在就是很好的说明。因此，技术的目的性与工具性的统一，是相对的、有条件的，而不是绝对的、无条件的。

第三，技术是规律性与规则性的统一。技术的规律性体现为，技术发现、技术设计、技术制造和技术使用都必须尊重自然规律。具体地说，人在一切技术活动之前，必须以对一定的自然规律的认识为基础；而在技术活动过程中，又必须以利用一定的自然规律为前提。但是，"自然界怎样变化和我们应该怎样行动，是两个不同的问题"②。在具体的技术活动中，尊重自然规律，总要通过技术主体遵守一定的技术规范体现出来，也就是说，技术主体必须按照事先人为制定的技术规则来操作，才有可能实现技术的功能，达到预想的技术目的；反之，则技术目的无法实现。因此，技术的规律性反映的是自然存在的方式，而技术的规则性反映的是人活动的方法；技术的规律性是客观的，而技术的规则性是主观的；技术的规律性是确定的、不可改变的，而技术的规则性是不确定的、可以改变的。这样，就存在技术规则是否符合技术规律要求的问题。技术规则越是体现技术规律，技术的功能就越能顺利地实现。

---

① Kroes P. Technological Explanations: The Relation between Structure and Function of Technological Objects [J]. Society for Philosophy and Technology, 1998, 3(3): 18.

② 林德宏：《科技哲学十五讲》，北京大学出版社 2004 年版，第 221 页。

第四，技术是物质与精神的统一。德国著名技术哲学家拉普说："技术是赋予人的意志以物质形式的一切东西。"①林德宏教授也指出："……技术是个体系，具有多种因素和多方面的属性。概括说来，技术的主要因素有技能、知识、工具、方法和活动。技术是这些因素的综合体。"②可见，技术既是物质的，也是精神的。然而，技术是物质与精神的统一，并不仅仅体现在技术既包括物质因素又包括精神因素上，更主要地体现在技术可以实现物质和精神的相互转化上。从技术发明、设计和制造来说，技术主要是精神转化为物质的过程。但是，技术使用又可以分为三种情况。第一，技术使用是物质转化为物质的活动。通过技术物的使用可以产生新的物质。第二，技术使用是精神转化为物质的活动。在技术物的使用过程中，总是离不开技术规则和方法的参与。第三，技术使用还是物质转化为精神的活动。在技术使用中，技术主体总是自觉不自觉地对技术进行分析和评价，甚至试图积极寻找对技术进行改进和创新的办法。

认真审视，上述关于技术特征的"四个统一"，实际上只是一般意义上技术的共性。或者说，技术的共性仅仅能够帮助我们了解技术的共同元素、属性及相互关系，而并不能提供技术的形而上学洞见。因此，要真正理解技术，还必须深入揭示技术的本质特征，因为"理解技术本质的逻辑前提是理解和追踪人的本质"，而人的本质又离不开自然界的对象性存在。③这就是说，我们还必须回到人性上，通过挖掘技术与人、技术与自然的关系来找到技术的本质。

第二节　技术本质：人的生存关系

技术是人的生存方式，这是技术存在合理性的根据。转译过来就是，技术之所以存在，是因为人生存的需要。但是，当学界名流在对技术的批判声中追问技术的本质，以表达自己对人性的关怀和对人类发展的担

①　[德]拉普：《技术哲学导论》，辽宁科学技术出版社 1987 年版，第 29 页。
②　林德宏：《科技哲学十五讲》，北京大学出版社 2004 年版，第 220 页。
③　王治东：《技术的人性本质探究》，上海人民出版社 2012 年版，第 57-58 页。

忧时，我们又不得不质问：因人和为人的技术为什么又具有反人性的一面？技术的本质是什么？

一、技术中性论的批判

美国学者芬伯格说："技术是中性的，就像一种透明的溶剂，它不给它所服务的目标添加任何东西，仅仅加速目标的实现，或在更大的范围内，或在新的条件下实现它们。因为技术是中性的，所以能够在纯粹理性的基础上，即效率能够改进的基础上作出运用它的决定。"①这种把技术描述成"纯洁天使"，认为技术价值无涉的思想得到学界较广泛的赞同，并形成了具有一定代表性的工具论技术观。其典型的代表人物是德国哲学家雅斯贝尔斯。雅斯贝尔斯说："技术仅是一种手段，它本身并无善恶。一切取决于人从中造出什么，它为什么目的而服务于人，人将其置于什么条件之下。"②

如果认真审视上述技术中性论的思想，就会发现它具有一定的合理性。首先，技术中性论的观点完全符合我们的常识认识。我们拿在手中的霍霍菜刀，既可以切菜，也可以杀人。技术是"双刃剑"，但"剑柄"永远握在人的手里。其次，技术中性论观点十分符合人的基本思维逻辑：既然技术是人"造"的，它就一定不是恶的东西，否则人为什么要"造"它？最后，技术中性论还是制定技术政策的重要依据。现代政府无不把发展科学技术作为促进经济发展和推动社会进步的首要动力。因此，如果说技术本身是恶的，是不可控制的，那么，我们将无法理解，为什么各个国家都高度重视技术发展规划，持续加大科学技术投入。总之，技术工具论思想是乐观主义的，它把技术理想化、神圣化为引渡人类不断走向更加美好生活的"幸福之舟"。

但是，作为一种社会思潮，技术中性论并没有迎来永久的春天。随

---

① [美]安德鲁·芬伯格著，陆俊、严耕等译：《可选择的现代性》，中国社会科学出版社2003年版，第25页。

② [德]雅斯贝尔斯著，魏楚雄、新天俞译：《历史的起源和目标》，华夏出版社1989年版，第142页。

着技术的不断发展，技术产生的社会问题逐步显现，技术中性论的思想开始越来越站不住脚，对技术中性论的批判思潮席卷了整个西方社会，并向全世界蔓延。其中比较有影响的观点有两种，分别是技术决定论和社会决定论。

技术决定论是一种悲观主义的思想观点。技术自主论是技术决定论的理论来源。技术自主论认为，技术是自主的，是不可控制的，人的意志不能决定技术的运行方式和结果。相反，技术本质上是一种意识形态设计，社会的政治、经济、文化、军事等都只能是内嵌于技术构造世界中的因素，它们的发展和走势都由技术来决定。简言之，社会的变迁是由技术直接主宰的。因此，技术"按照因果的，而非目的导向的过程发展"。①也就是说，技术是自我产生、自我发展的，技术的运行完全是独立的、自主的，技术的命运完全由技术自身的规律来掌握。更进一步地说，技术是塑造人类而不是服务于人类的东西。打个并不十分恰当的比方：人类之于技术，相当于观众之于戏剧，剧情如何进展，人只能欣赏，但是无法干预；反过来，剧情却早已决定了人的喜怒哀乐，决定了人何时会欢笑，何时会悲伤。按照技术自主论，人类与技术是倒置过来的控制与被控制的关系。

技术自主论的提出者是法国著名社会学家埃吕尔。埃吕尔的技术自主论思想引起了 20 世纪后半期社会学家们的普遍关注，原因在于他对技术的反思十分深刻而且切入社会现状。埃吕尔的代表作有《技术社会学》和《技术秩序》。在《技术秩序》当中，埃吕尔运用了经验研究的方法，通过对大量现存的社会现象的实证研究表明，人类不仅无法摆脱技术，而且不可避免地深受技术进步带来的"好"与"坏"两方面的纠缠。埃吕尔说："我们越深入到技术社会当中就越相信，无论什么领域，存在的不过是技术问题。我们从技术角度表达所有的问题，并且认为只有借助更完善的技术，它们的解决办法才能出现"，但是，"每一次技术进化都提出了新的问题"，②"所有的技术进步都有代价；技术引起的问题比解决的问题多；有害的和有益的后果不可分离；所有技术都隐含着不可预

---

① 林德宏：《科技哲学十五讲》，北京大学出版社 2004 年版，第 219 页，第 120 页。
② 林德宏：《科技哲学十五讲》，北京大学出版社 2004 年版，第 219 页，第 136 页。

见的后果"。①总之，埃吕尔认为，技术是自主的力量，已经日益渗透到人们日常生活和思维的方方面面，人类已经丧失了控制自己命运的能力。马尔库塞、芒福德和舒马赫等著名学者也都表达过类似的思想。

德国著名哲学家海德格尔是技术决定论最重要的代表人物。海德格尔被誉为技术哲学研究一座无法绕过的山峰，可见其哲学思想之深邃。海德格尔是一位技术本质论者，他极力通过追问技术的本质来理解技术，发掘技术与人和自然的深刻关系。他认为技术是"解蔽（das Entbergen）"的过程。自然界的事物本来处于遮蔽状态，是技术让它们呈现出来，这个过程就是"解蔽"。"解蔽"是一种"促逼"（Herausfordern），迫使自然交出自身能被开采和储藏的能量。"解蔽"（或者说"促逼"）又是通过"限定（Stellt，英译 setting-upon）"和"摆置（Stellen）"来实现的。"限定"起的是方向盘的作用。现代技术总是把自然界限定在某种技术需要上，要自然成为某种能量的提供者。现代技术不仅限定自然，还限定人。人自觉不自觉地从技术需要的角度去看待自然，自然界的其他丰富内容总是被忽略掉。而"摆置"起的是发动机的作用。一方面，技术摆置人行动起来，采取对自然的加工制作。另一方面，技术又通过人去摆置自然，迫使自然交出有用性的东西[即海氏所指的"持存物（Bstand）"]。海德格尔用"座架（Ge-stell，英译 Enframing）"一词来比喻"解蔽"。"座架意味着那种解蔽方式，此种解蔽方式在现代技术之本质中起着支配作用，而其本身不是什么技术因素"，"座架（Ge-stell）意味着对那种摆置（Stellen）的聚集，这种摆置摆置着人，也即促逼着人，使人以订造方式把现实当作持存物来解蔽"。②

可见，海德格尔认为，在现代技术面前，人已经成为失去自我意识的机器，自然也人格化地被贬低为技术的奴隶，技术已经在本质上完全实现了对人性的控制和对自然的榨取。所以，海德格尔曾毫不留情地批评技术工具论。他指出，技术工具论的思想，只不过是"人尽皆知"的技术解释，是把技术看成属于人的被动之物的"流俗之见"，而"首要的

① 林德宏：《科技哲学十五讲》，北京大学出版社 2004 年版，第 219 页，第 134 页。
② [德]海德格尔著，孙周兴选译：《海德格尔选集》（下），上海三联书店 1996 年版，第 938 页。

是，我们要洞察技术中的本质现身之物，而不是仅仅固执于技术性的东西。只消我们把技术表象为工具，我们便系缚于那种控制技术的意志中。我们便与技术之本质交臂而过了"。①

社会决定论是另一种指向技术中性论的批判理论。它起源于英国爱丁堡学派，亦称社会建构论或背景论（contextualism）。社会决定论认为，技术不仅是解决问题的手段，也是伦理、文化、政治的价值体现，技术直接反映广泛的社会价值以及设计者、使用者的利益、意志和偏好，技术应该通过它的起源和文化背景来得到解释和进行比较。显然，社会决定论完全忽视技术的自然属性，片面地站在技术的社会属性一级之上，把技术简单化地交给充满着各种复杂文化因素的社会，使技术在社会建构主义的大染缸里难以洗脱相对主义的色彩。这样，技术就同宗教、艺术等一样，只不过是一种文化表达形式而已。技术本身到底是什么，社会决定论并不能给出答案。因此，关于技术决定性过多的论述就略显多余了。

那么，在技术中性论、技术决定论和社会决定论中，到底哪一个是更完备的理论？实事求是地说，正面回答这个问题是十分困难的，下面仅从三种理论对技术的自然属性和社会属性关系的认识角度进行比较论述。

技术中性论既承认技术的自然属性，也承认技术的社会属性。技术中性论认为，技术既具有目的性又具有工具性，承认技术的工具性就是承认技术的自然属性，承认技术的目的性就是承认技术具有社会属性。但是，在技术中性论看来，技术的自然属性和社会属性是不相干的，它们就像在两列铁轨上运行的火车。与技术中性论相比，技术决定论只站在技术的自然属性一级之上。不论是以埃吕尔为代表的技术自主论思想，还是以海德格尔为代表的技术本质论思想，都只看到技术的自然属性决定社会属性，而看不到技术的社会属性影响和制约自然属性的一面。当然，尽管如此，技术决定论已经打通了技术自然属性和社会属性的隧道，使两种属性之间的联系建立起来。最后，让我们回到社会决定论上来。很显然，在自然属性和社会属性的关系上，社会决定论只强调社会属性

---

① [德]海德格尔著，孙周兴选译：《海德格尔选集》（下），上海三联书店 1996 年版，第 951 页。

对自然属性的决定作用，而看不到自然属性对社会属性的制约作用。因此，将技术决定论与技术中性论相比，前者至少在技术的自然属性和社会属性之间建立了联系的"桥梁"，所以其理论思想就多了一些思辨和形而上学的成分，同时也因此富含了强烈的伦理和政治意蕴。如果我们再把社会决定论与技术决定论进行比较，不难理解的是，前者突出的是技术的组织运行方式，而后者突出的是技术应用的后果，但是后者更加迎合了人们对现代技术社会现状的关注。正因为如此，技术决定论正成为当今技术哲学研究的一种主流思想，并最有力地推动技术哲学向前发展。

以上列举了几种技术中性论的批判理论，下面尝试着从技术中性论成立的几个理论前提着手，继续对技术中性论加以批判。

技术中性论暗含的第一个理论前提是，技术和技术的使用是两回事。从生活常识上看，这个观点似乎是站得住脚的。当使用者的双手还没有操纵技术工具的时候，很难想象技术工具跟使用有任何的关系。但是，事实上，使用者操纵某一技术工具时，不可能像婴儿玩玩具，按照自己的意愿想怎么玩就怎么玩，其在第一次使用某技术工具前，必然要先了解技术规则。即使在诸如火灾现场这样的紧急情况下，面对消防栓，非消防人员救火者虽然来不及了解消防栓的使用规则，也总是先在大脑里琢磨着消防栓的使用程序，然后才尝试按照这个程序进行操作，否则消防栓就起不到灭火的作用。这表明，技术与技术使用的联系恰恰在于，在技术使用之前，技术的设计者已经将技术的使用规则设计出来，强加给了使用者。换言之，使用者早已和技术工具一起成为设计者的设计对象。因此，"在技术与它的使用之间不存在差别"[①]，技术和使用是不可两分的。

技术中性论暗含的第二个理论前提是，技术设计者或使用者能提前准确预见技术目标。如果按照这一观点，那么，技术的负面效应就只能源于技术的滥用。显然，这个结论是不成立的。技术后果具有以下几个特点。（1）难以预见性。技术应用的后果难以预见早就为社会实践所证实，也因此被越来越多的学者认可。英国化学家、发明家威廉·亨利·铂金早在 1856 年就读于英国皇家化学院期间，就醉心于用煤焦油提炼技术

---

① Jacques Ellul. The Technological Society[M]. New York: Random House, 1964: 98.

人工合成疟疾特效药奎宁，但是他怎么也想不到，最后虽然没有成功制成奎宁，却出乎意料地合成了偶氮染料苯胺紫，自己因此成为合成染料的发明人。[1]（2）迟现性，即技术使用很多年以后，其后果才呈现出来。大约公元前 200 年，秘鲁的印第安人就开始掌握种植马铃薯技术。16 世纪，马铃薯栽种技术传到欧洲，欧洲人因为这项技术可以提供足够的食物深感高兴。但是很多年过去，人们才发现，长期以马铃薯为食，贫民们容易营养不良，感染结核病。当公元前 200 年秘鲁的印第安人开始种植马铃薯的时候，他们怎么也想不到，1800 年以后马铃薯栽培技术在当时的条件下出现了这样的社会后果。（3）隐蔽性。某些技术使用具有正反两方面的后果，但是，在正面作用的巨大光环下，负面的后果往往处于"隐蔽"状态，容易被忽视掉。一个经常引用的经典案例是西药阿司匹林。20 世纪 70 年代以前，阿司匹林因为治疗感冒头疼的疗效，被视为没有副作用的完美药物，一直被医学界列在最无害的药物名单之中。直到 70 年代，由于发现大量重症出血的病人有每天服用 2～3 片阿司匹林的习惯，才得出该药对人的血象有严重危害的结论。当医学界开始警告世人谨慎使用阿司匹林时，甚至有些人怀疑是否搞错了。（4）继发性。某些技术使用的后果是相继发生的连锁链。技术的设计者或使用者对后面的"连环"很难预知。20 世纪 40 年代中叶，化学品 DDT 被认为是杀死各种害虫和昆虫极其成功的方法。最值得称道的是据说 DDT 本身对人完全无害。但是，随后发现，DDT 通过奶牛吃草和人喝牛奶这个食物链可以导致人贫血。

技术中性论的第三个理论前提是，技术使用者能够建构适当的技术使用情境。任何技术使用都是在一定的技术场域完成的。技术场域不仅指技术使用的物理空间，也指技术使用的功能空间。技术使用功能是否能够实现，主要取决于技术场域内的技术情境。但是，"技术情境不是自发生存的，是人为建构的"[2]。技术使用主体通过组织记忆和知识留存等

---

[1] Andrew Pickering. Decentering Sociology: Synthetic Dyes and Social Theory[J]. Perspectives on Science, 2005, 13(3): 365.

[2] 王丽、夏保华：《从技术知识视角论技术情境》，《科学技术哲学研究》2011 年第 5 期，第 70 页。

方式，把各种技术知识和技术范式等情境要素建构成技术情境。技术情境的作用是，把技术活动的目的、需要、资源和场域现状呈现给技术主体，支持、约束和规定技术主体的行动，使技术使用的功能得以正常实现。但是，如果技术主体因为主观认知等的局限性，没有建构起适当的技术情境，就会产生行动上的盲目性，导致意外的发生，使技术使用的结果走向反面。

通过上述从不同的角度对技术中性论颠覆性的批判，可以得出结论：技术中性论价值中立的思想，不仅在理论上是有缺陷的，而且与时代渐行渐远。技术不仅仅是实现技术主体目的的工具体系，也是负载伦理和政治的价值系统。技术的价值负载才是探寻技术本质的基点。

二、技术本质的追问

现象是本质的表现形式，反映的是客观事物的外部联系或表面特征；而本质是事物的存在依据，反映的是客观事物主要因素的内在联系。技术是人处理人与自然以及社会关系的手段和中介，人当然是构成技术的核心要素，因此，对技术本质的探讨就必然离不开人的维度。换言之，关于技术的本质只能在"人—世界"的在世结构中加以讨论。正如马克思所说："被抽象地孤立地理解的、被固定为与人分离的自然界，对人说来也是无。"①海德格尔在《技术的追问》一文中也曾说道："技术不同于技术之本质。倘我们要寻找树的本质，我们必须确信，贯穿并支配每一棵树之为树的那个东西本身并不是一棵树，不是一颗在平常的树木中间可发现的树。"②很显然，海氏的意思是说，技术的本质不是技术本身，把技术还原成"零件"，找不到技术的本质；同样，技术的本质也不是技术共同的东西，通过技术共同具有的结构和功能特征，也无法说明技术的本质所在；技术的本质存在于技术之所以成为技术的根据中。

---

① [德]马克思、恩格斯：《马克思恩格斯全集》(第42卷)，人民出版社1979年版，第178页。
② [德]海德格尔著，孙周兴选译：《海德格尔选集》(下)，上海三联书店1996年版，第924页。

毫无疑问，技术之所以成为技术的根据在于人的存在。技术之于人犹如蜗牛壳之于蜗牛、蛛网之于蜘蛛，是无法分离的，离开人来谈论技术的本质是毫无意义的。人生活在天地之间，以自然为载体和索取对象，以类的方式构成社会，自然和社会之于人也犹如蜗牛壳之于蜗牛、蛛网之于蜘蛛，是不可分离的。因此，人、自然、社会和技术就共同构成了人的在世结构，塑造人的在世方式，共同铸就或体现人的能力、人的实践活动以及人的价值（意义）。所以，技术的本质必然存在于人的在世结构中，蛰伏于人在世结构元素的相互作用之间。

从（具有一定能力的）人与技术的关系来看，技术在本质上是人的能力的体现，但反过来也强化了人的能力。"自然界没有制造出任何机器，没有制造出机车、铁路、电报、走锭精纺机等等。它们是人类劳动的产物，是变成了人类意志驾驭自然的器官或人类在自然界活动的器官的自然物质。它们是人类的手创造出来的人类头脑的器官，是物化的知识力量。"①马克思的这段话说明了三层意思。第一层意思道出了人与动物的区别：动物只能利用自然，而人可以改造自然。第二层意思道出了人与动物区别的本质所在：人类之所以能改造自然，是因为人具有技术参与其中的劳动能力。第三层意思道出了人与技术的关系：技术是人的本质力量对象化的产物。而人的本质力量对象化是指，人通过有意识的劳动结成一定的社会关系，然后在一定的社会关系中，通过劳动把自身的能力不断外化，向对象转移，最终在对象中凝结，形成新的对象。总之，技术是在人的本质力量对象化过程中产生的，同时技术又在这同一过程中强化了人的能力。手工工具强化的是人的肢体，机器设备强化的是人的体力，电脑强化的是人的思维能力。

从（具有实践活动特征的）人与技术的关系来看，技术在本质上体现为人的目的，但反过来也推动了人的目的向前发展。技术运行的速度、规模、后果都体现了人的目的，同时技术功能的发挥带来的巨大社会财富，又推动人们确立更高的技术目标，实现更大的社会理想。人的目的

---

① [德]马克思、恩格斯：《马克思恩格斯全集》（第46卷下），人民出版社1980年版，第219页。

通过技术手段得以实现，技术手段又促进人的目的的产生和发展。但是，人的目的具有先决性。人的目的的合理性决定技术手段的正当性，而技术手段的有效性并不能决定人的目的的合理性。如核电能为人类造福，因此利用核发电是正当的；而核武器能在顷刻间毁灭亿万生命，把核武器用于战争的目的是不道德的。

从（具有价值或意义属性的）人与技术的关系来看，技术在本质上张扬了人性，但反过来也遏制了人性的发展。自近代工业革命以来，技术以其有效性最大限度地满足人们对物的需求和对利的追逐，把人们从贫困的奴役下解放出来，使人性得到张扬。但是，由于人们对技术的过分依赖，人与技术的主客关系发生了倒置。换个角度看，人对技术的过度应用，实际上就是任凭技术一刻不停地驱使着自己对自然展开"哥德式"的战斗。遗憾的是，人这种通过技术对外自然展开的主动进攻，却换回自身内自然的衰退，技术在不断进步，人的身体（特别是四肢）却在日益退化。更不幸的是，在技术"座架"的胁迫下，受动性成为人心理结构的主要特征，人的物质条件越来越丰富，心灵却越来越枯竭，找不到栖身之所。人生的价值、意义以及原初的生命体验等能够释放人性的内容，日益消殒在技术的繁荣之中。

从人与自然的关系来看，技术在本质上是人与自然渗透和转化的媒介和标志。人对自然的改造和利用，实质上就是不断把天然自然转化为人工自然的过程。而与此相对应的就是技术的不断发明、设计、制造和使用的过程。离开了技术，人类改造和利用自然的活动，不仅在广度而且在深度上都受到限制。同时，作为技术常见形态的技术物，其本身就是人工自然物的特殊形式，是天然自然转化为人工自然的标志。

从人与社会的关系来看，技术在本质上是意识形态的化身。任何社会都必须拥有居于社会核心地位的意识形态，以保证社会在建立科层次的条件下，实现组织化和制度化的管理。也就是说，一个社会必须拥有主流意识形态为其政治统治提供合法性的依据。但是，这个主流意识形态自身的合法性必须得到证明。而技术，因为能够满足人们对物的占有和对利的追逐，所以越来越成为任何形态社会意识形态的化身，通过发展技术实现对国家经济生活的干预，已经成为任何制度国家都通用的规则。

从技术与自然的关系来看，技术在本质上是具有天然自然属性的人工自然。技术的发明和设计往往是以自然物的原形为基础。大多数技术人工物的制造也都是直接或间接以自然物为原料。同时，技术的设计、制造和使用都必须遵循自然规律；如果违背自然规律，不仅技术的功能难以实现，还可能会酿成技术事故，甚至破坏自然和生态环境。

从技术与社会的关系来看，技术在本质上是社会生产力。社会生产是社会存在与发展的基本前提。社会生产最大化的条件是社会组织最有效。工业革命以来的人类社会实践证明，人类社会的生产力进步与技术进步具有高度的同步性和一致性。技术是迄今人类设计出来发展社会生产最可行、最高效的社会组织方式。技术已经成为推动社会生产力发展和进步的决定性力量。

从自然与社会的关系来看，技术在本质上是"自然属性和社会属性相互协调的存在"[①]。技术既要反映自然的属性和特征，受制于自然条件，遵循自然规律，又要受到社会需要和客观条件的制约。因此，技术从发明到使用，都是自然与社会在相互作用过程中"协商"的结果。

综上所述，技术在本质上是人的在世关系的反映，涉及人的在世结构和在世关系的方方面面，所以，任何一个单向度思维的价值判断都不能全面地反映技术的"本质"，也就是说，整齐划一的技术本质是不存在的，要对技术本质做出准确、唯一的界定是徒然的。技术的本质犹如一根麻绳，一根麻绳所承受的重力不可能是每根麻线承受力的简单相加，因为麻线缠绕所拧成的"股"，已经大大地改变了单根麻线的性状。当然，这也并不意味着我们将掉进相对主义的泥坑，只能对技术的本质持不可知论的态度。审视以上关于技术本质的论述，我们可以得出的结论是：技术在本质上是价值负载的，对人、自然和社会都具有正反两方面的效应，因此，我们可以立足于技术的价值层面，从技术双面效应的角度继续探讨技术的本质。

---

① 王治东：《技术的人性本质探究》，上海人民出版社 2012 年版，第 69 页。

三、技术的双面效应

上述对技术本质的论述表明，技术决定人的生存结构和生存关系。技术不仅使自然成为适宜人生存的场所，从而使人成为超自然的存在，而且还使人类通过超越自身来展示人的本质力量。同时，技术还使人在劳动实践中成为"类"，构成人类社会，最后使人成为真正历史的人。总之，技术是促进人及人类社会形成、存在和发展的根本动力源。技术对人的存在和发展的积极作用就是技术的正面效应。

但是，上述对技术本质的分析同样表明，技术在发挥正面效应的同时，也存在负面效应，即技术在人控制和改造的过程中，也会产生对人的压抑、束缚、威胁，甚至出现否定人的存在和发展的一面。技术正是在正面效应和负面效应的双轮驱动下叙述着自己的历史，彰显着自己的两面本质。那么，技术为什么具有双面效应或双面本质？要厘清这个问题，我们暂时回到技术的本质属性上来。

首先，技术既具有自然性，也具有非自然性、逆自然性和反自然性。（1）技术具有自然性。技术的自然性主要体现在三个方面。一是技术发明、设计、制造和使用等一切活动都是在自然环境中进行的，离开了自然界，技术活动将无以承载，技术就只剩下抽象的理念形式。二是技术（物）的设计、制造或使用都必须以遵循自然规律为基本前提。三是技术（物）常常以自然物为原料或设计原型。（2）技术具有非自然性。技术（物）是人工设计、制造的，不可能是在自然界的运行中自发形成的。技术只是人工自然，只具备天然自然的部分属性和特征。技术（物）的结构和运行都会受到人的干预。（3）技术具有逆自然性。技术往往逆乎自然而运行。"水往低处流"是人人皆知的常识，但是水泵却能让低处的水流向高处。夏天的蔬菜，运用温室技术也可以让它在冬天上市。（4）技术具有反自然性。技术逆自然性与反自然性的相同点是，两者都表明技术是人类强加给自然的异己的东西；不同点是，技术的逆自然性只是表明技术活动对自然界的结构或运行方式的修改，并不一定引起对自然的破坏，而技术的反自然性则表明技术活动对自然界结构或运行方式的否定或取消，是与天然自然的激烈冲突和对抗，必然会破坏自然原有的状态。水库大坝的建造，不仅改变了水的储量、流速和温度，也改变了河床淤泥的数量和结构，因此对河流中的某些鱼类及生物将是灭顶之灾，对河流两岸的植被也会产生一定的影响。"穿牛鼻、落马首"确实"驯服"了牛马的野性，但是脱缰的牛马会更加狂野。

其次，技术既具有人（性）化，也具有非人（性）化、逆人（性）化和反人（性）化的特征。（1）技术具有人（性）化特征。技术的人（性）化可以从人的能力、人的实践活动和人的价值（意义）三方面理解。第一，技术延伸了人的器官，强化了人的能力。早期的技术多以人的器官为设计原型，目的是弥补人体器官的不足。比如扳手，它在形式上是人手的翻版，却大大强化了人手的力量。第二，技术扩大了人的实践活动的空间和领域，不断拓展人的对象世界。技术实践在空间的渗透和范围上的拓展，是人的本质力量的公开展示。其结果是，自然界日益向人们打开它的新维度，成为人的对象世界的新作品、新现实，并促使人产生新的认识和新的观念。比如随着太空技术的发展，人们对宇宙越来越不陌生，"宇观"也已经成为和"宏观""微观"并列的哲学概念。第三，技术通过满足人的物质和精神需要，张扬人性，实现人生的价值和意义。美国心理学家马斯洛的需要理论之所以被奉为经典，就是因为它从需要的角度反映了人性的基本层次和内容。事实上，人性之所以成为学术研究的重要领域，技术立下了肱骨之功。因为技术满足了人的各种需要、欲望，使人性的本质得以释放和张扬，人性的内容才得以丰满，否则，人性只能处于"遮蔽"之中。（2）技术具有非人（性）化特征。技术的非人（性）化是指技术不完全是人工的产物，技术的结构和运行并不完全受人的干预。技术的自然属性就是技术非人（性）化的反证。（3）技术具有逆人（性）化特征。无论对技术理性如何进行分类，也无论把技术理性与人文理性如何进行比较，不可否认的是，技术毕竟是一项理性的事业。但是，"技术理性追求有效性思维，追求工具的效率与行动方案的正确决策。一旦这种思维方式盛行，人们所注重的将是效率与计划性，而不是人的需要和价值"。也就是说，技术理性站在人性的对立面，技术具有逆人（性）化的特征。①（4）技术具有反人（性）化特征，即技术具有威胁人（性）的特征。技术反人（性）化与逆人（性）化是有区别的。逆人（性）化是技术理性固有的特征，而反人（性）化是技术理性虚无主义发展所衍生的特征。技术的虚无主义发展已经导致了两种反人（性）化的后果：一种是外在的，表现为人的器官等的生理萎缩和退化，人的生存环境遭到破坏，大量技术风险的出现和技术事故的发生；另一种是内在的，表现为技术异化了人的需求、欲望、理性和意义，使人出现诸如技术迷恋、技术恐惧等心理疾病。人与技术之间控制与反控制的紧张和张力日益扩张。

最后，技术既具有社会化特征，也具有非社会化、逆社会化和反社会化的特征。（1）技术具有社会化特征。技术社会化和社会技术化如同相向行驶的列车，正是因为列车方向相反、始点和终点互换的"往—返"运行，铁路运输才能被称为"交通"。社会技术化与技术社会化是社会和技术逆向的相互建构过程，正因为如此，社会才会出现，技术也才会产生。简单地说，社会技术化是指，社会的形成、运行和发展离不开技术的参与。具体地说，人的物质财富的生产，精神财富的创造，流通、分配和消费，乃至权力的产生、获取和分配都越来越离不开技术，技术是社会之网上的"扭结"。反过来，技术是社会化的结果。技术社会化是指，技术的产生、应用和发展都要受到社会的支配和制约。技术的产生来自社会需要的推动，技术的应用和发展也无不受社会客观条件的限制，甚至是受到一些风俗习惯和道德观念的左右。（2）技术具有非社会化特征。技术具有自然属性，因此技术的产生、应用和发展都必然与一定的自然因素相联系，受某些自然条件的支配。同时，技术的发明、设计、制造和使用都不可避免地渗透主体个人的兴趣、爱好，呈现出个体特征。（3）技术具有逆社会化特征。技术推动不当的社会需求的产生，就是技术逆社会化的特征。例如，铺天盖地的商业广告，有些向消费者灌输过于超前的消费理念，目的就是引导社会需求，极力销售那些老百姓见所未见、闻所未闻的新技术、新产品。其中有些用高消费的标签打扮得光怪陆离

---

① 高亮华：《人文主义视野中的技术》，中国社会科学出版社 1996 年版，第 165 页。

的所谓新技术、新产品，使一部分人为赶时髦而陷入苦不堪言的窘迫之中，最终形成畸形的社会"需求"。（4）技术具有反社会化特征。按照技术社会化的逻辑，社会的变革会推动技术革新。但是，重大的技术变革却是推动社会变革的决定力量。马克思关于生产力和生产关系的经典论述——"手推磨产生的是封建主的社会，蒸汽机产生的是工业资本家的社会"[①]，充分说明了技术对社会的革命性意义。人类从旧石器走向新石器，就是黏附在石头上的那一点技术含量推动了社会划时代的变迁。当然，技术推动社会革命是要付出代价的，重大技术变革往往是通过引起原有的社会结构的冲突和碰撞，才能产生变革社会的力量，因此也就可能要附带一定的社会风险和灾难。本书认为，技术反社会化与技术逆社会化的区别是，前者反映的是技术与社会的变革关系，而后者反映的是技术与社会的需求关系。

综上，技术的反自然性、逆人（性）化、反人（性）化、逆社会化和反社会化特征是形成技术负效应的主要根源。接下来的问题是，蕴含于技术之中的技术负面效应如何示人，以证明自身呢？

第三节　技术风险：人的生存状态

人生存于天地之间，面临风险是一种常态。技术作为人的生存方式，在人的生存结构和要素中占主导地位，因此，技术风险就成为反映人的生存条件和生存环境、展示人的生存状态的最主要的风险形式。

一、风险与技术风险

"风险"一词，词根在"险"字。汉语成语中带"险"字的成语很多，如"化险为夷""铤而走险""险象环生"等。其中，"艰难险阻"一词最

[①] [德]马克思、恩格斯：《马克思恩格斯选集》（第一卷），人民出版社 1995 年版，第 142 页。

能反映"险"的意思和特征。既然"艰"指"艰辛","难"指"困难","阻"指"阻碍",以此类推,"险"应该取"危险"之意。同理,既然"艰辛"可以度过,"困难"可以克服,"阻碍"可以消除,以此类推,"危险"也就可以化解。总之,"险"意为"危险",是一种可以化解的可能性。当然,任何可能的状态都可能会转化成现实的存在,如果"险"未被化解,可能性的"险"就会变成现实性的"灾"。

那么,"风险"又做何解释呢?从词源上考察,"风险"一词是西方的航海术语,源起航海时因遇风而产生的触礁或沉船的危险。现代著名风险研究大师吉登斯指出,风险的意思可能最早起源于探险家或重商主义资本家的活动。[①]随着社会和历史的演进,风险的概念也在不断演变。但一般认为,风险总是表现为某种不确定性,诸如选择某种行为结果的不确定性,某种自然、社会或生理现象发生的不确定性,造成某种损失或损失大小的不确定性,等等。

当然,不同的学科对风险有不同的解释,同一学科的不同学者对风险也有不同的理解。奥尔索斯总结了学科之间对风险理解的差异:科学把风险看成客观现实,人类学把风险看成一种文化现象,社会学把风险看成一种社会现象,心理学把风险看成一种行为和认知现象,等等。[②]德国著名社会学家贝克认为,风险是"系统地处理现代化自身引致的危险和不安全感的方式"[③]。而吉登斯则认为,"风险与冒险或者危险是不同的。风险指的是在与将来的可能性关系中被评价的危险程度"[④]。埃文(Aven)和雷恩(Renn)曾经通过对风险文献的研究,总结了十种风险的定义:"(1)风险等于预期的损失;(2)风险等于预期的失效;(3)风险是某种不利后果的概率;(4)风险是不利后果的概率和严重性的测量;(5)风险是一个事件和其后果概率的混合;(6)风险是一系列事态,每一种都有一个概率和一个后果;(7)风险是事件和相应不确定性的二维混合;

---

① [英]安东尼·吉登斯:《现代性——吉登斯访谈录》,新华出版社2001年版,第75页。
② C.E.Althaus. A Disciplinary Perspective on the Epistemological Status of Risk[J]. Risk Analysis, 2005(25): 567.
③ [德]贝克著,何博闻译:《风险社会》,译林出版社2004年版,第19页。
④ [英]安东尼·吉登斯著,周红云译:《失控的世界》,江西人民出版社2001年版,第18页。

（8）风险指结果、行为和事件的不确定性；（9）风险是一种情景或者事件，其存在使人类有价值的事件处于危险之中，且其后果不确定；（10）风险是与人类价值有关的活动及事件的不确定的后果。"[1]

但是，尽管不同学科和学者对风险有不同的理解，从上述学者的一般见解仍然可以推导出三个结论：（1）风险是一种可能性，"不确定性是风险的本质属性"，已经确定的东西不属于风险范畴；（2）风险应该既包括现象（事件）出现（发生）的"不确定性"，又包含现象（事件）出现（发生）后果的"不确定性"；（3）风险既指现实世界客观存在的风险，又指人们对现实世界客观存在风险的认知和理解。从这三个推论可知，风险的发生和后果是如此的不确定，而且风险不仅存在于现实世界，还存在于人们的心理，因此，对风险的研究十分必要。而要研究风险，我们首先要认识风险的特征。

第一，风险具有客观性。风险的客观性是指来自自然、社会和技术的风险与人的愿望、兴趣和爱好无涉。或者说，总体而言，任何个人和组织都不能选择风险现象（事件）是否出现（发生）。例如，谁都不希望地震发生，地球上每年却发生约 500 万次地震，其中损害在中等以上的就有 1000 次以上；爱好和平的人都痛恨战争，而世界局部战争从来就没有停止过，据美联社报道，自第二次世界大战结束至今，世界共发生 400 余场局部战争；人人都害怕交通事故，但是走路时被车撞死的概率是 1/40 000。当然，这并不等于说人在风险面前束手无策，只能坐以待毙。人们在一定的条件下可以认识风险发生、运动和变化的规律，防范和规避风险是可能的。

第二，风险具有主体性。风险的主体性主要指，风险总是相对于人而言的，离开了人的因素就无所谓风险。比如，在人迹罕至的不毛之地，地震只是自然现象而不是风险。要说明的是，某一现象或事件是否可以被称为风险，并不取决于它出现或发生的场域是否与人的生存场域交叉或重叠，而是以它的出现或发生是否对人产生威胁或损害为标准。南极的冰雪加速融化虽然发生在千里之外，但是隐含着巨大的风险，因为冰

---

① T.Aven & Renn. On Risk defined as an Event Where the Outcome is Uncertain[J]. Journal of Risk Research, 2009: 1-11.

雪加速融化会导致海平面迅速上升，从而使人类赖以生存的陆地面积大幅度减小。同时，风险对人的威胁或损害既可以是有形的、可量化的，也可能是无形的、不可量化的，它包括人的财产、生命、身体、心理、安全、自由等人的价值体系范畴内的所有元素。比如，观看恐怖片对儿童来说是有风险的，因为研究表明观看恐怖影片会对儿童造成一定的心理伤害。当然，风险的主体性的意义是多维度的，它也指人是风险认知、风险评估和风险管理等实践活动的主体。

第三，风险具有可预见性。这里所说的可预见性，并不是指风险的出现是可以预见的，而是指风险出现的可能性是可以预见的。预见风险的途径有两种。一是通过现象预测风险。很多风险的出现是有预兆的，也就是说在风险出现之前，总有这样或那样的现象出现。比如，某些自然界动物的异常活动预示着地震的可能性，发动机过热过烫预示着发动机停转的可能性，等等。二是根据科学知识或经验常识预测风险。科学知识和经验常识的认知功能可以帮助人们在一定程度上预见未来。譬如，极度疲劳或醉酒的司机出车祸的风险很大，因为疲劳驾驶或酒驾与车祸的正相关性既是脑科学研究的结论，也是经验常识。承认风险的可预见性的意义在于，如果风险是不可预见的，那么风险的认识、评估、分析、防范和化解等既不必要也不可能。

第四，风险具有变动性。首先，风险性质常常从一种形态转化成另一种形态，形成风险链。譬如，2011年日本的福岛核辐射危机，就是地震导致技术事故引起的，是典型的自然风险演变成技术风险再转化为社会政治风险的例子。其次，风险的大小和规模也会因为人应对风险的能力而产生变化。如果应对及时或措施得当，风险可能会转化成低风险或无风险，反之可能会转化成高风险或巨风险。当然，一定条件下，某些风险也有自动化解的可能。比如，森林大火恰遇强降水便可化险为夷。最后，风险的危害程度也会随着风险性质、大小和规模的变化而增加或减小。例如，煤矿事故中，再生风险和次生风险也会增加生命和财产的损失。

第五，风险具有历史性。风险的历史性是指，在不同的历史时期，风险的表现各异。比如，人类早期，自然风险是人类面临的主要风险；而在现代社会，科学技术日益发达，技术风险成为最常见的风险形式。

同时，风险的历史性还指处于不同社会历史阶段的人们在认识、评价和应对风险的观念、水平和能力上存在差异。譬如，人类早期，因为人们认识和改造自然的能力还十分有限，因此对自然风险的认识水平较低，应对能力也较差，自然风险的损害程度也较高。然而，随着人们认识和改造自然的程度日益加深，现代人对自然风险有了足够的认识，应对能力也大大提高，所以自然风险的破坏程度也就大大降低了。

第六，风险具有建构性。风险的建构性指，风险现象（事件）出现（发生）后，由于人的风险意识、社会群体行为以及风险信息传播等社会结构的共同参与，风险的性质、大小、规模和危害程度有偏离实际而被强化或弱化的特征。风险的建构性体现在三个方面。一是主观性。某一现象（事件）是否是风险、风险的大小、危害程度的预期，都受制于人的风险感知，风险是客观事件的主观反应。比如，对同一风险（事件），有的人做出强烈的反应，认为是很大的风险；而有的人反应轻微，认为根本就不是风险（事件）。也就是说，绝对的"真实的风险"和纯粹建构的"歪曲的风险"都是根本不存在的。[①]二是交互性。风险信息传播媒介等社会结构因素与人的风险认知之间存在交互作用。人们对风险事件的认识和评估，大多数依靠媒体等正式或非正式渠道传播的风险信息，所以风险信息的内容和渠道会影响人的风险感知。反过来，人们对以往类似风险（事件）的认识、评价和应对能力也会影响风险（事件）传播信息内容的真伪、传播渠道的选择和传播力度的强弱。譬如，2003年暴发SARS，一开始在病因不明、性质不清的情况下，人们从正式媒体难以获得更多的有价值的信息，很多失真的信息通过非正式渠道扩散，干扰了人们对SARS的真确认识和评价，大大放大了SARS的危害性，引起了较严重的社会危机。而当SARS的生物性传染的病因确定，国家有效的控制和治疗措施出台后，民间非正式渠道的SARS信息传播日益减少，老百姓对非正式渠道传播的信息的信任度也日益降低，国家媒体牢牢地占据了宣传的主阵地，社会渐渐趋于稳定状态。三是选择性。风险（事件）出现（发生）后，因为人们对风险的认定和评估难以统一，控制方

---

① [美]保罗·斯洛维奇著，赵延东等译：《风险的感知》，北京出版社2007年版，第270页。

式和计算方式难以确定，风险的应对措施呈现出选择性。风险应对措施的选择会产生不同的实质性的经济和社会后果，造成风险损失的差异。

风险的类型是另一个需要阐述的问题。人生在世，从出生开始就会遭遇种种风险——车祸、溺水、地震、技术事故等，甚至对核战争的恐惧，对星球相撞的担忧，对外星人是否存在的心灵冲突，都是对人类的威胁和损害。一一列举，恐无法穷尽。因此，要回答"风险到底有哪些类型"，还是让我们暂时退回原点，对风险的含义进行重新界定，以期寻找新的突破口。

前文已经论述，风险是一个主体性概念，即风险总是指向人的，专门指称人处于某种不安全的生存状态之中。简单地说，风险表征的只是人的一种生存状态。那么，又如何从人的生存状态推演出风险的类型呢？在任何时间界面上，人总是被"定格"为处在一定的时空情境之中，与自然、社会、技术等生存要素发生相互作用，这就是人的生存状态。据此，可以得出的结论是，人类所面临的风险主要来源于人与自然、社会和技术相互作用的关系，换言之，风险主要有三种类型：自然风险、社会风险和技术风险。要说明的是，在不同的历史时期，人类所面临的风险会呈现出不同的特点。人类早期，人的生存与自然的联系更加紧密，人类的生存关系主要体现为人与自然的关系，因此早期的风险形式主要是自然风险。随着社会的形成和发展，以及技术的广泛应用，人与人、人与技术打交道越来越频繁，人类遭遇的社会风险和技术风险也就越来越多。

显而易见，在自然风险、社会风险和技术风险中，技术风险是本书关注的主要对象。那么，什么是技术风险？技术风险是如何形成的？技术风险具有哪些种类？前文（第二节）已经指出，技术负面效应是生成技术风险的本源，而技术负面效应具有非（逆、反）自然性、非（逆、反）人（性）化和非（逆、反）社会化的特征，因此，可以逻辑推演出技术风险的三种类型：自然生态层面的技术风险、人本层面的技术风险和社会层面的技术风险。

第一，自然生态层面的技术风险。自然生态层面的技术风险是指，由于技术蕴含逆自然性和反自然性特征，所以技术在与自然界相互作用的过程中，会对自然界或自然事物呈现出负面效应，进而由此演化成对人的生存威胁或伤害。为什么会出现自然生态层面的技术风险呢？自然界的存在、运动和变化有其自身的规律。而事实上，技术就是"巧夺天工"，即人为阻碍或打破自然界的运动、演化和进程以实现事先预想目标的行为。所以，技术行为就必然要与生态对立，出现反自然的倾向。自然生态层面的技术风险又可以再分为自然资源危机、环境污染和环境破坏。随着现代技术的发展，自然生态层面的技术风险出现越来越综合化的倾向。某些技术的应用既造成资源危机，也造成环境污染和环境破坏，形成风险链或风险群。例如火力发电，以煤炭为原料，不仅造成煤储量锐减的资源危机，而且煤炭开采也在一定范围内造成 PM 值升高，产生环境污染，长期开采的地区还会造成地面塌方、沉陷等环境破坏。因此，那些认为自然界可以无限制地自我净化、自我再生的观点是对自然的误解，也是对技术本质的无知。

第二，人本层面的技术风险。人本层面的技术风险是指，由于技术蕴含非人（性）化和逆人（性）化特征，所以技术在与人相互作用的过程中，会对人的身体、心理和精神等方面产生支配、控制或压制作用，从而不同程度地损伤人的身心健康，损害人的生存自由、价值和尊严。人本层面的技术风险有如下特点。一是具有很大的隐蔽性。技术风险对人的心理伤害、尊严的侵犯和自由的限制是难以觉察的，因此，技术风险的鉴定、取证和分析十分困难。二是难以规避和化解。技术风险主要存在于技术的应用环节，而技术应用的主体是人，换言之，在技术应用中，主体的人与技术往往拥有共同的时间性和空间性，这在客观上为技术风险的规避和化解制造了困难。三是对人造成的威胁和伤害更加难以补救。自然生态层面的技术风险是技术在与自然的相互作用中对自然产生负面影响和消极作用，进而对人的生存构成威胁和伤害，具有间接性，所以在某种程度上可以通过改善技术与自然的关系来改善技术与人的生存关系。但是，人本层面的技术风险对人的威胁和伤害是直接的，经常以具体事件的形式出现，威胁和伤害的对象直接是人本身，因此损失很难补救。比如，煤矿安全事故造成人员伤亡的损失是难以弥补的，而煤炭开采造成的塌陷区却可以通过改造成水库、鱼塘和景点的方式变害为益。

第三，社会层面的技术风险。社会层面的技术风险是指，由于技术蕴含非社会化和逆社会化特征，所以技术在参与社会关系的建构中，会对政治、经济、文化等领域产生负面作用或消极影响，并常常表现为突出的社会问题。如核武器竞争所引起的国家和民族之间的冲突与战争。社会层面的技术风险的形成主要表现在三个方面。首先，技术在反映和生产社会关系的过程中，不可避免地造成权力的悬殊和财富的差异，从而带来社会的不公正和不平等，产生大量社会问题。比如很多民族问题即由此产生。其次，由于多种原因，"恶技术"是客观存在的。"恶技术"一般是在明知应用会造成严重后果的情况下所进行的技术犯罪，是典型的反社会的行为。譬如，基因武器就是通过应用遗传工程技术，生产显著抗药性的致病菌，从而人为地制造大规模的疾病。最后，即使是"善技术"，在应用过程中也不可避免地产生失控或正常运转中断的情况，从而产生恶的后果，1986年4月26日苏联的切尔诺贝利核电站爆炸就是典型例子。

通过以上关于风险的含义、特征、类型的阐发，以及技术风险类型和成因的论述，尝试从以下几个方面对技术风险的内涵进行界定：（1）从技术风险产生的根源来看，技术风险是技术所蕴含的负效应的呈现；（2）从技术风险的本质来看，技术风险是一系列不确定性的表现，包括技术行为和技术后果发生的不确定性，等等；（3）从技术风险的基本内容来看，技术风险表现为自然层面、人本层面和社会层面的技术风险；（4）从技术风险与人的生存关系来看，技术风险是人的生存状态。

按照技术的内在逻辑，可以描绘出技术风险形成和发展的演进图，如图1.1：

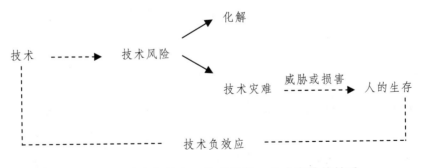

图 1.1　技术负效应、技术风险、技术灾难的关系

图 1.1 只揭示了技术负效应、技术风险和技术灾难之间的基本逻辑关系，那么，这三者到底有哪些具体的联系和区别呢？

（1）从三者的外延看，技术风险和技术灾难都属于技术负效应范畴，是技术负效应的不同表现形式。

（2）从三者的内涵看，技术负效应是技术风险和技术灾难形成的根源，技术灾难是现实化的技术风险，技术风险是尚未发生的技术灾难。

（3）从技术风险和技术灾难的研究目的看，技术风险的研究是为了预测和防范技术灾难的发生，为技术灾难的再发生提供警示或预警措施；而技术灾难的研究是为了警醒现在和未来。

（4）从技术风险化解以及技术灾难援救的意义看，技术风险的化解是防患于未然；而技术灾难的援救是亡羊补牢，把灾难的损失降到最低限度。

（5）从技术风险化解和技术灾难援救的措施看，出现技术风险，关键是查找原因，杜绝风险源；而发生技术灾难，重在落实救治方案，减少损失。

（6）从技术风险和技术灾难发生的顺承关系看，技术灾难以技术风险为起点，但技术灾难也可能导致新的技术风险。

通过以上的比较分析，可以得出的结论是：因为技术风险和技术灾难具有相同的成因，而且技术灾难顺承技术风险而发生，化解技术风险就可以避免技术灾难，所以，从理论上说，技术风险研究既是技术灾难研究的逻辑起点，也比技术灾难研究更具现实意义。那么，技术风险有哪些特征？形成技术风险的根源有哪些？

二、技术风险的特征

自吉登斯提出风险社会理论以来，人类渐渐意识到自己生存在一个充满风险的社会。"粮食问题""环境问题""恐怖主义问题"等一系列耳熟能详而又凝重的称谓表明，风险不仅外在于世，而且已经成为令人焦虑、担心的"社会问题"而渗透到人的内心世界。在诸多的风险类型中，技术风险以其典型的特征日益成为人类关注的对象。

第一，技术风险演化的时空扩展性。技术风险研究诞生于第二次工业革命前后，最早关注的是与工厂相关的职业性危险，后来渐渐地转变到对技术造成的负面效应的认定和评价。实现这一"转变"的原因是技术风险的日益社会化和全球化，即技术风险的发生不再是局部的，而是空间上跨越式存在和演化的。技术风险及其灾难性后果，已经并且正在打破国家与国家之间的界限，出现由点及面、从区域向全球扩展的趋势。洛伦兹一定想不到，他在1963年提出的"蝴蝶效应"理论，会被如此多的技术风险验证：苏联切尔诺贝利核事故产生的放射性物质，对千里之外的中东欧和部分西欧国家都有很大的影响；计算机病毒借助网络扩散可以席卷全球。与空间上的特征相比，技术风险在时间上往往是代际存续的。很多技术风险不仅影响当事人和当代人的现时生存，还会影响他们的未来生存，甚至还殃及下一代或下几代人。例如高强度核辐射以及有毒有害物品摄入人体等，都会对当事人造成长期伤害，并对后代人产生长远影响。当然，包括技术风险在内的"各类风险在各种时空范围内传递和蔓延的准确模式至今还依然是一个无法解开的谜团"[1]，技术风险的时空扩展性还有待于进一步研究。

第二，技术风险后果的高度危害性。随着技术功能的日益彰显，技术作为人类进步的强大动力，越来越刺激人们为之不懈地追求，技术也因此在攀越一个又一个的高峰中不断升级。但是，技术在酝酿成功的同时，也酝酿风险。研究表明，技术风险的等级与技术的等级成正比例关系，技术越是"高、精、尖"，技术风险的后果就越严重，危害性就越大。核技术是高技术的代表。核能源曾经被誉为"既干净又安全的能源"，可是自切尔诺贝利核事故以来，核泄漏事故是如此频发，以至于在未发生核战事的情形下，"核威胁"也已经成为全球性的危机。退一步而言，即使是传统技术，其危害性也常常令世界震惊。1984年12月，美国的跨国公司设在印度博帕尔的一家农药厂毒气泄漏致3000多人死亡，20万人身体受到严重损害，67万人身体健康受到伤害，受影响人口达到150多万。

---

① [德]乌尔里希·贝克：《从工业社会到风险社会》，《马克思主义与现实》2003年第3期，第27页。

第三，技术风险出现的迟滞性。技术风险主要存在于技术的应用过程。从问世到推广普及，一项新技术需要经历很长一段时间，因此，技术开始应用到出现大规模技术灾难的爆发，常常要经历相对漫长的时间，本书把这种现象称为技术风险的迟滞性。研究表明，不同的技术引发灾难的迟滞时间有很大的差距，如核物理技术约为 50 年，化学技术多在 100 年以上。随着科技的发展，技术成果的转化周期在逐渐缩短，技术风险迟滞的时间也会相应缩短。技术风险迟滞性十分有害。正因为存在迟滞性，在技术应用之初，人们容易忽视和忽略技术风险的存在，而一旦技术风险和灾难大规模爆发，就已经失去了应对技术风险的最佳时机。这就要求我们重视和认真研究技术风险，比如在技术风险的"潜伏期"就要做好技术风险的预测、评估和防治方案，做到防患于未然，尽量避免或推迟技术风险的"高峰期"。

第四，技术风险结果的逆目的性。一般认为，人类对技术进行消极应用是技术产生恶结果的根源。比如通过遗传工程技术生产抗药物和疫苗的致病菌来制造基因武器。但是，"善技术"也会出现恶结果。比如，生产阿司匹林的本意是治疗感冒头疼，阿司匹林也一度因为特效被列入完美药物的名册，但意想不到的是，20 世纪 70 年代，医学界通过重症出血病人的研究意外发现该药对人的血象有危害，转而又警告人们谨慎服用该药品。毫无疑问，当初开始生产阿司匹林，纯粹是出于治病救人的善良愿望，然而大量服用却会给病人带来负面的后果。我们把这种技术或者技术产品应用结果与初衷相悖的特征称为技术风险的逆目的性。技术风险的逆目的性使人类难以十分自信地面对新技术，因为新技术应用的远期后果是不可预料的。技术风险的逆目的性对我们有两点启示：一是技术应用的初衷不是检验技术善恶的标准，评价技术善恶要从后果出发；二是对技术应用的后果要做长期、全面、反复的预测、分析和评估。

第五，技术风险产生和发展的难以预控性。毫无疑问，技术是理性的胜利。但是，遗憾的是，人的理性是有限的，即人们对技术本身的认识存在局限性。因此，技术一方面使人类从未知走向已知，另一方面又给人类增添了新的未知。譬如，技术风险到底何时产生，以什么样的方式出现，后果有多么严重，都是难以预测的。结果是，当技术风险引发技术灾难时，人们往往措手不及，毫无准备地疲于应对，以至于要付出巨大的代价，才能在一定程度上对之加以控制。这样的例证不胜枚举。小到 20 世纪初西方国家工业化过程中的八大公害事件，大到核能源带来的危机，包括臭氧层的巨洞，都是典型的例子。技术风险产生和发展的难以预控性说明，技术风险已经超出了人的思维和能力所能达到的界限，正如乌尔里希·贝克所说："这个社会在技术上越来越完善，它甚至能够提供越来越完美的解决办法，但是，与此相关的后果和种种危险却是受害人根本无法直觉到的。"[①]

第六，技术风险之间的关联性。按照系统科学理论，技术是以系统或者巨系统形式存在的，因此技术风险同样具有系统的复杂性和非线性特征，表现为技术风险之间存在相互影响、相互渗透的关联性。因此，即使是某一技术子系统发生不起眼的细节变化，都可能会产生"蝴蝶效应"，酿成整个技术系统的巨大变化。2003 年，我国发生"非典"之初，一度由于找不到控制和治疗的技术方案，不少人产生心理恐慌，从而造成了短暂的社会危机，其影响程度要远远大于"非典"本身。更令人畏惧的是，由于生态、政治、经济等各种技术风险致因因素之间的错综交织，技术风险常常会演化成"连环"出现的复合型风险，并呈现出明显的超越国家和地区界限的趋势。苏联的切尔诺贝利核事故就是经典的例证。从这一事件本身来说，核泄漏是技术风险事故，但是后来逐渐演变成席卷多个国家的经济风险、社会风险和政治风险。著名风险学家乌尔里希·贝克曾这样评价："正如切尔诺贝利事件那样，世界风险社会不仅包含有经济风险，而且这些风险还会转化为社会风险、政治风险，最终会激起种族冲突。"[②]

第七，技术风险生成的反复性。"反思过去"似乎是人类的本能，所以每当发生技术灾难以后，特别是遇到重特大技术事故或灾难，人们总是及时地改进技术，促进技术的更新和完善，或者是通过加强管理强化

---

① [德]乌尔里希·贝克、约翰内斯·威尔姆斯著，路国林译：《自由与资本主义》，浙江人民出版社 2001 年版，第 127 页。
② [德]乌尔里希·贝克、约翰内斯·威尔姆斯著，路国林译：《自由与资本主义》，浙江人民出版社 2001 年版，第 168 页。

安全措施，使安全生产状况达到空前的改善。但是，"好了伤疤忘了痛"似乎也是人类的本性，当以前灾难的阴影也渐渐淡去的时候，人们就开始慢慢地放松警惕，技术灾难就会再次降临。因此，技术风险发生是生成、改进、再生成、再改进的不断反复过程。很多专家正是根据技术风险的反复性特征，对技术风险生成的周期和时间规律展开研究。研究表明，气候等环境周期性变化，以及人的心理周期性波动等，也是造成技术风险生成反复性的重要因素。

第八，技术风险的可规避性。技术风险规避是指，为预防技术风险事故发生、降低技术事故发生率、减少技术事故影响，而采取的包括技术风险反思、预防和控制等环节的行为和措施。首先，技术风险危害性和时空扩展性要求对技术风险进行规避。无数的事实说明，一旦技术风险引发技术灾难，其消极后果不堪设想，人、财、物的损失巨大。同时，技术风险具有时空扩展的特性，很多技术风险的危害会超越物理场域的局限，纵向上直接危及人类的未来，横向上延伸到境外甚至全球。其次，技术风险的可控性要求对技术风险进行规避。大多技术风险学者都认为技术风险是可控的。乌尔里希·贝克曾说："风险概念表明人们创造了一种文明，以便使自己的决定将会造成的不可预见的后果具备可预见性，从而控制不可控制的事情，通过有意采取预防性行动以及相应的制度化的措施战胜种种副作用。"①最后，技术风险成因的可分析特征，要求对技术风险进行规避。研究表明，技术风险要么源于技术本身的缺陷，要么形成于制度和组织的人为性，要么缘起于社会文化和人的心理机制。因此，规避技术风险就可以做到有的放矢，改进技术、强化制度和组织措施、重塑社会文化和人的心理机制，这些都是规避具体技术风险的可能性路径。

第九，技术风险规避的复杂性。与大多风险研究的社会学家一样，乌尔里希·贝克对风险持可控的观点。但是，贝克也指出，"控制或缺乏控制，就像在'人为的不稳定'中表现出的那样，风险社会中风险控制

---

① [德]乌尔里希·贝克、约翰内斯·威尔姆斯著，路国林译：《自由与资本主义》，浙江人民出版社 2001 年版，第 120-121 页。

是一个悖论"①。贝克对风险是否可控的观点和态度，恰恰说明了风险规避的复杂性。技术风险规避的复杂性主要基于两个方面的原因。一是技术风险形成因素的多元性和综合性。前文已经提到，技术风险要么形成于技术的先天不足，要么形成于制度和组织的人为因素，要么形成于社会文化和个体心理，要么是多种因素的综合产物。因此，从因果关系上说，技术风险是多因之果，斩断其因果链是十分困难的。二是技术风险固有的内在特征。技术风险产生和发展的难以预控性、技术风险出现的迟滞性、技术风险之间的关联性等特征，都是技术风险规避的挑战因素，其中，以技术风险的难以预控性为最。比如，众所周知，由于经济的发展，私家车的激增，目前我国车多为患，这不仅造成了严重的交通问题，而且大量的汽车尾气也是污染空气的罪魁祸首，雾霾天气已经全国范围内常见。但是，对于这种情况，人们在发明汽车时，是不可能预料到的。遗憾的是，当前汽车控制措施难以奏效，某些地方刚刚颁布了汽车限购政策，政策一出台就被指责为"懒政"。新能源汽车的研究虽然已经进入国家和学者的视野，但是，目前研究的新能源汽车性能还存在种种缺陷，不能推而广之。

第十，技术风险存在的客观性。尽管技术风险具有可规避和可控性的特征，但是从普遍意义上讲，技术风险总是客观存在的，永久消除技术风险是办不到的。根据统计学原理，在社会其他因素不变的情况下，相对于特定的技术体系，一个社会制造和生产的技术风险总量是相对稳定的。原因是多方面的。首先，不存在完美的技术，也就不存在绝对的无风险。技术的缺陷总是会通过技术风险的形式表现出来，技术的改进或更新只能相对或暂时地消除风险。其次，新技术又会带来新的风险。随着技术的不断发明和普及，技术风险总体上呈现递增趋势。历史上三次重大的技术革命，无一不是以大量风险的产生为代价的。美国著名经济学家熊彼特认为，资本主义技术体系的变革会对社会造成整体冲击，是"创造性的破坏"。可见，技术体系的发明与创新本身就蕴含着巨大的风险。最后，技术应用不确定性因素的存在，决定技术风险不可能永远消

---

① [德]乌尔里希·贝克著，郗卫东译：《风险社会再思考》，薛晓源、周战超主编《全球化与风险社会》，社会科学文献出版社 2005 年版，第 143 页。

除。技术在应用中有许多难以预料和控制的因素，技术应用者也存在心理和生理的不稳定性，因此，即使技术再完美，应用者再警醒，技术风险总会出现，"因为科学再进步、技术再发达，我们都不可能消除偶然性"。[①]

三、技术风险的根源

风险概念既表示现实世界客观存在的风险，也表示社会大众对现实世界风险的认识和理解。因此，作为社会现象的技术风险既是客观存在的，也是主观建构的，有其客观和主观两方面的形成根源。考虑到写作的具体需要，在此仅对技术风险的根源做简单介绍，详细内容在后面章节中论述。

（一）技术不确定性是技术风险的内生根源

技术不确定性有多层含义，一般多指技术应用不确定性，即技术在应用中可能出现的情况不止一种，但不知道是哪种情况的状态。简单地说，技术应用就是人类在技术认识的指导下，对技术系统进行控制的活动。可见，技术认识影响技术活动。技术主体的技术认识一方面来源于大脑中已有的技术知识和经验，另一方面来源于技术场的信息知识，这两个方面的知识和经验在技术活动中相互作用构成技术情境知识，形成技术认识。但是，由于有限理性，技术主体大脑中的技术知识和经验总是有限的，同时，技术场的信息知识也是有限的和不完备的，因此，技术主体基于有限的认识对复杂的技术系统加以操控，必然会产生内在的不确定性。按照系统科学的观点，这种内在的不确定性可能会使整个技术系统从基本平衡状态急速转变成失衡状态，形成系统涨落，而"由于系统内非线性动力学机制的存在，涨落可能被放大为巨涨落"[②]，从而使系统内部结构发生巨大变化，系统就常常以整体涌现的方式出现，表现为突发性事件的发生。可见，在技术系统中，技术不确定性是技术风险的根源之一。

---

① 林德宏：《科技哲学十五讲》，北京大学出版社 2004 年版，第 269-270 页。
② 李曙华：《从系统论到混沌学》，广西师范大学出版社 2002 年版，第 129 页。

（二）技术理性与社会理性的断裂是技术风险的社会根源

文艺复兴以前，统治西方的是中世纪的宗教神学。宗教神学认为，上帝是人类的主宰，人是上帝的附庸和奴仆，人性应该服从于神性，人的各种各样的欲望都是下流的、见不得人的，世俗生活也是肮脏的。在这种神学禁欲主义的笼罩之下，愚昧绑架了理智，无知束缚了能力，人的理性被扼杀在神性的桎梏中。因此，要改变生存境遇，获得人性的解放，让世俗生活阳光普照，就必须摆脱宗教神学的精神枷锁。文艺复兴运动应运而生。文艺复兴高举崇尚科学和人性解放两面旗帜。崇尚科学就是倡导科学精神、主张科学研究，以科学取代神学；人性解放就是反对禁欲主义，肯定世俗生活的合理性，从而确立人的主体地位，以人性代替神性。文艺复兴最积极的意义就是开启了人类理性起源之门。

所谓理性是人的全部理智和能力的统称，表现为人的思想和行为既讲究科学、合乎规律，又尊重人性、合乎目的。从理性的含义不难发现，人的理性包括技术理性（科学理性和工具理性）和社会理性（人文理性和价值理性）两个方面。技术理性和社会理性是不可分割的统一体。技术的发展越来越受到社会制度和人的价值观念的影响和制约，独立于社会之外的技术不复存在；反之，人性的彰显、社会的发展也越来越离不开技术进步，否则，人只能回归原始和愚昧。

然而，由于现代技术的巨大成功，技术日益渗透到人们日常生活的方方面面，在影响和改变人们生活方式的同时，逐步成为人们占统治地位的思维方式。从而，技术理性开始由强势发展为霸权，社会理性渐渐为之消退、让位，理性结构开始出现严重失衡。正如赵建军在《追问技术悲观主义》一书中所说："这种绝对的理性取代了古典理性中的整体和谐，也不见了近代启蒙理性中的人性关怀，科学技术成了衡量一切的尺度，技术的进步就是文明的进步，技术的自由和满足构成了文明社会的发展目标，文明本身则成了普遍的控制工具。"[①]

技术理性霸权，体现在社会生活的方方面面。譬如，在技术研究开发决策中，技术项目批准立项的可行性标准，主要是强调技术结构和功

---

① 赵建军：《追问技术悲观主义》，东北大学出版社 2001 年版，第 40-41 页。

能的合理性、先进性，而忽视技术负面效应，这样，技术风险在技术审查阶段就已经提前滋生了。再如，在技术应用管理中，主要强调的是技术的经济效用性，忽视技术的社会效用性，使技术应用常常以技术风险的形成和发展为代价。

（三）权与利是技术风险的制度根源

毫无疑问，技术的开发利用是社会需要驱动的结果。而社会需要又总是具体为一定历史阶段某一社会群体或集团的利益需求和权力意志。但是，任何社会群体或集团内部的个体或小集团又有各自特殊的利益需求，因此在它们之间就不可避免地存在利益或权力的对立和纷争。这样，就必然会产生利益和权力的重新分配。而在这个分配过程中，为了维护自身权益，人们往往就有意识无意识地无视或牺牲他人的利益，从而把风险转嫁给他人。

比如，在技术研究开发中，技术专家是绝对的权威。他们拥有技术项目审查、立项话语权。在技术应用过程中，技术专家或作为其代言人的管理者，掌握着技术选择、决策和管理的权力，还垄断了技术风险的判断、解释和处理的权力，这些方面也因此成为技术风险事故形成和发展的重要因素。这就为少数技术专家为了个人或小集团的利益徇私舞弊提供了可能和近便。

（四）风险认知是技术风险的心理根源

风险本身应该是客观的，但是由于个体主观状况的不同，个体对风险的认知之间存在很大的差异，从而风险也就有了主观建构的特征。"风险认知"没有统一的定义，学者 Sitkin 和 Weingart 的观点具有代表性，他们认为风险认知包括四点内涵，即个体对情境有多少风险性的评估、对情境不确定性程度的概率估计、对不确定性有多少可控性的估计、对上述三种估计的信心度。可见，风险认知是一种心理机制，反映人们对自己工作、生活环境或其他因素的心理感受和认识。

影响人风险认知的因素是多方面的。个体身份、人格特征、经验是造成不同风险认知的重要因素。比如专家和普通公众的风险认知就存在很大差异。Gray 的研究认为，因为专家与公众的角色、利益和知识背景不同，以及对风险的定义不同，他们在风险沟通上存在障碍，在风险评估中出现分歧，从而相互缺乏信任。期望水平也是影响风险认知的一个重要因素。在实践当中，个体的风险认知是有参照值的，换句话说，个体做出有或没有风险的判断有自己的标准。标准或期望值不同会导致对风险态度的差异。Yates 和 Stones 认为，虽然风险是各种损失的总和，但是风险概念本身就包括一定成分的机会，哪怕只是避免损失的机会，也是风险情境中获益的成分。[①]他们的意思是说，到底是"损失"还是"获益"完全取决于个体参照值的高低，当个体的期望值超过参照值时，他就会感知为"获益"情境；而当个体的期望值低于参照值时，个体的欲望就未得到满足，他就会将同样的情境知觉为"损失"。这个道理近似于我们所戏说的那样：不同的人期望不同——普通的路人捡到 100 元面值的钱币感觉是财气，但对比尔·盖茨来说，弯腰捡起 100 元面值的钱币是损失，因为他弯腰捡起钱币的时间价值不止 100 元。除以上的因素以外，风险的可控程度、知识结构、风险沟通等，也都是影响风险认知的因素，在此不一一列举。

技术风险只是风险的一种特殊形式，它具有风险的一般特征。因此，风险认知也构成技术风险的心理根源，技术风险既是客观存在的，也是主观建构的；既存在于客观世界，也存在于人的心理结构。

第四节　煤矿安全事故：特殊的技术风险事件

煤矿安全事故的发生，不仅严重威胁矿工的生命安全，也直接影响国家的经济建设。煤矿安全事故已经成为困扰政府、企业和煤矿员工的一件大事。因此，立足于技术哲学的角度，对煤矿安全事故如何定性、是否可控等问题展开研究，不仅具有深远的理论意义，而且具有重大的现实意义。

---

① Yates J. F., Stones E. R.The Risk-taking Behavior, 1992: 1-25.

一、技术风险与事故：必然状态与偶然状态

技术风险与技术事故是技术的两种状态，两者之间既存在联系也存在差别。而且，正因为技术风险与技术事故之间既有联系也有差别，技术风险和技术事故研究才既有必要又有可能。本书在此把它作为煤矿安全事故研究的切入点进行进一步的探索。

从两种技术状态的性质上讲，技术风险和技术事故都是技术负效应的表现，只是提法和名称不同。两者之间的区别是，技术风险是技术的未来状态，技术事故是技术的当前境遇。下面从风险与事故的定义来加以说明。截至目前，风险尚没有统一的定义，但是学者们的观点大同小异。按照 Rosa 的观点，风险是指人们对某一情形或事件的评价是危险的，而且这种情形或事件将来的状态和后果是不确定的。[①]同样，事故目前也没有统一的定义。美国学者查里·佩罗从系统科学的角度给事故下的定义比较有代表性。佩罗认为，事故是整个系统或子系统的损坏，因此终止了系统的预期产出，或者其影响力足以使系统必须立即停止产出。[②]从上述两位学者分别给风险和事故下的定义可见，风险总是指向未来的，而事故是已经发生或正在发生的，所以技术风险是技术的未来状态，技术事故是技术的当前境况。当然，这里的"未来"和"当前"都是相对的概念。"未来"既指现在的未来，也可以是过去的未来；同样，"当前"既指现在，也可以是过去的某一时刻。

从两种技术状态的存在方式上讲，技术风险是技术事故的潜在形式，是尚未发生的技术事故；技术事故是技术风险的现实形态，是演化成现实的技术风险。两者之间的区别是，技术风险是技术的必然状态，而技术事故是技术的偶然状态。根据系统科学，技术不是简单的器物或单纯的知识，而是以系统或巨系统形式存在的。技术系统内部要素的非线性

---

① Rosa E. A.The logical structure of the social amplification of risk frame (SARF): Metatheoretical foundation and policy implications[M]. In N K Pidgeon, R E, P Slovic (Ed), The social amplification of risk. Cambridge: University Press, 2003: 47-79.

② [美]查里·佩罗著，寒窗译：《高风险技术与"正常事故"》，科学技术文献出版社 1988年版，第 49 页。

相互作用，使系统呈现出复杂性和不稳定性。因此，技术系统处在不确定性的风险状态之中是必然的。在技术实践中，即使技术再先进，人的认知再深刻，技术实施条件再完善，技术风险也只会减小，而不可能完全消失。但是，技术事故的发生只是偶然的。技术风险引发技术事故需要诱因，只有当诱因出现时，技术事故才有可能发生；而技术事故诱因是否出现，何时出现，以什么样的形式出现，纯粹是偶然的。

从两种技术状态的形成原因上讲，技术风险是技术事故发生的内在根据，技术事故是技术风险的显性化形式，如果不存在技术风险也就无所谓技术事故。因此，风险越小的技术，发生事故的可能性越小；反之，风险越大的技术，发生事故的可能性就越大。当然，技术风险也常常蕴含于技术事故之中，技术事故也会孕育新的技术风险。两者之间的区别是，技术风险的成因分析是本质层面的，主要指称技术负面效应存在的根源，因此是一般的、共性的、本质的东西；而技术事故的成因分析是现象层面的，主要是查找技术事故的诱因，诱因总是具体的、个性的、现象的东西。研究表明，科学技术的不确定性以及社会、制度、文化、心理等诸方面都是形成技术风险的根源，而技术主体、技术客体和技术环境都可能是技术事故的诱因。因此，分析技术事故，就是把它放在具体的技术情境中，以时间和空间维度为坐标，分析技术场各种因素之间的联系，查明诱因。

从两种技术状态的预防和控制上讲，技术风险和技术事故的防控，都是为了压制技术负面效应，所以从防控对象到内容都是相同的，防范技术风险就是预防技术事故，控制技术事故也就是控制技术风险。两者之间的区别是，技术风险和技术事故防控的侧重点不同。技术风险是技术的未来状态，危害性是潜在的，技术风险本身并没有现实的危害，因此，技术风险的防控是以防为主，杜绝风险源；如果等技术风险出现了，再去查找原因，施以控制，则往往未必奏效。而技术事故是技术的当下境遇，其危害性是实际存在的，技术事故一旦发生就必然要造成人、财、物的损失，所以技术事故的控制主要是制定和落实救治方案，控制事故的进一步发展，以免酝酿新的技术风险，防止次生和再生事故的发生。技术风险预防和控制的主要目的是避免损失，而技术事故控制的主要目的是减少损失，前者是防患于未然，后者是亡羊补牢。

综上所述，从技术风险角度研究技术事故具有优先性。首先，技术风险和技术事故是"异形同体"的，从技术风险视角研究技术事故具有可行性。虽然技术风险是未来指向的，是潜在形式的技术事故，而技术事故是现实形态的技术风险，两者的表现形态不同，但是技术风险和技术事故都是技术负效应的表现形式，技术风险是技术的必然状态，贯穿技术的全过程，技术事故只是技术风险链上的一个偶然性事件，两者是整体与部分的关系。也正因为如此，习惯上把技术事故称为"技术风险事故"或"技术风险事件"。因此，研究技术风险也就是研究技术事故。其次，技术风险与技术事故是"同质异构"的，从技术风险的视角研究技术事故具有必要性。技术风险和技术事故虽然都是技术负效应的表现形式，从性质上讲具有同质性，但是两者的基本结构不同，技术事故是技术的现实状态，而技术风险既指技术的现实状态，也指人们对于技术风险的认识和理解，即也是一种建构。"风险社会""制造风险"等当下十分风靡的词语，反映了人们对风险认识和理解的广泛视野。奥尔索斯总结了学科之间对风险理解的差异：科学把风险看成客观现实，人类学把风险看成一种文化现象，社会学把风险看成一种社会现象，心理学把风险看成一种行为和认知现象。[①]因此，从技术风险的角度研究技术事故，必然把技术风险的广泛建构性视野引入技术事故的研究，必然会大大增进技术事故成因、性质和防控等方面分析的广度和深度。最后，技术风险与技术事故是"同源异流"的，从技术风险视角研究技术事故具有现实性。虽然技术风险和技术事故形成的本源都是技术负面效应，技术风险是技术事故形成的内在根据，但是技术风险并不必然引发技术事故，技术事故的发生还需要具备诱因条件，只要诱因不出现，技术事故就不会发生。也就是说，技术事故的形成既有"源"的根据，也有"流"的诱因。正是技术事故成因上的"源"和"流"的差异，使杜绝技术事故的发生成为可能，技术风险的研究也才具有现实意义。

---

① C. E. Althaus. A Disciplinary Perspective on the Epistemological Status of Risk[J]. Risk Analysis, 2005(25): 567.

二、传统与现代技术风险：可控与不可控

传统技术与现代技术没有明确的界定，而且划分的尺度也多种多样。从时间维度来看，学者们按照技术与时代特征相互一致的特点，认为现代技术应该以 18 世纪末开始的工业革命为起点，以机器制造技术为起始标志，进而发展到蒸汽技术、电力技术、电子技术、航天技术、生物技术、核能源技术等；从技术风险的角度来看，学界普遍认为，传统技术与现代技术的主要差别是，传统技术风险可控，而现代技术风险不可控。本书赞成学界关于传统技术风险可控而现代技术风险不可控的观点，并且认为可控与不可控只是相对的。下文仅从技术形态、技术主体、技术活动和技术情境四个方面加以论述。

第一，传统技术的技术形态人工化，技术自主性低，技术风险易于控制；而现代技术的技术形态科学化，技术自主性强，技术风险难以控制。从时代性上讲，传统技术的特征应该与技术一词的最初含义相吻合。"技"内含对主体具有依赖性的技能、技巧、技艺的意思，而"术"是一切可用于达成某一目的东西。《论衡》有曰："夫圣贤之治世也，得其术则成功，失其术则事废。"可见，"术"指依赖主体而生的方法、手段、计谋、策略和权术等。因此，传统技术的技术形态具有不能独立于主体的人工化特征，技术客体只是附加在人体上的器官，离开了人的操作，就抽离了其中的技术，只剩下普通的物质空壳。传统技术的技术运动，实际上就是技术主体感觉器官的技能运动，它以简单易掌握的技术准则、描述性定律甚至是以只能意会不可言传的默会知识为指导。技术运动的起始、速度、节奏也基本由技术主体来掌控。所以，传统技术自主性低，利于技术风险的控制。而现代技术是以现代科学为前提的，现代科学决定现代技术的内容、方向和水平。现代自然科学通过一系列的转化最终成为技术理论和技术规律，然后技术主体在技术理论和技术规律的指导下发明、设计、创造或使用技术物，使技术物也按照技术理论和技术规律运行。这样，现代技术的技术物，不论是在结构或功能上还是其运行方式上，都科学化了。因此，现代自然科学的尖端化、信息化，必然带来以智能化和自动化为标志的现代技术的强自主性。其结果是，对于结

构复杂的现代技术系统来说，往往按动一个按钮，就会引起整个庞大技术系统的连锁反应。如果出现技术风险，就有可能立即引发技术事故，然后迅速扩散和转移，瞬间导致整个技术系统的坍塌，造成极大的伤害和损失。"所以，科学的进步有力地驳斥了科学家早先作出的安全声明和安全承诺"①，技术形态越是科学化，技术风险就越大，且越是难以预控。

第二，传统技术的技术活动局域化，技术风险扩散和转移的范围小，易于控制；而现代技术的技术活动社会化，技术风险扩散性和转移性强，难以控制。传统技术一开始主要是技术工匠的个体活动，活动方式一般是家庭或作坊式的。到工场手工业时期，虽然随着生产劳动的初步分工和协作，技术活动的专业化分工开始出现，但是此时的技术专业化水平仍然比较低，各专业之间是相对独立的，彼此的联系是线性的，表现为技术活动的范围很小，各专业的界限十分明确，技术管理完全也只是"车间式"的封闭管理。因此，在这种局域化的技术活动中，因为受外界因素的影响小，技术风险的预防相对有效。再退一步说，即使出现技术风险，扩散和转移的范围也十分有限，等级比较低，规模也比较小。经常出现的现实场景是：一边在进行技术事故援救，一边照常生产，或者这边出现技术风险，那边照常生产。而与传统技术相比，现代技术的技术活动呈现出高度社会化的特征。众所周知，社会需要是技术发展的驱动力。因此，任何现代技术都是现代社会需要的产物，或者说，现代社会的发展需要现代技术。但是，反过来，现代技术的发展也离不开社会条件的支撑。社会、政治、经济、文化、军事、宗教和心理等各种社会条件因素，都对现代技术起制约作用，不同程度地影响和规定着现代技术的方向、路线、速度、规模和进程。这样，现代技术活动再也不是单纯的科学家和工程师的工作，而是由不同的社会组织和利益集团共同参与的社会活动。技术活动场域的概念也已经从物理空间延伸到社会空间。现代技术活动的背景也因此可以描述为：技术活动主体的集团化、技术活动结构的协作化、技术活动因素的多元化、技术活动方式的组织化和

---

① [德]乌尔里希·贝克：《从工业社会到风险社会》，《马克思主义与现实》2003 年第 3 期，第 41 页。

体制化、技术系统的整体化和综合化。现代技术社会化的一个直接后果就是，技术风险也日益社会化。现代技术风险一旦爆发，就会立即突破地域的限制，在社会甚至全球范围迅速扩散和转移，造成极大的伤害和损失。总之，正是现代技术风险高度社会化特征，构成了"风险社会"的核心内容。①

第三，传统技术的技术主体比较单一，技术风险责任明确，风险相对易于控制；而现代技术的技术主体多元化，技术风险责任难以界定，风险难以控制。传统技术以个体技能性劳动为主要特征，而且劳动者一般为自己劳动。这样，作为传统技术主体的个体劳动者往往既是技术风险的制造者，也是技术风险的受害者和责任承担者，基本不存在风险责任不明、分摊或转嫁风险的技术活动背景。因此，客观上讲，技术主体在技术劳动中风险规避意识较强，注重技术风险的防范和控制。相反，现代技术的技术主体多元化，风险难以预控。首先，技术管理主体多元化，导致现代技术高度体制化，管理机构庞大，且层级关系复杂，职能多交叉或重复。所以，如果发生技术风险，必然会出现因职责不清、责任不明和权责不当而产生的扯皮和推诿，从而延误或妨碍技术风险的分析、评估和处置。这种机构设计上的缺陷和弊端所造成的结果往往是，要么"集体负责"，要么"大家都不负责"，而"恰恰是那些必须承担责任的人可以获准离职以便摆脱责任"②。可见，技术管理主体多元化已经演化成现代技术风险难以防控的制度因素之一。其次，技术决策主体多元化，导致片面决策或技术决策失误的"零责任"，客观上刺激了技术风险的出现和技术事故的发生。最后，技术利益主体的多元化，造成国家、政府、企业、技术专家和社会公众等技术利益主体，在"利益最大化、风险最小化"的本性驱使下，相互转嫁技术风险。技术风险的相互转嫁，则大大加剧了风险分配的不合理，增加了技术风险的不可预控程度。

第四，传统技术易于生成稳定的技术情境，有助于技术主体的风险

---

① Beck U. The anthropological shock: Chernobyl and contours of the risk society[J]. Berkeley Journal of Sociology, 1987: 32.

② [德]乌尔里希·贝克、约翰内斯·威尔姆斯著，路国林译：《自由与资本主义》，浙江人民出版社 2001 年版，第 143 页。

认知和控制；而现代技术难以生成稳定的技术情境，不利于技术主体的风险认知和控制。技术情境是技术活动赖以存在和发展的特殊生态背景，是技术场内各种可以产生作用力的实体性和功能性要素的形态及其渗透、功用。①可见，是技术情境将技术活动的资源和现状呈现在技术主体面前，使技术主体把自己的任务与技术场内的现实条件和处境结合起来，从而制订和选择行动方案，并做出具体行动。概括地说，"技术情境规定着技术行动路线，指引着主体思维取向，促成技术知识的意义建构"②。总之，技术主体在从事技术活动中需要技术情境的支持和帮助，也需要技术情境的约束和规定，如果不能生成技术情境，技术主体的技术认识和技术行动就一定是盲目的。但是，技术情境不是自发生成的，而是人通过组织记忆和认知留存的方式人为建构的。③对于传统技术来说，技术活动一般是在一定时空的物理场域内进行，技术要素比较少，而且以物质类的实体性要素为主，知识类的功能性要素也主要以技能和经验的形式负荷于技术主体自身，这些条件有利于技术主体在技术场内通过组织记忆和认知留存的方式建构起稳定的技术情境。在稳定的技术情境指引下，技术主体对技术活动中可能会出现哪些风险，概率有多大，如何预防，如何应对和控制，多能做到心中有数。换句话说，技术主体的风险认知和控制能力已经内嵌于技术情境之中，构成了技术情境的一部分。而现代技术的社会化和全球化趋势，使现代技术活动的空间大大超越了物理场域的界限，技术要素多，且知识性的功能要素占较大比例，因此，技术要素之间相互作用和渗透的可能性关系数量大，导致技术系统对外部环境和条件的兼容性差，不利于技术主体的组织记忆和认知留存，从而不容易建构起比较稳定的技术情境。因此，在现代技术的技术场中，技术主体对环境、资源和处于"黑箱"状态的技术，都缺乏充分的认识，对技术未来运行的状况也缺少足够的预见，风险认知和控制能力比较差。

---

① 王丽、夏保华：《从技术知识视角论技术情境》，《科学技术哲学研究》2011 年第 5 期，第 68 页。
② 王丽、夏保华：《从技术知识视角论技术情境》，《科学技术哲学研究》2011 年第 5 期，第 68 页。
③ 王丽、夏保华：《从技术知识视角论技术情境》，《科学技术哲学研究》2011 年第 5 期，第 70 页。

震惊世界的切尔诺贝利核事故，就是操作者没有建构起稳定的技术情境，对技术的运行状况缺少判断和预见，违章操作所致。

三、采煤技术风险可控性：介于传统与现代技术风险之间

从技术的表现形态上说，煤炭生产实际上就是采煤技术的使用，因此，煤炭企业生产安全的本质就是采煤技术风险问题。以此类推，"煤炭企业安全生产事故"与"采煤技术风险事故"、"煤炭企业安全生产管理"与"采煤技术风险管理"、"煤炭企业安全生产风险规避"与"采煤技术风险规避"、"煤炭企业安全生产监督"与"采煤技术风险监督"等，虽然表述不同，但内涵是相同的，相关的概念在后文的交替使用中将不再强调说明。

采煤技术在我国历史悠久，从科学认识论的角度来说，采煤技术经历了发生期和成长期，并且已经进入成熟后期。而就技术的主要特征和社会性而言，采煤技术既不属于传统技术，也不属于现代技术，而是介于两者之间的一种产业技术。同样，采煤技术的风险特征和风险可控程度也介于传统技术和现代技术之间。

从技术形态看，采煤技术虽超出传统技术的人工化，但与现代技术相比，它的科学化程度不高，技术自主性较低，技术风险扩散较慢，对风险控制有利。目前，我国采煤技术水平差异较大，手工采掘仍占一定比例，大多大型国有煤矿的技术运行也还处于"人工操作、即开即停"的机械化状态，远未达到智能化和自动化的现代技术运行水平。操作人员的文化程度较低，技术操作主要以简单易会的技术准则为指导。虽然知识与技能的传递已经超出了传统技术的"人传人、心传心"，但与"获得技能和技术训练的主导途径是高等教育，知识和技能的学习是通过标准化的学院教育完成的"现代技术的传递方式还有很大差距。[1]采煤技术的"地方性"专门标准较多，普适的通用性标准较少。而技术标准

---

[1] 吴跃平：《技术传统与传统技术的类型》，《东北大学学报（社科版）》，2006 年第 2期，第 93 页。

的专门化是传统技术的标志，技术标准的通用性是现代技术的追求。因此，从技术基本特征上看，采煤技术更接近于传统技术：技术自主性较低，技术风险扩散较慢，利于控制。但是，采煤技术模式的总体特征是"人—机—环"一体化，人、机器和自然环境三个主体技术要素整体联动，技术环节之间的关联性强，技术风险转移较快，不利于技术风险的控制。比如通风装备故障，会引起井下缺氧，进而威胁井下人员的生命安全。"人—机—环"之间"牵一发而动全身"的风险转移机制，不仅平添了采煤技术风险评价和预见的复杂性，更增加了采煤技术风险预警和应急工作的难度，不利于风险控制。因此，虽然采煤技术形态的科学化程度不高，自主性不强，但技术要素的关联性强，技术风险扩散和转移的速度、强度大大超出一般的传统技术。

从技术活动看，采煤技术活动的技术场域具有传统技术的局域化的特点，因此风险扩散和转移的范围有限，对风险控制有利。采煤技术的技术场大多位于几十米甚至数百米的井下，范围不大，界限分明，从技术操作到管理都是在封闭环境中进行的，技术风险扩散和转移的范围不大，利于风险控制。但是，采煤技术活动的社会化程度近似于现代技术，技术活动的社会场域大，产生技术风险的社会、文化及制度性因素较多，技术风险控制的阻力面较大。社会化在把采煤与社会紧密联系起来的同时，也通过采煤技术的体制化过程把风险注入其中。在采煤技术的行业建制中，国家、政府职能部门、专家和企业都是技术风险管理主体。政府既是风险决策的责任人又是国家整体利益的代表，职能部门既是风险监管的责任人又是集团利益的代表，专家既要负起参与风险决策的责任又要维护公众利益，企业既要肩负直接风险管理的责任又要追求企业的经济效益。责任主体和利益主体的双重身份导致各技术风险管理主体之间的利益关系纵横交错，使采煤技术风险分配不公、责任不明，甚至存在相互转嫁风险的情况。

从技术情境看，采煤技术具有传统技术的技术情境易于生成的特点，但是，由于采煤技术高度依赖自然条件，采煤技术的技术情境比较难以建构，又具有不利于技术风险控制的特点。技术情境虽然是人有目的、有规划和有设计的背景和空间，但是它"是以技术场的要素和作用力为基础和根本"的[①]，也就是说，技术情境的生成主要是以技术场为基础的。采煤技术是在局域和封闭的技术场展开的，且科学化水平较低，因此技术场的实体性和功能性要素有限，各种要素之间相互作用的形式也相对简单。所以，一般情况下，在采煤技术场中，操作者能比较容易地通过组织记忆和认知留存等方式建构起技术情境，而技术情境"有方向、有重心地给养和促成有意义的技术认知和技术行动"，使操作者明白自己的任务和处境，知道自己应该做什么，怎么做，从而对技术场环境的变化和风险是否存在有较正确的判断和预见。但是，采煤技术高度依赖自然条件，而自然系统是复杂的、不确定的，因此当技术场情况复杂时，技术场的自然因素与其他因素之间相互作用和渗透的可能性关系数量增大，技术系统对外部环境和条件的兼容性比较差，不利于技术主体对技术情境的建构，从而影响正常的技术认识和技术行动，干扰风险认知和风险预控。如塌陷和透水等煤矿安全事故，很多是由技术情境难以建构，操作者对风险认识不清，从而操作不当引发的。

---

① 王丽、夏保华:《从技术知识视角论技术情境》,《科学技术哲学研究》2011 年第 5 期，第 68 页。

第二章

煤矿安全事故的技术不确定性成因

作为一种特殊的技术风险事件，煤矿安全事故的成因与其他技术风险事件一样，既有客观因素，也有主观因素。在客观因素中，既有直接作用于技术物理场域的内在因素，也有来自技术社会场域的外在因素。其中，技术不确定性以及决策、管理等制度性因素直接作用于采煤技术场，构成煤矿安全事故的内在成因。

第一节　技术不确定性的根源

学界在两个层面上研究技术不确定性。一是把技术不确定性视为技术的属性，研究它的起源、表现、应对方法，以及对企业经营、开发或决策的影响；二是把技术不确定性与技术风险进行比较，研究技术风险与技术不确定性的联系和区别。但是，研究技术风险不确定性成因的不多。究其原因，可能是有些学者担心，如果过于强调技术不确定性，将会削弱和诋毁技术风险其他成因的论证力度，使技术风险成因的探究处于"说不清道不明"的尴尬境地。但是，既然技术风险的不确定性成因客观存在，就不可回避，本书在此只是做一个尝试性探究，旨在抛砖引玉。

简单地说，技术不确定性是指技术未来状态是不稳定的和无法确定的。技术不确定性包括多层含义，比如技术应用的不确定性、技术产品市场开发的不确定性、技术研发成功时间的不确定性，等等。根据行文的需要，本书仅把技术不确定性限定为技术使用的不确定性，即技术不确定性仅仅指技术使用未来状态的不稳定和无法确定。这样，"技术应用的未来是未知的"就成为技术不确定性和技术风险所共有的核心内涵，因为不确定是关于未知的未来，已知的过去和现在不存在不确定的状态，只存在无知的问题。因此，"所谓的'技术风险'，用决策理论的术语来说，在很大程度上可以称为'技术不确定性'"①，换句话说，从技术应用的角度来看，技术不确定性就是技术风险。

那么，技术不确定性又是如何形成的？技术不确定性形成的根源是什么？本书认为，技术的科学基础、技术系统结构以及技术实践三个方面，是技术不确定性的成因之一，其中，技术系统结构是技术不确定性的主要成因。

一、科学理论的相对性

牛顿经典力学的诞生是传统科学观的伟大胜利，因为它似乎证明，物质世界的逻辑关系都是因果关系，整个物质世界就是一部运行的机器，日夜不停地按照既定的程序和步骤运转。随着拉普拉斯把牛顿力学理论扩展到太阳系，确定性的传统科学观更是达到了极致。自此，人们深信，根据确定性科学所描绘的生活世界的图景必然是确定的，只要给出适当的初始条件，就能够准确地预言未来或"溯言"过去，因此，我们遵循科学规律，把科学知识运用于改造世界的技术实践，既不会出错，也没

---

① [瑞典]斯文·欧威·汉森著，张秋成译：《技术哲学视阈中的风险和安全》，《东北大学学报（社科版）》，2011年第1期，第1-6页。

有风险。

但是，传统科学观遭遇了以量子力学为代表的现代科学理论的挑战。继而，学者普利高津又以耗散结构理论为确定性的传统科学画上了终结的句号。事实上，传统科学理论不仅经不起理论的推敲，也经不起现实的检验。日常生活经验告诉我们，人不是生活在闹钟的指示盘上，真实生活的时间之矢一直向前，无法回到过去。春夏秋冬，年复一年，虽然季节在轮回，年份却有公元的区分。经验也同样告诉我们，人们根本不能准确地预言未来。按照时间、速度和路程公式，以既定时速前进的火车，应该准点到站，但是晚点已经司空见惯，而晚点的因素也同样是不确定的，中途停车让道、发动机损坏、泥石流等恶劣天气、车祸甚至恐怖袭击等，都可能是造成晚点的因素。所以，科学理论对未来的预言是令人怀疑的，科学规律也只是相对的、有条件的。总而言之，时间是不确定的，世界是不确定的，反映世界存在的科学知识是不确定的，因此，建立在科学知识和规律基础之上的技术也是不确定的，而不确定的技术必然充满风险。

二、技术系统的复杂性

在技术应用中，"不是结构决定功能，而是功能预设了结构"[1]。所以，包括技术物在内的整个技术系统，只有一定结构的存在，才能发挥正常的功能。可见，技术结构是技术功能的关键变量，技术结构的变化或不稳定，必然会引起技术功能的变化和发挥的稳定性。

技术系统的复杂性与技术风险的关系，实际上就是技术结构与功能关系的一种反映。社会学家查尔斯·佩罗对技术系统的复杂性与技术风险之间的关系进行了有代表性的研究。佩罗认为，技术的"复杂相关性"与"紧密结合性"是技术充满风险的两个重要特征，技术系统越复杂，技术系统内部结构的相互作用就越密切，结构性要素之间的关联性就越

---

① 陈多闻、陈凡、陈佳：《技术使用的哲学初探》，《科学技术哲学研究》2010 年第 4 期，第 62 页。

强。而技术要素的强关联性，使技术风险在技术系统内部快速地扩散和转移，从而对技术风险产生放大效应。佩罗还认为，技术系统的"复杂相关性"总是与"紧密结合性"联系在一起的，既不复杂又处于松散状态的技术系统是不存在的，技术系统越复杂，紧密结合的程度越高，技术系统的风险就越是不可避免。在复杂的技术系统中，即使是一些细微的设计缺陷或技术故障，也会无限放大以致成为风险。显而易见，佩罗的意思是，技术越复杂，技术不确定性程度越高，技术风险越大。

然而，与传统技术相比，现代技术的复杂性程度较高，这也是现代技术不确定性程度高、风险大的重要原因。可以说，技术系统的复杂性、技术不确定性以及技术风险是一脉相承的。

三、技术实践方式的"后现代转向"

由于库恩（T.Kuhn）提出科学范式理论，自 20 世纪 80 年代始，以科学知识社会学（SSK）为主导的"后库恩理论"，即科学的社会学—文化学研究（Science Studies）方兴未艾。学界称这一学术潮流为科学技术的后现代转向。科学知识社会学主要有两大学术流派，分别是以英国大卫·布鲁尔（D.Bloor）、巴里·巴恩斯（B.Barnes）为代表的爱丁堡学派，以及以法国布鲁诺·拉图尔（Bruno Latour）为代表的巴黎学派。科学知识社会学是传统科学观的反动。传统科学观把自然看成科学的决定性因素，认为是自然界的规律令科学家信服，以至于科学家把它转变成自己的意志和信念，然后正确地表达出来示人。但是，科学知识社会学则认为，社会是科学的决定性因素，科学是社会的建构，科学是在社会利益和社会结构支配下科学家之间竞争和磋商的结果。甚至认为，科学是作为社会因素的人类和作为自然因素的物质交互作用的场所，在这个场所，"人类力量和物质力量之间不存在任何区别，人类力量与物质力量能够持续地转换和互相替代"[①]，任何一方都没有赋予优先权，它们之间或竞争、

---

① [美]安德鲁·皮克林著，邢冬梅译：《实践的冲撞》，南京大学出版社 2004 年版，第 13-14 页。

或磋商、或冲撞，最后的结果取决于各方力量的大小。按照科学知识社会学，科学成了游戏场，其过程和结果都是不确定的。

科学的后现代转向必然带来技术的后现代转向，所以，很多学者干脆称这一学潮为"科学技术的后现代转向"。技术的后现代转向并不仅仅意味着技术研究方法的改变，也不仅仅意味着公众对技术的理解和看法发生了变化，而主要是指技术实践本身的转向，即技术实践方式的改变。随着社会技术化程度越来越高，技术所承担的社会功能越来越强大，因此，技术就必然要蕴含并受制于某种社会价值观念，而不可能是价值中立的。主要表现为技术实践已经成为一种 R&D（研发）模式，在这种 R&D（研发）模式的技术实践中，从技术研究领域的选择到研究资金的投入，从技术发明到技术设计、技术制造，再到技术应用，都是技术子系统与社会其他子系统之间相互作用的结果。不仅技术专家，技术项目的开发者、投资者、建设者、受益者等所有的技术主体，而且包括技术物在内的技术客体、资金等总是不断地处于磋商、竞争和妥协之中。因此，技术实践的过程就变得无法预设，技术实践的结果同样也是不可料想的，一切都是不确定的。

四、技术使用主体生理和心理的不确定

学界对技术风险的生理和心理成因早有研究。而技术风险是技术不确定性的表现形式，因此，从逻辑上讲，技术主体的生理和心理也构成技术不确定性的根源。

首先，技术主体常见的生理、心理反应会导致技术应用的不确定。疲劳是影响技术使用的主要主体生理因素。当技术主体疲劳时，生理机能下降，技术认识迟钝，技术行动笨拙，工作效率大大降低，容易出现差错。技术主体的情绪也直接影响技术的应用。当技术主体对自己的技术工作持肯定态度，感到很满意时，技术认识和行动效率高，质量好，出现差错就少；相反，如果对自己的工作不满意，就会产生反感、厌倦、憎恨、不满等心理特征，技术认识和技术行动的积极性不高，责任心差，

效率低，出现差错就多。注意力是否集中以及是否能正确地迅速转移也影响技术应用。在正常的技术生产中，技术主体注意力应当集中；而当工作目标和对象发生变化时，技术主体的注意力就应该迅速地转移到新目标上，否则就会影响技术认识和技术行动，使技术使用产生不确定性。此外，人的反应能力和生物节律也会导致技术应用的不确定。

其次，技术使用主体的不良心理意识也会导致技术应用的不确定。侥幸心理是一种产生技术应用不确定的心理意念，也是发生技术事故的思想隐患。如果技术主体对自己的技术水平估计过高，或者责任意识淡薄，对技术使用意外问题漫不经心，就必然会滋生侥幸心理，从而导致技术行动的随意性，使技术使用的不确定性增强。另外，如果技术主体处在与心情紧张、心理焦虑相联系的技术情境中，会影响个体理性的释放，使接受和加工信息的能力和有效性受到很大损害，对信息的选择和认识容易产生偏差，个体注意力也会受到干扰，技术行动容易产生失误[1]。此外，技术使用主体对技术机构、专家等的信任、信心及其价值观等，也是导致技术使用不确定的文化因素。

第二节　技术不确定性的主要表现

虽然技术不确定性是不可逆料的技术未来状态，但总是会在未来的某一时刻现实地表现出来，以证明其自身的存在。本书认为，从技术应用的角度看，技术不确定主要表现在技术主体、技术客体/对象、技术活动过程以及技术活动结果四个方面。

一、技术客体：技术功能障碍

从技术客体/对象的角度看，技术不确定性主要表现为技术功能障

---

[1] 谢晓非、郑蕊：《风险沟通与公众理性》,《心理科学进展》2003 年第 4 期，第 378-379 页。

碍。"技术应用其实就表现为技术结构的可能性转化为技术功能的现实性。"①正是因为技术总是以一定结构的形式存在，技术功能才能得到有效的发挥。所谓结构，学界的解释可谓仁者见仁、智者见智，即使是在哲学相同学科领域也有多种解释。按照系统科学，系统的零散要素或构件之所以能整合成系统，就是因为有结构的存在，因此结构可以理解为系统内部各要素之间相互作用和相互影响的方式。技术结构各要素之间的相互作用和相互影响，一方面，使技术功能产生放大效应，即技术功能不仅仅是技术各要素功能的简单相加，而是"整体大于部分之和"；另一方面，也容易使技术功能产生整体性的缺陷：即使在技术要素和构件及其功能完好无损的状态下，也可能会产生技术功能障碍。②比如，汽车在行驶中，车刹完好，但刹车失灵的现象，就是技术应用不确定性的表现。要说明的是，这种技术功能障碍的不确定性，总体上是技术结构的缺陷所致。而技术结构的缺陷可能存在于技术设计、技术制造之中。

二、技术主体：技术行为失误

从技术主体的角度看，技术不确定性主要表现为技术主体的技术行为失误。导致技术主体技术失误的原因比较多，技术认识、生理和心理都是其中的常见因素。技术主体的技术行动是在一定技术认识的基础上产生的，而技术认识的形成依靠建立在技术场之上的技术情境。（详见第一章第四节）当技术场发生变化时，如果技术主体应对变化的知识和经验不足，那么对于技术主体来说，技术场的信息就一定是不完备的，在这种情况下，技术主体的大脑就不能顺利地建构技术情境，表现为技术认识不明确，技术行动盲目，从而容易出现技术失误。技术主体的生理和心理反应及不良的心理意识也是产生技术行动失误的另一个重要成

---

① 陈多闻、陈凡、陈佳：《技术使用的哲学初探》，《科学技术哲学研究》2010 年第 4 期，第 61 页。

② 司汉武、傅朝荣：《结构与功能的哲学考察》，《汉中师范学院学报（社科版）》2000 年第 4 期，第 24-25 页。

因。本章第一节已经分析，技术主体常见的生理、心理反应（如疲劳、反感），以及不良的心理意识（如侥幸心理）也会导致技术不确定性的形成，而技术失误就是技术不确定性的表现形式。当然，除上述因素外，技术主体的心理不确定性，也是导致技术使用不确定性的原因。有时即使技术主体在驾轻就熟的技术情境中，严格按照技术规程操作也会出现技术失误，这种情况只能归因于技术主体的心理不确定性。

三、技术活动过程：技术风险事件

英国著名学者安东尼·吉登斯认为，"风险是事件和相应不确定性的二维混合"。根据这一观点，技术风险既是一种不确定的技术状态，也是一种特殊的技术事件。作为技术事件，技术风险在技术活动中产生，在技术活动中预防，在技术活动中控制，在技术活动中应对。换言之，技术风险本身就是技术活动的一部分。因此，从技术活动维度审视，技术应用不确定性主要表现为技术风险形成的可能性。那么，为什么技术在应用中会形成技术风险呢？首先是技术系统的复杂性使然（详见本章第一节第二目），其次是技术主体认知水平和心理状态所致（详见本章第一节第四目），最后是科学知识确立、转化、应用速度和节奏加快的结果。"技术是科学之应用"的观点已经被人们普遍接受。科学知识从生产到使用的过程是，生产并经过验证确立的科学知识，通过技术发明、技术设计和技术制造转化为技术知识，再通过技术使用转变为现实的生产力。但是，在现代社会，由于科学技术与社会关系日益密切，科学知识的确立、转化、应用的速度和节奏越来越快。通过实验和观察获得的科学资料，往往还没有经过充分的检验就被确立为科学知识，以用于解释日益增多的现实问题。同样，通过科学知识转化而建立起来的技术系统，有时根本来不及试用，就被直接应用。不经过技术试用，直接在应用中检验技术系统的正确性，已经成为现代社会技术运行的趋势化特征。可想而知，技术应用在如此的科学知识确立、转化和应用语境下展开，诱发技术风险的可能性必然大大提升。

四、技术活动结果：技术目标偏离

从技术活动结果的角度看，技术不确定性主要表现为技术使用结果与目标的偏离。任何技术活动都是目的指向的，但是技术活动结果是否能达成目标是不确定的。实际情况是，技术活动结果常常偏离技术活动目标。究其原因，一种情况是，技术不确定性的存在，导致技术功能障碍，使技术活动结果偏离目标。第二种情况是，由于人的技术认识有限，特别是在技术发明过程中，发明者缺乏技术认识，因而难以准确预料到技术应用的实际结果。英国化学家、发明家威廉·亨利·铂金原本打算用煤焦油提炼技术人工合成疟疾特效药奎宁，但是最后虽然没有成功制成奎宁，却出乎意料地合成了偶氮染料苯胺紫，自己因此成为合成染料的发明人。这一结果是他怎么也料想不到的。第三种情况是，虽然技术目标得以实现，但是技术使用结果的迟现性使实际技术活动的最终结果偏离了技术目标。技术使用者总是以某一种技术目标作为从事技术活动的目的，因此，当随着时间的推移，其他的技术使用结果慢慢显露出来的时候，就被认为是技术目标的偏离。阿司匹林早就被作为治疗感冒头疼的特效药，但是直到 20 世纪 70 年代，才得出该药对人的血象有严重危害的结论。而此前一直被视为没有副作用的完美药物，出现在医学界最无害的药物名单之中。造成技术目标偏离的因素很多，比如技术人工物的设计缺陷、技术应用者不能正确执行技术路线、技术人工物组件的退化或变形、技术人工物的使用超过寿命等，在此不一一赘述。

"重视科学技术的作用与重视人的作用是完全一致的。"[1]人是科学技术的意义所在。关心和解决科学技术使用中存在的问题，就是关注人的发展和未来。从这一意义上说，如何降低技术使用不确定性程度，以及如何促进技术使用不确定性向技术正面效应转化等，依然值得继续研究和探讨。

---

[1] 肖玲：《知识经济之底蕴及其展望》，《南京大学学报（哲学·人文·社会科学）》，1998年第 4 期，第 91 页。

第三节　煤矿安全事故技术不确定性成因分析

由于采煤技术的特点，煤矿安全事故成因众多，而且各个因素既独自发挥作用，又互相缠绕在一起，加剧和放大彼此的力量，形成"聚合力"，从而使煤矿安全事故的原因变得十分复杂。技术不确定性作为煤矿安全事故的成因之一，不仅直接制约采煤技术系统的正常运行，而且还间接影响和干扰技术决策、技术管理和技术操作者的心理机制。因此，技术不确定性既是煤矿安全事故的技术因素，也是煤矿安全事故的文化因素。

一、制约采煤技术系统运行

作为技术的基本特征，技术使用不确定性是技术结构和功能之间内在关系的外在表现。因为技术结构是技术功能的关键变量，所以技术结构的复杂性和不稳定性，就意味着技术功能的不确定性。技术系统结构越复杂，技术系统结构性要素之间的相互作用就越密切，技术结构的稳定性就越差，技术功能也就越不确定。当技术功能的不确定性表现为功能障碍时，就必然中止或影响技术的正常运行。采煤技术系统是人—机—物—环境一体化的复杂技术系统，而且对自然环境和地质条件的依赖性很大。煤炭是以煤层的结构形式存在的，质地疏松，加之地质条件十分复杂，且采煤技术以煤炭和煤层为技术对象，并直接与之发生相互作用，所以技术系统的稳定性差，容易产生技术功能障碍，导致技术风险事件的发生，如煤矿塌方和透水等事故的发生就是这种情形。

同时，因为技术不确定性是技术主体对技术未来的无知状态，所以技术不确定性导致技术功能障碍和制约技术系统运行的另一条途径是，通过外化为技术主体技术认识的有限性，从而致使技术行动的盲目性。西蒙认为，因为个体记忆、思维和计算能力的有限性，决定其知识储备的有限性，所以个体的理性是在约束条件下的有限理性。而在这种有限理性的条件下，个体对事物的判断主要取决于个体的知识、经验和组织环境。①研究表明，"在生产现场，技术情境中的知识要素不是以系统的、理论的、规范的形态存在，更多是经验性的、零散的、个人体验性的"②，所以，技术生产主体在技术场更多是靠个人经验知识来思考和推理，完成对事物的判断。因此，在采煤技术场，矿工在有限理性的条件下，一定程度上说，经验判断是完成工作必不可少的，而"此种经验判断对解决问题，有时相当有效，有时却失误极大"③。这样，对于采煤技术场来说，矿工因为经验判断造成技术失误，引起技术功能障碍，甚至引发技术事故，就成为司空见惯的了。

二、干扰采煤技术决策

对决策的概念有多种理解。一是把决策当作提出问题、确立目标以及设计、选择方案的过程。这是广义的决策概念，技术决策就属于此。技术决策是指，决策者为了实现一定的技术、经济和社会目的，在考虑技术系统内外客观条件制约的前提下，对各种可能的技术路线、技术方针、技术措施和技术方案进行比较分析，最后选择最佳方案。技术决策既包括政府层面的宏观技术决策，也包括微观层面的企业技术决策。④二是把决策看作拍板定案，从几个备选的方案中做出抉择。这是狭义的决策概念。三是认为决策是对不确定条件下发生的即发性事件做出处理决定。这种事件可能有先例，但没有一致的规律可以遵循，因此抉择就要冒一定的风险。这是最常见的对决策的理解。这里所说的决策是指第二种情况，即把决策看成在几个备选方案中做出选择。在社会实践中，在两个或两个以上的方案中做出选择的逻辑基于三点：（1）任意两个方案

---

① [美]赫伯特·西蒙著，杨砾、徐立译：《现代决策理论的基石》，北京经济学院出版社1989年版，第63页。
② 王丽、夏保华：《从技术知识视角论技术情境》，《科学技术哲学研究》2011年第5期，第71页。
③ 刘婧：《技术风险认知影响因素探析》，《科学管理研究》2007年第4期，第58页。
④ 石洪波：《企业技术决策价值观的矛盾分析》，《工业技术经济》2005年第7期，第19-27页。

之间的比较必然是利益大则风险大，利益小则风险小，利益大风险小的方案是不可能与利益小风险大的方案放在一起做选择的；（2）最后的选择必然是决策者在利益与风险两极之间权衡的结果；（3）决策者对于获取利益和规避风险的个人期望不同，选择的方案也不同。

对于采煤技术方案的决策来说，因为风险事故直接关系到人的生命安全，风险等级较高，因此在技术方案的决策上，一般以规避风险为上乘，即选择风险较小的方案。但是，当面临一些根本利益取舍的决策时，决策者往往明知风险较大，还是心怀侥幸，因为技术是不确定性的，即使有风险，也未必会引发技术事故，正所谓"风险不等于事故，危险不等于危害"，因而，技术不确定性的存在，破坏了正常的决策逻辑，为决策者冒险选择决策方案提供了机会，也一定程度上为决策失误的责任追究提供了开脱的可能。

三、滋生采煤技术风险的侥幸心理

"侥幸心理是一种常见的心理现象。在企业安全生产中，它的内涵是，人们对安全生产过程和环境的歪曲认识，产生某种愉快的体验，从而导致某种不安全行为的倾向。"[1]侥幸心理的产生有时是出于某种明确的个人需要，但更常见的是出于"自由心理"和"捷径反应"的人之本性。人都希望少受约束，并能按照"省事、方便、快捷"的原则确定自己的行动路线。这样，在行动路径可选择的情况下，就很容易产生"自由心理"和"捷径反应"。然而，在企业的安全生产中，遵守安全技术操作规程和安全生产制度，恰恰是对人的"自由心理"和"捷径反应"的压制。因此，操作者就产生突破规程和制度等"约束框架"的心理倾向。但是，操作者要突破"约束框架"，就意味着可能承担风险的后果。那么，是否能够走捷径又不承担风险的后果呢？侥幸心理正是在这样的机制下产生的。事实上，心存侥幸的人对潜在的安全危害及其后果是心知肚明的，

---

① 李志光：《安全生产中的侥幸心理剖析与消除》，《水利电力劳动保护》1995 年第 2 期，第 44 页。

之所以明知风险而又心存侥幸，原因是本人或他人曾经有过这样的先例，即有过在同样的风险条件下冒险的不安全行为，但并没有造成风险的后果。[①]可见，真正支持侥幸心理的是技术的不确定性特征：技术风险只是概率，不安全的行为未必引起风险后果；相反，安全的行为也有可能导致风险的后果。

由于采煤技术系统的复杂性，采煤技术的不确定性程度较高，矿工的不安全行为发生的频率远远超过技术风险事故发生的频率，这为矿工侥幸心理的形成奠定了心理基础。同时，研究表明，对自己技术水平和能力过于自信，工作时间过长，过于疲劳，工作环境差等，都是矿工侥幸心理的催化剂。煤矿井下工作环境较差，矿工作业时间长，工作比较劳累，更加助长了矿工对采煤技术风险认识的侥幸心理。侥幸心理因此成为煤矿不安全行为的重要源泉，也是采煤技术风险事故成因分析的重要因素。

四、淡化采煤技术的事故问责

所谓问责，简单地说就是追究责任人的责任。煤矿安全事故问责就是追究煤矿安全事故发生的相关责任人的责任。它是一项吸取教训、惩前毖后的工作，不仅有助于强化安全意识、责任意识，也能起到制约管理权和行政权的作用。但是，目前我国煤矿安全事故的问责还存在许多问题。诸如，问责立法存在空白，尚找不到统一适用的问责法律依据；问责的客体对象还存在缺位，特别是对政府监管的行政问责对象的面过于狭窄；对问责客体对象的责任追究偏轻，很多情节上有走过场的嫌疑；等等。存在上述煤矿安全事故问责问题的原因很复杂，既有历史方面的，也有现实方面的；既有法律上的，也有行政体制上的。学界对此做了较为广泛的研究，在此不能一一列举。本书认为，采煤技术不确定性已经从煤矿安全事故致因的技术因素演化成文化因素，并且成为煤矿安全事

---

① 李志光：《安全生产中的侥幸心理剖析与消除》，《水利电力劳动保护》1995 年第 2 期，第 44 页。

故问责的掣肘力量。

技术不确定性是技术固有的性质，客观存在于一切技术之中。由于采煤技术系统的复杂性，采煤技术的不确定性程度较高。正因为如此，采煤技术本身在煤矿安全事故中成为问责的"对象"。尽管人们不会真的把技术诉诸法律，也不会与之对簿公堂，但是在人们的认识和情感上，技术不确定性总是最先被问责并接受审判。这种问责和审判是通过对煤矿安全事故责任者问责的宽让体现出来的。大多情况下，采煤技术因自身的不确定性而背负的责任和罪名，可以大大冲抵被问责者或者应该被问责者的责任。可见，采煤技术不确定性淡化煤矿安全事故问责的事实，本身就是安全管理理念上的漏洞，必然会刺激煤矿安全事故的发生。

第四节 煤矿安全事故技术不确定性成因案例研究

理论研究总是要回归实践的。一是因为理论要得到实践的检验，这是理论为"真"的要求；二是因为理论要服务于实践，这是理论为"善"的旨向。既"真"又"善"的东西当然能称为"美"。因此，理论与实践相结合，本身就是人们的一种价值追求方式。上文关于采煤技术不确定性以及相关制度的分析是否成立？让我们再通过案例加以研究。需要说明的是，理论是普遍的，案例是特殊的，任何一个案例都不可能与理论内容"一一对应"，否则只能是生搬硬套、牵强附会。

一、案例：大兴煤矿特大透水事故

由于建构者的目的不同，同一个案例常常会呈现出不同的面目。为了客观地还原广东大兴煤矿特大透水事故的真实情景，本书以时间先后顺序，按照大事记的形式列举出其中主要事件线索：

● 2005年8月7日上午，由7人组成的专家组向梅州市安监局、兴宁市政府提交了一份《广东省四望嶂矿区水淹区下安全开采可行性专家组论证意见》，该《意见》认为包括大兴煤矿在内的四望嶂矿区具备开采条件。这与广东省安监局7月22日向广东省政府提交的《关于关闭兴宁四望嶂矿区水淹区下六处煤矿的紧急请示》的结论是不同的。

• 7日下午1时30分，广东省梅州市兴宁黄槐镇大兴煤矿发生特大透水事故，123名矿工被困，透水地点发生在该矿-420米的掘进工作面上。

• 7日下午始，中央领导人相继作重要批示，国家安监总局、煤监局及广东省各级部门和领导开始展开救援和安抚工作。

• 7日傍晚，成立由广东省政府牵头的事故抢险救援指挥部；晚7时，广东省省长、副省长赶赴事故现场。

• 7日晚，北京、郑州、西安等地的专家开始汇集事故现场。此次事故救援赶赴现场的包括排水、物探、注浆封堵以及生命科学等多个领域的专家，共47人。

• 8日凌晨4时，抢险指挥部颁布了10项抢险措施，其中第一项是设法加强排水。

• 8日5时，国家安监总局局长赶到事故现场。

• 8日7时，央视新闻联播播报广东大兴煤矿特大透水事故。

• 8日下午，中央政治局委员、广东省委书记张德江赶到事故现场。

• 8日晚，抢险指挥部及专家组及时制定了"强排、封堵、防渗、多点"的总体救援方案，并将封堵透水口作为救援工作的重点。为了尽快找到透水口，由11名专家组成的物探测量小组开始夜以继日地工作，并取得了一定成效。

• 9日上午，抢险救援指挥部研究制订新抢救方案，打算在风井安装一台流量达每小时720立方米，扬程达400米的水泵，并计划在13日中午12时前开始排水。

• 9日傍晚5时，即广东大兴煤矿特大透水事故发生42小时之后，井下水位达到252米，总透水量达到20万立方米。根据事故历时和总透水量计算，此时透水口透水逾每小时4000立方米。

• 9日晚，安装在主井的从江西调来的一台水泵开始排水。其他外地调来的 5 台水泵都是在数日甚至十数日后才顺利排水，其中风井安装的水泵到 23 日下午才开始正常排水。

● 10 日，国务院总理温家宝主持召开的国务院常务会议就大兴煤矿特大透水事故救援处理工作做出了两条决定，要求救援工作要做到"只要还有一线希望，就要尽最大努力，千方百计抢救被困人员"。

● 10 日，国家安监总局发布 2005 年第 88 号文件《关于广东省梅州市兴宁市大兴煤矿特大透水事故的通报》，称这起事故是严重违法、违规、违章的三违事故。

● 11 日下午，成立了由 8 位副部级以上高级干部参加的国务院广东省梅州市大兴煤矿特别重大透水事故调查组。

● 事故发生后，大兴煤矿只有 4 台小功率水泵正常排水，虽然水淹矿区下面相连的大径里、梨树坑、东兴和上丰四个煤矿现有设备排水能力每小时 6 300 立方米左右，但是由于设备损坏等种种原因，实际单位时间排水量与透水量大致相当，所以，13 日之前，井下水位一直在 200～250 米徘徊。

● 据中国新闻网 13 日发布的消息：截至当日，抢险工作中最重要的环节透水点注浆封堵方案设计完成，专家们细化和完善了《注浆封堵透水点（导水通道）工程总体方案》；同时，排水工作也在紧锣密鼓地进行，13 日，排水专家们进一步完善和细化了《抽排水总体方案》。

● 13 日上午，正当 20 多人的救援队伍冒着暴雨紧张地在风井安装大功率水泵时，风井调度绞车却意外地发生了故障。在台风前的暴雨天气下，修复工作十分困难。这使得风井水泵安装完成时间变得不可预期。

● 13 日中午，2005 年第 10 号热带风暴"珊瑚"在广东澄海登陆。受"珊瑚"台风影响，13 日上午，兴宁市下起了大暴雨。大暴雨持续了 3 天，15 日雨势逐渐减小，阴雨天气持续了数日。"珊瑚"在与救援大军的博弈过程中，展示了自然界不可抗拒的强大力量，对救援工作影响很大。

● 13 中午，探测寻找透水口工作取得很大进展，到中午 12 时，已累计布点 832 个，离专家方案计划布点 851 个的总体目标只差 19 个，而且还圈定了两个可能存在的透水点，关键性的物探工作在即，注浆封堵透水口指日可待。但是，在计划的851个布点中，剩下的这19个未完成的布点恰巧都位于山坳，而"珊瑚"台风引发的暴雨使山坳形成大量积水，在这种情况下，如果继续布点和物探，不仅工作难度大，而且将会对工作人员的人身安全产生巨大威胁。不得已，13日下午布点物探工作被迫停工。

● 到18日，主井水位下降了80米。但是，这个好消息背后也隐藏着新的危机和挑战，原因是，井下水位大幅下降后，泵体必须随之整体下移才能继续排水，然而泵体整体下移和安装困难重重。首先，大型水泵泵体粗大笨重，而井下深处空间比较狭小，且坑道弯弯曲曲，很难满足泵体整体下移和安装所要求的几何尺寸；加之随着坑道延伸，堆积的杂物越来越多，水泵整体下移和安装的难度很大，耗用的时间很长。另外，水泵整体下移后，离井口的距离越来越远，这对水泵的扬程和功率提出了更高的要求，排水效果因此受到了一定的影响。

● 22日，基本完成了对重点区域的现场物探测量，技术专家和工作人员开始转入室内用计算机处理资料，积极为下一步注浆封堵透水口奠定基础。

● 截至23日，主副井和风井水泵全部正常排水，此时，在大兴这个方圆数里的小小矿区，6台大功率水泵同时工作，排水流量达到每小时6 000立方米以上。多点位、高密度、大功率的强排局面真正形成。

● 23日，生命科学家预测，井下已无生命存活的条件。这样，物探布点封堵透水口等救援工作的现实意义大打折扣了。

● 据中国新闻网消息：28日中午11时37分，救援现场突然出现地壳振动和巨响，随即附近地面现多处裂痕，主井深处传来响声并涌出烟雾状大风（经查实是井下出现垮塌），清水泵自动停机，停止排水。救援指挥部立即与广东省地震局取得联系，省地震局反馈的情况是，在距离梅州市约50千米处发生了1.4级类似塌陷爆破波纹。这些都是密集分布的大功率水泵长时间连续泵水引起地壳振动的结果，继续泵水后果将不堪设想。

● 28 日始，广东省政府经过国家安监总局同意，报请国务院批准，决定停止救援工作。29 日下午 4 时 30 分，救援指挥部宣布，123 名矿工遇难。

● 这次事故堪称广东省煤矿的"终结者"，从 2005 年 9 月份开始，广东省政府经国务院同意，逐步彻底关闭了省辖内的 253 对煤矿，广东省从此成为"无煤"之省。

二、事故的技术不确定性成因分析

本章第三节已经对煤矿安全事故的技术不确定性成因因素进行了分析，本节第一目又以大事记的方式对 2005 年广东大兴煤矿"8·7"特大透水事故进行了还原。下文以上述关于煤矿安全事故的技术不确定性分析为理论基础，以第一目关于 2005 年广东大兴煤矿"8·7"特大透水事故的大事记为实践基础，揭示本案例中的技术不确定性的表现。

（一）技术决策中的不确定性

案例情景：7 人专家组于 8 月 7 日上午向梅州市安监局、兴宁市政府递交了一份《广东省四望嶂矿区水淹区下安全开采可行性专家组论证意见》。

情景分析：2005 年 8 月 7 日上午，即此次事故发生的数小时前，7 人专家组向有关部门提交了一份《广东省四望嶂矿区水淹区下安全开采可行性专家组论证意见》（以下简称《意见》）。《意见》认为，包括大兴煤矿在内的四望嶂矿区具备开采条件。但是，就在数小时后的当天下午 1 时 30 分，大兴煤矿就发生了特大透水事故。事故发生后，该矿区具备开采条件的论证意见受到了广泛的质疑。支持质疑的除事故确已发生外，另有三点辅助证据。一是广东省安监局曾在事故发生 15 天前的 7 月 22 日向广东省政府提交了《关于关闭兴宁四望嶂矿区水淹区下六处煤矿的紧急请示》，建议立即关闭四望嶂水淹区 6 对煤矿。二是这次事故发生 23 天前的 7 月 14 日，兴宁市另一煤矿罗岗镇福胜煤矿即发生过一起透水事故，16 名矿工殒命。三是广东梅州是个老矿区，从地质地形上讲，属于岩溶地形，又处于断裂带；从水系上讲，处于韩江流域，梅江和五华河等多条江河在此交汇，充水因素有地表水、裂隙水、断层水和老窑水，很容易发生透水事故。

那么，这 7 位技术专家为什么会做出广东四望嶂矿区具备开采条件的论证意见呢？无非有两种可能：一种是论证意见是他们根据科学方法计算做出来的，结果是客观的、实事求是的；另外一种情况是，专家组受外界因素的影响，做出了违心的决策。从上文关于四望嶂矿区不具备开采条件的分析来看，对于资深的专家来说，第一种情形几乎是不成立的。合理的逻辑是，因为技术是不确定的，四望嶂矿区即便继续开采，在一定的时期内，也未必会发生重大事故；退一步说，即使发生了重大事故，因为技术是不确定的，安全条件再好的技术也不能绝对排除事故发生的可能。所以，在外力作用下，专家们做出了四望嶂矿区具备开采条件的决策。

（二）安全事故发生的不确定性

案例情景：大兴煤矿透水事故发生的直接原因。

情景分析：据人民网消息，事故的直接原因是，由于煤层倾角大（75度左右）、厚度大（3～4 米），小断层发育，煤质松散易塌落，-290 米水平以下在生产过程中煤层均发生过严重抽冒（即在浅部厚煤层、急倾斜煤层及断层破碎带和基岩风化带附近采煤或掘巷时，顶板岩层或煤层本身在较小范围内垮落超过正常高度的现象），在此抽冒严重的情况下，大量出煤，超强度开采，致使-290 米水平至-180 米水平防水安全煤柱抽冒导通了-180 米水平至+262 米水平的水淹区，造成上部水淹区的积水大量溃入大兴煤矿，导致事故的发生。

在上述关于事故直接原因的描述中，"-290 米水平以下在生产过程中煤层均发生过严重抽冒"表明，"抽冒"在此次事故发生以前就经常发生，只是此前的"抽冒"没有"致使-290 米水平至-180 米水平防水安全煤柱抽冒导通了-180 米水平至+262 米水平的水淹区"，所以没有发生透水事故。这说明，大兴煤矿在采煤中抽冒导通水淹区是有可能的，但是，这种情况是否一定会发生是不确定的，何时发生也是不确定的。我们只能说，就大兴煤矿的开采条件来说，透水事故发生的可能性是很大的。正如瑞典学者斯万·欧维·汉森所说，在通用的技术意义上，风险包容在被量化的不确定性之中。[①]

（三）安全事故救援中的不确定性

案例情景一："抛锚"的风井调度绞车。

情景分析：此次事故发生后，根据 9 日上午抢险救援指挥部研究制定的新抢救方案，要在风井安装一台流量每小时 720 立方米，扬程 400 米的大流量高扬程水泵，并计划在 13 日中午 12 时前开始排水。对于大型水泵运送到井下安装，风井调度绞车举足轻重。然而，正当 20 多人的救援队伍冒着暴雨紧张工作时，风井调度绞车却突然意外地发生了故障。更糟糕的是，在台风暴雨的恶劣环境下，修复工作十分困难，这使得风井水泵的安装完成时间变得不可预期。13 日中午 1 时许，在风井工作现场，担任现场指挥的兴宁市市长助理一脸无助地向金羊网记者介绍：由于风井调度绞车突然故障，原定于中午 12 时完成的风井水泵安装被迫推迟，具体何时完成只能视情况而定。根据 2005 年 8 月 24 日《南方日报》曾强、李冲的文章《广东大兴矿难追踪 昨实现三井同时排水 营救工作加快》，风井水泵直到 10 天后的 8 月 23 日下午 5 时 47 分才开始排水。

可见，风井调度绞车的抛锚以及修复的难度都是人们意想不到的。风井调度绞车的抛锚既是事故救援不确定性的表现形式，同时也大大增强了这次事故救援的不确定性。

案例情景二：突现的"珊瑚"台风。

情景分析：广东兴宁大兴煤矿"8·7"特大透水事故发生后的 8 月 13 日中午，2005 年第 10 号热带风暴"珊瑚"在广东澄海登陆。这个热

---

① [美]斯万·欧维·汉森：《知识社会中的不确定性》，《国际社会科学杂志》(中文版) 2003 年第 1 期，第 40 页。

带风暴在与救援大军的博弈过程中展示了自然界不可抗拒的强大力量，成为这起事故救援工作第一个挫败性的自然力量行动者。受"珊瑚"台风影响，13日上午，兴宁市下起了大暴雨。大暴雨持续了3天，15日雨势开始减小，但阴雨天气持续了数日。雨水使道路泥泞，设备、材料的运送更加缓慢而艰难。雨天作业有诸多不安全因素，工作进度受到很大影响，特别是寻找透水点的物探工作被迫停工。而寻找和封堵透水口是救援工作最关键的环节。直到8月22日，一度似乎功亏一篑的物探工作终于有了很大的进展。但是，8月23日，生命科学家做出了井下已无生命存活条件的预测，整个救援工作的现实意义大打折扣了。

物探封堵透水口的失败受到"珊瑚"台风的影响，也是物探技术本身不确定性的表现。这说明，哪怕是自然界一个小小的意外事件，都可能导致技术不确定性的凸显。

案例情景三：振动的地壳。

情景分析：据中国新闻网报道，8月28日中午11时37分，在救援现场突然出现地壳振动和巨响，附近地面出现多处裂痕，主井深处传来巨大响声并涌出烟雾状大风（后来查实是井下出现垮塌），清水泵自动停机，停止排水。救援指挥部立即与广东省地震局取得联系，省地震局反馈：在距离梅州市约50千米处，发生了1.4级类似塌陷爆破波纹。这是密集分布的大功率水泵长时间连续泵水导致地壳振动的结果。在这种情况下，继续排水后果不堪设想。因此，广东省政府经国家安全监督总局同意，报请国务院批准，决定停止救援工作，同时宣布123名职工遇难。

这是发生在本次事故救援中排水技术上的一次不确定性事件。但恰恰是这一事件成为救援工作的"终结者"。它告诫我们：技术不确定性具有"蝴蝶效应"，哪怕一起比较小的不确定性事件的发生，也可能会产生意想不到的严重后果。

第三章

煤矿安全事故的制度成因

人总是生活在形形色色的制度中，但是要对"制度"一词做出明确的解释是十分困难的。学界不仅对其内涵的解释莫衷一是，对其分类也是见仁见智。以下仅从三个方面进行梳理归纳。

按照内涵划分，制度可以分为三类。第一种是在西方语境中，把"制度"解释成"体制""体系""系统"或"组织"。第二种是把"制度"解释为人在一定规则指导下的行为模式，如美国政治学家亨廷顿把制度定义为"稳定的、受到尊重的和不断重现的行为模式"①。第三种认为"制度"是人的行为规范。比如，我国学者郑杭生教授认为，"社会制度指的是在特定的社会活动领域中围绕着一定目标形成的具有普遍意义的，比较稳定和正式的社会规范体系"②。第一种解释主要强调"制度"是一个结构化概念，是某一组织运行系统。第二种解释主要突出"制度"对人的行为的约束作用。第三种解释旨在强调制度的内容是观念形态的东西。

按照制度调整社会关系是否具有强制性划分，制度可以分为正式制

① 刘李胜：《制度文明论》，中共中央党校出版社 1993 年版，第 18 页。
② 郑杭生：《社会学概论新编》，中国人民大学出版社 1985 年版，第 253 页。

度和非正式制度。正式制度是人们自觉创制的、成文的、约束一定组织范围内的人的行为规则，一般由权力机构来保证实施，比如考勤制度等。非正式制度是人们在交往中自觉不自觉形成的行为规则，通常依靠人们自觉遵守。比如，"在谈话中不应该涉及别人的隐私"已经成为人们普遍认可的人际交流行为规则。

以制度调整社会关系范围的大小划分，可以把正式制度分为宏观制度、中观制度和微观制度。宏观层面的制度专指社会基本形态，如社会主义制度和资本主义制度等。中观层面的制度指社会某领域的制度形式，如政治制度、经济制度等。微观层面的制度指社会某组织的具体制度，如工作条例、规章制度、奖惩办法等。

本章把"制度"定位在微观领域的正式制度之上，即采煤技术风险管理制度。当然，技术风险并不仅仅跟微观层面的制度有关，它与中观领域的政治制度、经济制度也有一定的联系，下一章将对此加以分析。

第一节　技术风险制度成因的根源

可以说，制度是在社会关系中形成的，同时也是调整社会关系的规范体系，因此，制度既受制于一定的社会关系，也对社会关系产生深刻影响。而技术风险总是在一定的社会关系中发生的，这就使技术风险的制度成因成为可能。本书认为，技术人性化的缺失以及传统政治观的错误是造成技术风险制度成因的两个关键因素。

一、技术人性化的缺失

本书第一章第三节第三目"技术风险的根源"中，把技术风险的制度根源界定为"技术理性与社会理性的断裂"。事实上，技术人性化的缺失，既是技术理性与社会理性断裂的结果和表现，同时也是技术理性与社会理性断裂的原因。换言之，两者只是表述上的差别。而采用不同的表述，只是为了便于说明不同问题。

技术人性化是技术哲学领域一个常谈常新的话题。从马克思到海德格尔，再从马尔库塞到哈贝马斯，在先哲们的理论著作中，技术人性化的思想无不占据重要的地位；同样，从技术"双刃剑"思想的提出到可持续发展观的形成，其中无不包含技术人性化的视角或内涵。对技术发展和应用中人的价值的关怀，必将与技术本身结成永久的"夫妻"，不离不弃。

但是，当前学界对技术人性化的认识和理解过于窄偏。一种情况是把技术人性化等同于技术产品的人性化，强调技术产品的发明、设计要充分考虑使用者的人性需求，生产出更多更好的人性化技术产品。这样，"技术人性化"就变成了"人性化技术"。如学者许鸣洲在《技术的人性化：趋势与课题》(《科学技术与辩证法》2005年第5期)一文中对技术人性化内涵所做的界定和分析。另一种情况是把技术人性化等同于技术应用目的的人性化，强调避免技术成果的恶用。这样，"技术人性化"就变成了"技术应用后果的人性化"。如学者卢旺林在《论两种不同意义上的技术人性化》(《科学管理研究》2006年第1期)一文中，提出了"人文关怀意义上的技术人性化"的观点。

事实上，简单地说，技术人性化就是提倡技术"以人为本"。而"以人为本"的技术人性化理念，应该存在于一切技术形态当中。技术发明，应充分考虑技术功能的人性化，即技术产品或技术系统的应用要尽可能多地满足人的需要，而尽可能少地有害于人；技术设计和制造，应充分考虑技术的结构、材料和造型在满足技术功能要求的情况下，如何最大限度地让使用者感到舒适和便利，如何最大限度地符合使用者的安全、生态、文化和审美需要；技术使用，一方面应考虑到技术善用的后果，另一方面应创造有益于技术使用者身心健康的技术使用环境、方式和条件，特别是杜绝技术使用事故的发生。由此可见，技术人性化不是一种空洞的技术理念，它实实在在地存在于技术发明、设计、制造和使用等技术活动过程之中；技术人性化也不仅仅指人性化的技术产品和技术应用后果，它还体现为技术发明、设计、制造和使用的制度设计和管理的人性化。换言之，技术的制度设计和管理的人性化也是技术人性化的应有之义。

然而，随着技术的飞速发展和技术社会功能的日益彰显，社会技术化的程度越来越高，人们似乎无暇顾及与技术相关的人的境遇，而越来越注重技术本身的发展逻辑，从而把技术理性尊奉为社会至高无上的、绝对的理性形式。而且"这种绝对的理性取代了古典理性中的整体和谐，也不见了近代启蒙理性中的人性关怀，科学技术成了衡量一切的尺度，技术的进步就是文明的进步，技术的自由和满足构成了文明社会的发展目标……"[①]。

聚焦到行为者身上，技术理性的本质就表现为行为者对技术效率和各种技术行动方案进行正确选择的理性追求。行为者只从技术自身的功能和结构出发，讲求技术效率途径的最优化，追求技术经济效益的最大化。也就是说，技术的理性价值只取决于技术在不同的具体情况下解决实际问题的功用和效果。因此，技术理性的出发点不是人的价值、道义、理想和责任，甚至技术理性行为把人也还原和约化为可以计算和置换的物质，像对待自然物和机器一样进行组织、协调、控制和管理。

通过以上对技术人性化和技术理性的描述，可以得出的结论是：技术人性化的缺失与技术理性的膨胀互为因果关系，技术人性化的缺失既是技术理性膨胀的原因，也是技术理性膨胀的结果，它们都在社会发展过程中通过制度性设计表现出来并得到加强。

因此，正如贝克所指出的，制度影响机构决策和社会建构，是技术风险形成的重要推动力。在制度性设计的推动下，技术理性和霸权的日益膨胀，使技术人性化越来越缺失，而缺少人性关怀的技术，产生风险也就不足为怪了。

二、正统技术政治观的错误

正统的技术政治观信奉技术进步和风险消退之间是线性逻辑关系，即技术越进步，技术风险就越小，因为技术进步本身就能解决技术风险

---

① 赵建军：《追问技术悲观主义》，东北大学出版社 2001 年版，第 40-41 页。

问题。换句话说，技术发展带来一些灾难性的后果是不足为虑的，因为随着技术的不断进步，技术风险总会被化解。显而易见，这种理想主义的技术政治观是以早期工业社会为背景的。工业社会之初，技术以前所未有的崭新面貌推动社会生产力的发展，人类社会发生着日新月异的变化，人们因此处于来不及为技术而欢欣鼓舞的兴奋之中，而且，那时的技术系统复杂性程度不高，风险等级较低，破坏性较弱。因此，在这种情况下，人们片面夸大技术的社会功能而小觑技术风险，就在情理之中了。

但是，正统的技术政治观必须正视以下两点驳斥。一是技术进步确实可以化解某些技术风险，但也会产生新的技术风险。比如，核电部分地替代了以煤炭为能源的火力发电，在一定程度上减少了采煤技术风险事故的发生。但是，诸如1986年的切尔诺贝利核事故、2011年3月日本福岛核泄漏事件警示我们，核发电技术风险比煤矿安全事故带来的危害大得多。二是随着人们对技术风险认识和理解的加深，技术风险会不断显现。早期工业社会也存在环境污染，1930年发生的比利时马斯河谷事件，就是资本主义工业化过程中发生的最早的公害事件。但是，戏剧性的是，直到1962年《寂静的春天》发表，环境问题才真正作为风险问题被正式提出，才开始引起联合国、各主权国家和社会大众的高度重视。这说明：其一，技术进步的同时，技术风险也在增加；其二，人们对技术风险的认识是有局限性的，认识不到技术风险的存在并不等于技术风险客观上不存在。

上述内容说明，正统的技术政治观主张对技术发展不加控制的观点，本质上是一种看不到技术负面效应的技术价值观。正如芭芭拉·亚当和贝克等所说的，"这种将19世纪的思想应用于21世纪的努力，是我提到过的在社会理论、社会科学和政治学中的一种普遍的范畴错误"[①]。因此，正统的技术政治观已不能适应技术风险管理的要求，急需创新和改造。最为突出的是，在这种技术政治观潜移默化的影响下，技术风险的制度

---

① [英]芭芭拉·亚当、乌尔里希·贝克、约斯特·房龙著，赵延东等译：《风险社会及其超越》，北京出版社2005年版，第340页。

性设计和运行必然存在漏洞，这就给技术风险的形成和扩散留下了余地和空间。

第二节　技术风险制度成因的主要因素

技术风险广泛地存在于发明、设计、制造和使用等不同形态的技术实践之中。因此，技术风险管理体系的建立就显得非常必要。技术风险管理体系是一个动态的制度系统，不仅包括技术风险管理规制，还包括与技术风险管理规制运行相关的技术风险管理主体、技术风险管理机构以及基本的技术风险管理方法等。

一、技术风险管理主体

技术风险管理主体并无同一的分类标准，鉴于研究旨意，本书在此仅从技术风险管理制度的角度，把技术风险管理主体分为四类：技术风险管理制度的创制主体——技术风险的评估者；技术风险管理制度的管理主体——技术风险的监控者；技术风险管理制度的规约主体——技术风险的制造者；技术风险管理制度的受益主体——技术风险的承担者。四种技术风险管理主体是四种不同的技术风险主体角色，以各自不同的方式与技术风险管理制度发生联系，并影响技术风险的发生。

技术风险管理制度的创制是以风险评估为依据的，只有对技术风险进行恰当的评估辨识、分析和评价，技术风险管理制度才能被有的放矢地创制出来。因此，所谓的技术风险管理制度创制主体（以下简称制度创制主体）首先是技术风险的评估者。在技术风险管理制度创制之前，制度创制主体首先要对各种技术环节是否存在风险进行辨识，如果存在风险，就要对风险出现的频率以及后果进行分析。在风险分析的基础上，还要对风险出现的频率和后果做出评价，即风险出现频率的大小和后果的严重程度是否可以接受。如果风险出现频率的大小和后果的严重程度不可以接受，则需要采取一定的预防和控制措施。这些预防和控制措施以成文的方式被创制出来就是技术风险管理规制。可见，制度创制主体对风险是否能做出全面、正确的分析和评价，直接决定技术风险管理制度是否合理、有效。如果创制的风险管理制度不合理，不能有效地指导技术实践，必然会导致技术风险的产生。

技术风险管理制度的管理，就是对技术实践中技术风险管理制度的运行情况进行监督，并对违反制度或造成风险的行为做出处罚，从而确保技术风险管理制度得以有效运行。因此，所谓的技术风险管理制度的管理主体（以下简称制度管理主体）是指技术风险的监控者。在技术风险管理制度的运行中，制度管理主体的职责包括三个基本方面。首先，要保证制度的规约主体能产生明确的风险管理制度认识，即要使制度规约者明白自己在技术应用实践中应该按照什么样的风险制度规范行事，否则会遭受什么风险后果或者制度惩戒；其次，要及时对技术实践中规约者偏离技术风险管理制度的行为加以指导和纠正，并对违反风险管理制度以致造成组织或他人生命财产风险损失的行为按制度规定做出严肃查处；最后，对于不适应技术实践的风险管理制度要及时修改、增补。可见，如果制度管理主体在技术风险管理制度的监管中得过且过、玩忽职守、以权谋私，就必然会造成技术实践中的有章不循或者令不行、禁不止的情况，从而引发技术风险。

技术风险管理制度运行的实质是，通过对技术应用者以及技术应用风险管理者行为的规约，以保证技术风险得到有效预防和控制。因此，技术风险管理制度的规约主体（以下简称制度规约主体）是指技术风险的制造者。按照主客关系来说，技术风险制造者就是技术风险管理制度规约的对象，但是，之所以称之为"规约主体"而不是"对象"，是因为这是从技术风险制造者也应该参与技术风险管理的角度来说的。对制度规约主体来说，遵守技术风险管理制度是最基本的伦理责任，因为如果他（她）违反技术风险管理制度，就可能引发技术风险，使自己成为风险的真正制造者。但是"一个人的行为规范受到其伦理价值观的影响，有什么样的价值观念就会产生什么样的行为规范"①，也就是说，当制度规约主体的价值观念与遵守技术风险管理制度的伦理责任观相矛盾或冲突的时候，就有可能按照自己的行为规范行事，而置技术风险管理制度所崇尚的伦理价值观于不顾。这在某种意义上，就导致规制规约主体的行为与技术风险之间经常存在着一定的因果联系。当然，技术不确定性以及生理和心理等客观因素，也会造成制度规约主体的技术认识不足，产生不自觉的违规行为。

技术风险管理制度的最终目的是，通过管理制度的运行，防止或减少技术风险，使技术风险承担者免于或减少技术风险的伤害。因此，所谓的技术风险管理制度受益主体（以下简称制度受益主体）是指技术风险的承担者。风险是一个主体指向性概念，换言之，风险总是相对于人来说的。但是，在技术应用中，技术风险管理制度的创制主体、管理主体和规约主体都未必是技术风险的承担者，而技术风险的承担者也许恰恰是技术的"局外人"，比如社会大众。所以，就要通过制度设计保证技术风险的承担者能参与到技术风险管理制度的创制和运行管理中。同样，也应该通过制度设计来保证技术创制、管理和规约主体能倾听技术风险承担者的声音，根据技术风险承担者的现实处境创制、修改和运行技术风险管理制度。否则，在技术风险管理制度的创制、管理或运行中，创制主体、管理主体和规约主体就可能存在"事不关起，高高挂起"的思想，办起事来也许就会出现"一叶障目，不见泰山"的情况，从而为技术风险的出现留有余地。

二、技术风险管理机构

就目前而言，企业管理机构设置上的缺陷将产生诸多弊端，至少表现在以下三个方面。

其一，技术风险管理制度运行不畅。职能重叠、管理交叉、层级混

---

① 王建设：《技术风险视域下技术主体的伦理责任》，《洛阳师范学院学报》2013 年第 10 期，第 11 页。

乱的管理机构，必然会导致技术风险管理制度"政出多门"，在运行中互相碰撞或冲突，从而客观上造成制度规约者在实践中无所适从，同时，也会引起制度管理者之间的矛盾和纠纷，使技术风险管理制度的运行效率降低。相关内容在下一目"技术风险管理规制"中具体阐述，在此不做细究。

其二，技术风险责任主体难以界定。技术风险管理庞大的机构，复杂的层级关系，混乱交叉的职能，客观上给技术风险责任主体留下一个开脱责任的机会：当技术风险发生时，尽可能寻找管理关系中权责不明、责任不当、职能交叉的漏洞，借此逃避责任追究。因此，在现实的技术风险问责中，确定技术风险责任主体十分困难。最后的结局往往是，在"没有人或者所有人都是主体"的情况下[①]，通过"原告"和"被告"双方"磋商"界定。这样，技术风险责任主体经常不是被"认定的"，而是被"商定的"。

其三，技术风险责任的不合理分摊。职能明确、职责分明、权责匹配的技术风险管理机构，对应的应该是技术风险责任的合理分摊。但是，现行的技术风险管理机构设置职能交叉和重复，主管和监管的并列，层级关系的复杂和混乱，往往使技术风险责任主体"大众化"，其结果就是大大削弱了技术风险管理的效力，为技术应用实践留下了风险隐患。

三、技术风险管理规制

技术风险管理规制是技术风险管理制度的重要组成部分，属于日益兴起的社会性规制的特殊范畴。它是指为保障技术在应用中的风险最小化，政府在技术风险管理上采取的各种措施。不同的技术行业有具体的风险管理规制。比如，采煤技术的风险管理规制总称煤矿劳动安全规制，由法律、技术、组织制度以及教育等方面的具体措施构成，如《安全生产法》《安全生产许可证条例》《煤炭安全监察条例》《煤矿职工安全技术

[①] [德]乌尔里希·贝克、约翰内斯·威尔姆斯著，路国林译：《自由与资本主义》，浙江人民出版社 2001 年版，第 146 页。

培训条例》等。

"对技术的规制自然通过国家的法律与政策进行，而国家对技术规制的立法与政策的颁行则以对技术本质的价值判断为基础。"[1]也就是说，国家对技术的规制要受到技术价值判断的影响，并且是以共有的价值判断作为规制的基础范式。但是，实际情况十分复杂。首先，作为规制基础范式的"共有的价值判断"在实践中很难真正形成。以国家层面为例，由于技术在不同国家发展水平不同，人们对技术本质或者说价值判断有很大的差别。发达国家技术的现代化程度高，风险大，国家已经进入"风险社会"状态，因此人们普遍对技术风险有强烈的意识。而某些发展中国家科学技术发展还很不充分，人们正处在依靠技术的发展而走出贫困的希望中，对技术顶礼膜拜、心存感激，因此对技术风险的认识还不充分。所以，"在大部分技术规制领域，各民族国家各自为政，技术规制法律政策受到严格地域限制"[2]。

其次，在具体的技术风险管理规制立法和政策颁行过程中，作为规制基础范式的"共有的价值判断"也会受到其他价值判断的"污染"。技术风险管理规制的立法和政策颁行总是由代表国家利益的政府职能部门实施的，这样，"部门利益至上"原则必然会贯彻到技术风险管理规制的立法和政策颁行之中，使技术风险管理规制具有鲜明的部门特征。问题是，即使是同一技术行业，往往也有多套来自不同政府职能部门的风险管理规制，并且以法律、法规或条例等不同形式存在。这就不可避免地出现技术风险管理规制之间的矛盾、竞争和冲突，客观上刺激了技术风险的产生。

最后，作为规制基础范式的"共有的价值判断"，并不能保证具体的技术风险管理规制的合理性。技术风险管理规制是人创制的，因此个人的专业、旨趣、经历、价值观等因素总是不可避免地渗透到技术风险管理规制的创制中，使其成为赋有个性特征的价值规范。按照建构论的观

---

[1] 刘铁光：《风险社会中技术规制基础的范式转换》，《现代法学》2011 年第 4 期，第 69 页。

[2] 刘铁光：《风险社会中技术规制基础的范式转换》，《现代法学》2011 年第 4 期，第 72 页。

点，任何技术规制实际上都是建构的结果。再者，在现实中，以技术民主方式来治理技术风险只是一种理想，因为技术决策往往只是专家和政府部门官员协商的结果。这样，就出现一个"悖论"：作为技术规制创制者的技术专家和政府部门官员不是技术风险承担者，而作为技术风险承担者的社会大众却根本无法真正参与技术规制的创制。问题在于，作为创制者的技术专家、政府官员与作为风险承担者的社会大众对技术风险有着不同的认识和理解，技术专家站在自己的角度上创制规制，就难免会出现遗漏和偏差，从而为技术风险的出现留下通道。

四、技术风险管理方法

技术风险管理主要体现为技术风险辨认、分析、评价和决策四个方面。当前技术风险管理主要以传统的技术风险为原型，以实证主义哲学为思维框架，以财务管理、安全工程学、经济学等为学科基础，以量化分析为主要方法，包括风险—收益分析（risk-benefit analysis）、概率风险评估（PRA）、决策树分析、效用分析等。

在对技术风险管理以上特征和方法进行进一步阐释之前，需要对风险概念和技术风险研究传统再做简单回顾。凡是西方学者有代表性的风险概念，都把风险的内涵首先界定为损失或损失的大小。如 Yates 和 Stones 指出，风险包括损失、损失的重要性、损失间联系的不确定性。既然风险意味着损失和损失的大小，那么，在方法论上，风险的研究所对应的就应该是科学的思维方法和量化的分析方法。同时，风险管理的科学思维和量化研究方法的应用，还与技术风险的研究传统有关。技术风险的研究起源于 20 世纪 50 年代的美国，始于学者们对当时社会危害性较大的核能等高风险技术的研究，目的是使社会和人民大众生活免受这些技术高风险的危害。这一社会背景构成了技术风险科学思维和量化分析实证研究风格的实践基础。技术风险管理的实证研究方法要求人们客观地对待技术风险，研究和处理技术风险问题时，不必考虑其环境和文化方面。

但是，建立在实证根基之上的技术风险管理方法，不仅与风险的某些内涵相冲突，而且也遭遇到后来居上的建构论风险观的否定。前文已经谈到，不确定性是风险内涵的一种解释。既然风险是不确定的，那么，用精准的量化方法来研究风险显然是不完备的。这至少说明，仅仅用科学方法从事技术风险管理是不够的。而真正让技术风险管理的科学方法遭遇困境的是，在社会学家的批评声浪中，主观建构论风险观日居上风。持建构论观点的社会学家在研究中发现，技术风险免于环境和人的价值因素介入的努力是枉然的，甚至人的价值偏好和环境因素也对风险起决定性作用。有力的证据是，在技术风险事件发生后，风险沟通和传播所造成的不良后果要比实际的经济损失大得多。"事实上，技术风险对人类的损害不仅包括客观方面，还包括主观方面，如对个体精神心理的伤害"是无法用计算的方法得出数据的①。因此社会学家认为，技术风险不是计算与测量方法权衡的客观风险，它是社会和文化建构的结果。

从技术风险认知的角度来说，这种建构论的技术风险观确实得到了实践的验证。比如，专家对技术风险的判断和评估主要是用计算的方法来衡量技术的客观风险水平，而一般社会公众则是通过个人的主观推测来判断技术风险。但是，尽管主观建构的风险思想越来越得到学者们和社会大众的广泛接受和认可，而且相比较于客观实在的风险观，大有后来居上的态势，然而在技术风险管理实践中，由于科技专家把持实际的话语权，技术风险管理的科学思维和实证方法仍然大行其道，技术风险管理的人文方法仍处在学术研究阶段。因此，技术风险管理仅仅建立在科学思维和方法的基础上，没有人文方法作为补充，就一定会在制度化实践中出现漏洞和失误，从而为技术风险的出现留下隐患。

第三节　煤矿安全事故制度成因分析

众所周知，采矿技术具有很大的风险，尤以采煤技术更加突出。多年来，党和政府采取了一系列措施加强采煤技术风险管理制度建设，并

---

① 刘婧：《试论技术风险管理创新的人文导向》，《科学学与科学技术管理》2007 年第9 期，第 75 页。

取得了重大成就。但是，采煤技术风险管理制度还存在诸多不足，仍然是煤矿安全事故的重要成因。其中，矿工不能真正参与技术风险管理，风险管理机构设置上的缺陷，管理规制之间的竞争或冲突，都是具体的采煤技术风险的制度成因因素，构成煤矿安全事故成因分析框架的重要组成部分。

一、风险管理主体之痹：矿工主体地位缺失

"人的目的是造就自己，而达到这一目的的条件是：人是自为的人。"[①] 弗洛姆的这句话说明了一个普遍的道理：人的彻底解放和全面发展是人的最高价值目标，而包括技术在内的一切条件和工具都只是实现这一目标的手段。

但是，随着技术的发展，人与技术的主客关系越来越倒置，技术已经成为目的本身，人却沦为技术的工具。采煤技术风险管理存在的某些现象，就揭示了这一道理。从采煤技术风险管理的角度说，矿工是对象，但首先是主体，因为矿工的生命安全本来就是风险管理的主要目的。然而，在采煤技术风险管理中，矿工已经不经意间沦为物质对象。这一观点可以从以下几个方面得到说明。

首先是采煤技术风险管理的科学思维方式使矿工成为对象化的存在。无异于其他风险管理，采煤技术风险管理也以安全工程学、经济学、财务管理等作为基础学科，使用定量分析作为基本方法，如风险—收益分析（risk-benefit analysis）、概率风险评估（PRA）、决策树分析、效用分析等。这些科学方法在煤矿风险管理实践中的确发挥了巨大作用。但是其中隐藏的最大不公就是，矿工的生命也在风险—效益的计算与分析中被作价处理了。比如，"ICAF"在采煤风险—效益分析中代表"死亡事故的隐含成本"。它的哲学解释只能是：有货币作为一般等价物，有科学的思维方法和计算方法作为桥梁，矿工的生命就可以与煤炭相互置换。如果矿工的生命是有价可循的，矿工的尊严何在？矿工只是一个对象性

---

① Erich Fromm. Man For Himself [M]. Fawcett publication Inc., 1947: 27.

的存在，技术风险管理的意义又何在？采煤技术风险管理岂不是一个自反的命题？

其次是采煤技术风险监管方式使矿工成为对象化的存在。中国采煤企业的技术风险政府管制（监管）分为事前、事中和事后监管。事前监管是煤矿企业市场准入环节的管理；事中监管是煤矿安全生产的日常监察；事后监管是煤矿安全事故追究，包括问责和赔偿。可见，日常监察对保障安全生产、减少技术风险至关重要。因为日常监察体现为具体的采煤技术风险预防和控制措施，是以假定矿工的生命安全为前提的。但是，在实际工作中，日常监督多由安监局履行。这就意味着，煤矿风险的监管只能依靠事后监管机制的运行。而事后监管的本质就是煤矿安全事故的问责和赔偿。事故问责固然是必要的，但仅仅通过问责的方式来解决事关矿工生命的安全问题，只能是"亡羊补牢"。事故赔偿也是必要的，它既是对矿工生命和生存权的尊重，也是对矿工亲属的抚慰。但是，既然生命的尊严可以定价为一定的经济损失进行赔偿，生命与物质对象又有何区别？

最后，煤矿生产管理的单一目标使矿工成为对象化的存在。矿工不仅是煤矿生产管理的对象，也是煤矿生产管理的主体。说矿工是煤矿生产管理的主体，一方面是指煤矿生产管理工作由矿工来实施，即矿工是实现煤矿经济效益的主体；另一方面指煤矿生产管理工作的目标也是为矿工营造安全舒适的工作环境，即为了体现矿工的主人翁地位。如果从理论上溯源，第二种观点远则有马克思人本主义思想做支撑，近则完全符合科学发展观的要求。"客观地说，中国的煤矿企业经过若干年的大力整治，煤矿安全生产条件已经有了明显的改善，尤其是国有大中型煤矿企业。但从整体上看，与国外产煤大国相比，与现代化的煤矿安全技术规范要求相比还有较大差距。"[1]譬如，即使是新建的现代化的煤矿，矿工也要在气温 40 摄氏度以上的作业面持续工作，很多人甚至赤膊上阵。40 度的气温本来已经接近生存的极限，而且还要参加繁重的体力劳动。栗俊平说，多年来，煤炭行业一直沿袭"三八工作制"，就是一个工作队

---

[1] 梁海慧：《中国煤矿企业安全管理问题研究》，辽宁大学博士论文，2006 年，第 142 页。

3 个班，规定每班工作 8 小时。但井下地质条件复杂，从井口到工作面的距离少则三四公里，多则 10 多公里，工人从入井到升井实际时间长达 12 个小时，许多矿工长期处于疲劳状态。"如果矿工处于疲劳状态，就可能产生注意力不集中、情绪急躁等现象，进而导致麻痹大意和违规操作，引发安全生产事故。"①

二、风险管理机构之症：多头、烂尾、虚位

　　随着技术社会化的发展，技术管理也日益社会化。社会从事或参与技术管理的形式很多，其中，以政府职能部门代表政府从事或参与技术风险管理最为常见。煤矿作为高危的技术行业，政府设置专门机构对煤矿安全施行管制是出于国家安全生产管理的需要。1983 年，国务院发布了《批转劳动人事部、国家经委、全国总工会关于加强安全生产和劳动安全监察工作报告的通知》，拉开了政府对煤矿安全进行管制的序幕。一开始，政府实行的是"国家（劳动安全）监察、行政管理和群众监督"的"三结合"管制体制。后来历经变迁，形成了目前的"国家监察、地方监管、企业负责"的基本框架。其基本特征是，国家监察和地方监管垂直领导，人事编制和工资待遇、办公条件统一属于中央，煤矿安全生产的政府管制真正从生产管理的行业主管部门中独立出来，实现安全管制与安全管理分开，政府的安全监察机构独立行使安全监察权。那么，在实际工作中，安全监察效果如何？

　　首先，安全管理机构设置的"多头"和"烂尾"，削弱了政府对煤矿安全风险的监管。1998 年撤销国家煤炭部，2001 年又撤销国家煤炭工业局，原属辖的煤炭重点企业一般都划归所在的省国资委管辖。根据"管生产就要管安全"的原则，国资委当然负有管理煤炭企业生产安全的责任。但是，真正对煤炭企业执行安全监管职能的是省煤矿安全监察局（以下简称煤监局）。国资委管理安全与安监局管理安全的职能是不同的，前

---

　　①《以具体的法律法规尊重劳动尊重矿工》，网易新闻，来源新华网，2011-03-02，栗俊平建议修改矿工三八工作制。

者考虑更多的是如何在安全生产条件下实现国家资产保值增值,而后者是确保煤矿财产和职工的生命安全。显然,保值增值是经济效应的要求,而生命安全是安全效应的要求。所以,两者之间会因为客观上存在抵触和冲突而相互削弱。同时,这两架"大车"的并驾齐驱,也容易产生政出多门的现象。

煤矿安全管理机构设置上存在的"烂尾"现象,同样削弱了政府对煤矿安全风险的监管。我国目前实行由中央、省、市、县四级安全监察部门构成的垂直体制,按照属地监管、级别相当的原则对生产企业和相关单位进行监察。这样,对于国家重点煤矿企业的矿业集团公司来说,从行政体制上讲,其安全生产监察权隶属于省级煤监局。但是,大多数煤炭集团公司自己也成立了由公司安全副总经理兼任局长的安监局,对属下煤矿的生产安全进行监察。所以,最后的实际情况就变成,对煤矿安全生产的日常监察职能,主要由集团公司安监局来执行。至此,国家安全监察的力度遭遇了一个大大的缓冲。换言之,当国家监察的三大职能(事前监察——市场准入、事中监察——日常监察、事后监察——事故追究)来到生产煤矿大门口时,日常监察的职能被截留了,这就削弱了国家对采煤技术风险的管理。

其次,煤矿安全管理中存在的"虚位"和"缺位"现象,也是政府监管力度削弱的一个重要因素。根据"管生产必须管安全"的原则,地方政府也具有煤矿安全监管的职责。但是,某些地方政府在履行安全监管职责的同时,考虑更多的是如何在效用最大化的前提下用好自己的煤炭资源配置权和管理权,让地方政府受益最大化。所以,地方政府难免会做出逆向选择,即不惜冒以牺牲煤矿安全为代价的道德风险,支持煤矿企业大量开采。这就造成了地方政府对煤矿安全监管名存实亡的"虚位"现象。

煤矿安全生产监管还存在"缺位"现象。群众监督缺位是首要的表现。由于利益至上的本位观念和地方保护主义的存在,自上而下的安全监管不一定能获得真实的安全信息,隐瞒煤矿安全事故真相的例子就是很好的佐证。因此,如果组织好以矿工为主体的群众监督,及时反映安全生产情况,举报安全生产问题,就一定能建立上下联动的监督机制,起到很好的监督效果。因此，群众监督的意义就在于，能在一定程度上解决监管信息不对称的弊端。

新闻媒体监督"缺位"是煤矿安全生产监管缺位的另一种表现。新闻媒体监督是一种社会认可的舆论监督形式。新闻媒体似乎正以"无冕之王"的姿态发挥着越来越大的社会监督作用。在揭发煤矿安全事故及其背后的秘密方面，各级新闻媒体和新闻人可谓功勋卓著。但是，新闻媒体的监督作用仍然是有限的，新闻媒体发挥监督作用的环境还需改善。

煤矿安全管理机构设置中存在的以上种种问题表明，采矿技术风险管理制度还需进一步完善。

三、风险管理规制之疫：模糊、缺漏、冲突

煤矿安全生产规制是一个来自多个创制机构的庞大体系，因此，规制的实施效果不仅与规制自身的内容有关，也与管理主体、管理机构有关。当前我国的煤矿安全生产规制，存在以下几个方面的缺点。

一是内容创制不完善。首先，很多煤矿安全生产规制的核心概念界定不清，条款过于粗化，涉及处罚的内容也有较多的空白。例如，《中华人民共和国矿山安全法》（以下简称《矿山安全法》）是治理矿山安全的一部基础性的法律文件，但是在其第七章"法律责任"中，对"未按照规定及时、如实报告矿山事故的"行为，只规定处以行政处分，而没有刑事处罚的条款，这就为重大事故不报、瞒报留下了余地。其次，规制之间的对接存在漏洞。再以《矿山安全法》为例，该法第四十八条规定："矿山安全监督人员和安全管理人员滥用职权、玩忽职守、徇私舞弊，构成犯罪的，依法追究刑事责任；不构成犯罪的，给予行政处分。"但是，《中华人民共和国刑法》（以下简称《刑法》）对矿山安全事故处罚并没有确切的规定，违反《矿山安全法》的行为难以找到适用刑事处罚的依据。最后，规制对规制违反者的处罚规定过轻。比如，按照规定，煤矿安全监察局对一般违规行为据情处以 15 万元以下的罚款，而这样的处罚额度对煤矿来说无异于九牛之一毛。

二是多头规制内容相互冲突，缺少统一性，造成政出多门、执法步

调不一的局面。比如，1993 年 5 月 1 日实施的《矿山安全法》和 1996 年 12 月实施的《中华人民共和国矿山安全法实施条例》规定，矿山安全生产规制者是劳动行政主管部门，直到 2002 年 11 月实施的《中华人民共和国安全生产法》才赋予煤矿安全监察局对矿山安全生产合法的规制地位。换句话说，2000 年年初成立的国家煤矿安全监察局的工作，在近 3 年的时间里一直处于缺少法律依据的尴尬境地。

三是规制对受益主体权益保护的规定操作性不强。比如《煤矿安全监察行政复议规定》是根据行政复议法、安全生产法和煤矿安全监察条例制定的，目的是规范煤矿安全监察行政复议工作，防止和纠正违法的或不当的具体行政行为，对煤矿和有关人员的合法权益予以保护，保障和监督煤矿安全监察机构依法行使职权。因此，对作为受益主体的"煤矿和有关人员"的合法权益进行保护是该法明确规定的一项主要职能。但是，赋予受益主体合法权益的具体规定很多缺少可操作性。比如，受益主体申请行政复议时，行政复议机关总是按照具体规定做出复议决定，《规定》第十六条第二款内容是"被申请人不履行法定职责的，决定其在一定期限内履行"。这里的"一定期限内"是一个不确定的概念，必然给行政复议机关带来操作上的困难。

四是规制不足。当煤矿发生安全事故时，政府常常采取行政命令的方式，要求辖区内所有的煤矿都停产整顿，自查自纠。这种"拔出萝卜带出泥"的事故处理方式反映了煤矿安全生产管理规制的不足。

第四节　煤矿安全事故制度成因案例研究

正如社会总是存在于一定的制度设计之中，任何一个社会事件也都是在一定的制度背景下发生的，因此把某一事件置于相关的制度框架中进行分析，总会有助于找到事件发生的因果联系，还原事件的真相。下文以"大兴煤矿特大透水事故"为例，分析其制度成因，以此作为对上述煤矿安全事故制度成因理论的回应。

一、案例：大兴煤矿特大透水事故

关于"大兴煤矿特大透水事故"发生的主要事件线索，详见第二章第四节。

二、事故的制度成因分析

下文摘取了广东大兴煤矿"8·7"特大透水事故的几则案例情景，通过对案例情景的具体分析，得出的结论是：多方面的制度因素在该起事故的发生中起了促进作用。

（一）风险决策背后的专家身份

案例情景：7人专家组于8月7日上午向梅州市安监局、兴宁市政府递交了一份《广东省四望嶂矿区水淹区下安全开采可行性专家组论证意见》。

情景分析：该案例情景在第二章第四节已经讨论过。需要说明的是，以前的讨论是从技术不确定性的角度，分析专家组出具大兴煤矿具备开采条件论证意见的技术理由。而这里是从社会、利益等因素出发，分析专家组出具大兴煤矿具备开采条件论证意见的制度原因。

"北方网"2005年8月20日发布了题为《大兴矿难前专家论证疑云："订做"专家意见？》的文章，以下为截取的原文：

"开采安全"意见是怎样得出的

这个专家组组长是煤炭科学研究总院西安分院副院长、研究员董××，事故发生时他还没有离开梅州。事故发生后，他也是国务院事故调查组的专家组成员，留在当地参加事故原因调查。《瞭望新闻周刊》记者在兴宁市通过见面和电话3次采访了他。

据董××介绍，专家组4日中午到兴宁市，当天下午开会查资料，下矿井是在5日下午，分3组到了3个矿井，没有下到大兴矿，7日上午，将专家组意见交给了梅州市安监局和兴宁市政府。

记者问，为什么没有到大兴煤矿井下踏勘？董××说，下哪个矿井是政府安排的，他们安排哪个我们就下哪个，这个矿没有安排。我们知道大兴煤矿、大窝里煤矿问题最严重，但我们评价的是 6 个矿，如果单独评估这两个矿，肯定结论是不能开采。

他说，我们这次是应政府的要求来的。我们的论证意见，当地政府同意了。他们同意了，我们才签了字。我们这次做的是"综合评价"，开始接受这个任务时，当地政府就介绍这 6 个矿牵涉到 1300 多人的就业，每年的财税收入有 3600 万元。实际上这些矿大多数已经开采四五年以上了，按规定是不能采的，以前的开采行为就是在胡闹。但我们不能这样说，直接说有点太不留情面了，可能我们的说法比较委婉而已。如果一上来就否定，好像不符合常理。我目前的心情很复杂，我们来了一趟，该反映的意见都反映了，可能我们的表达方式还可以商榷。

董××认为，既然让专家来评价，说明这些矿还有价值。

对于记者提出为何不指出大兴煤矿"不能开采"的提问，董××说，我们没有下"不能开采"这个结论的资格和义务。而且如果我们单独指出这两个矿不能开采，是不是意味着其他矿可以开采？其实其他矿也存在很多问题，所以我们不能单独指出，如果指出来可能导致当地政府对其他矿井的安全不重视了。从总体上来说，大兴煤矿能否开采，我们还不知道，这要有资质的单位再来论证。

这份"意见书"后附的专家组名单中，7 名专家组成员分别来自煤炭科学研究总院西安分院、煤炭科学研究总院开采所、济南煤炭设计院、峰峰集团有限公司、焦作煤炭（集团）有限公司、北京华宇工程公司等单位。

通过以上截取的文章，可以看出当地市政府出于就业和地方财税收入的考虑，有继续开采四望嶂矿区的打算。之所以要聘请专家组做出四望嶂矿区水淹区下具备开采条件的评估结论，是出于"合法性"的需要。

可见，在技术决策中，专家的真实身份不是决策者。

（二）多头管理中的尴尬

案例情景：就在 7 人专家组递交《广东省四望嶂矿区水淹区下安全开采可行性专家组论证意见》15 天前的 7 月 22 日，广东省安监局向广东省政府提交了《关于关闭兴宁四望嶂矿区水淹区下六处煤矿的紧急请示》。

情景分析：梅州市是广东省的一个地级市，兴宁市是隶属梅州市的县级市。无疑，广东省安监局对大兴煤矿所在的四望嶂矿区的安全生产具有监察权，属于督察部门。但是，作为地方政府，兴宁市政府不仅对四望嶂矿区的安全生产具有监管权，还对其生产经营具有管理权，属于管理部门。那么，对于兴宁四望嶂矿区是否应该关闭，作为督察部门的广东省安监局与作为管理部门的兴宁市政府为什么会持不同的意见呢？以下仍截取自"北方网"2005 年 8 月 20 日发布的题为《大兴矿难前专家论证疑云："订做"专家意见？》的文章。

专家组与广东省安监局：两个不同的"结论"

据梅州市常务副市长蔡××介绍，兴宁市罗岗镇之前发生一起煤矿透水事故后，包括大兴煤矿所在的四望嶂矿区所有煤矿均处于停产整顿状态，有关部门请权威专家对这些煤矿能否安全生产进行论证。专家组于 8 月 4 日至 7 日进行了勘查和论证，并形成了这份论证意见（指《广东省四望嶂矿区水淹区下安全开采可行性专家组论证意见》）。四望嶂矿区内产能最大也是隐患最大的大兴煤矿 7 日中午发生特大透水事故时，专家组 4 人刚走、3 人正准备前往机场离开。

…………

这份由 7 名全部是高级职称的专家提交的安全开采可行性论证意见，与广东省安监局 7 月 22 日向广东省政府提交的《关于关闭兴宁四望嶂矿区水淹区下六处煤矿的紧急请示》的结论是不同的。广东省安监局以急迫的心情提出关闭，理由如下：

第一，兴宁四望嶂矿区水淹区下 6 处煤矿全在水淹区下开采，积水达 1350 万立方米，存在严重水患，多年来一直被广东省视为重大事故隐患。2001 年 7 月，时任广东省省长卢××提出必须将上述 6 个煤矿一律关停。但这 6 家煤矿通过一项鉴定后，又被保留下来，并于 2002 年 8 月进入"试开采"阶段。

第二，兴宁四望嶂矿区的黄槐镇区域存在地质运动现象，对煤矿开采构成威胁。今年 7 月 10 日，这里曾发生 2.2 级地震，不安全、不确定因素增多，险情难以预料。

第三，兴宁四望嶂矿区水淹区下 6 处煤矿共有 1600 人在井下作业，作业面均在 300 米以下，一旦发生事故，易造成群死群伤。

从上文可以看出，广东省安监局认为应该彻底关闭四望嶂矿区是理据充分的。作为督察部门，广东省安监局是权力与责任的统一体，因此实事求是，尽到安全监察之责是其本分。而作为管理部门的兴宁市政府是权力、责任和利益的统一体，因此，其不仅要考虑四望嶂矿区的安全生产实际，也要考虑职工就业和地方的财税收入。这样，在责、权统一的监察部门与责、权、利统一的管理部门之间就形成了一定的冲突。所以，存在于监督部门和管理部门之间的多头管理、层级混乱的权力关系，是这次特大透水事故的成因之一。

（三）监管中的虚位与烂尾

案例情景一：在大兴煤矿未获得采矿许可证的情况下，广东省安监局违规为其颁发了安全生产许可证。

案例情景二：广东省安监局虽然在 7 月 22 日向广东省政府递交了《关于关闭兴宁四望嶂矿区水淹区下六处煤矿的紧急请示》，但未及时跟进和深入基层。

情景分析：在事故发生半个月前的 7 月 22 日，广东省安监局曾向广东省政府递交了《关于关闭兴宁四望嶂矿区水淹区下六处煤矿的紧急请示》，建议立即关闭兴宁四望嶂矿区。但是，广东省安监局并没有因为此举而赢得盛名。相反，对这次事故的发生，广东省安监局也难辞其咎。以下截取的是 2005 年 8 月 25 日"中安网"发布的文章《预料中的人祸——追问兴宁矿难》片段：

监管之失

…………

反思此次矿难，同那些以利润为目标、罔顾人命的矿主的逐利行为相比，安监部门的"安全"意识缺失，更令人心寒。

8月9日晚，事故调查组在新闻发布会上宣布，大兴矿存在"证照不齐"的问题，缺少工商营业执照、国土资源部门的采矿许可证等证照，属于典型的违法经营。

一位本地的私人矿主告诉记者，开矿采煤，最主要的监管部门是安全生产监督部门，只有获得安监部门颁发的安全生产许可证，才可以放心大胆采煤。事实上，大兴矿却恰恰拥有最关键的安全生产许可证。

在8月15日国家安监总局召开的煤矿安全视频会议广东分会场上，广东省安监局局长陈××首次对外承认，大兴煤矿获得安全生产许可证是由于"发证把关不严"，从而酿成大祸。

陈××表示，国土资源部门出具的采矿许可证是获取安全生产许可证的前提，但广东大部分煤矿原有的采矿许可证已经过期。省安监局一方面担心完不成国家下达的工作进度，另一方面担心导致相当部分煤矿因无法到期领证而停产，给当地经济发展和社会稳定带来不利影响。为加快发证进度，经与广东省国土资源厅协商后，明确地级以上国土部门出具"正在办理"证明，可视为有采矿许可证。

据此，大兴煤矿在未正式领取采矿许可证的情况下，获得了安全生产许可证。

不仅如此。事发20多天前，相距不到30公里的罗岗镇福胜煤矿发生"7·14"透水事故后，广东省安监局也曾提请省政府依法关闭兴宁市四望嶂矿区水淹区以下、包括大兴煤矿在内的六对矿井，却由于安监部门"没有及时跟进和深入基层"，最终酿成惨剧。

这本是避免大兴矿难的最后一次机会，却终因安监官员的失职而丧失！

从上文可以看出，广东省安监局"监管之失"在于两点。一是事先监管的虚位。在大兴煤矿未获得采矿许可证的情况下，违规颁发安全生产许可证，其本身就暴露出对安全生产的重视不够。颁发安全生产许可证属于煤矿安全事先监管的一个重要环节，是严把安全生产的第一道关卡。

二是日常监管存在"烂尾"现象。2005 年 7 月 22 日，广东省安监局向省政府递交了《关于关闭兴宁四望嶂矿区水淹区下六处煤矿的紧急请示》。2005 年 7 月 14 日，距大兴煤矿不到 30 公里的福胜煤矿发生"7·14"透水事故，死亡矿工 16 人。根据事故发生发展的线索估计，广东省安监局对四望嶂矿区的安全生产缺少日常监管。有力的证据是，大兴煤矿特大透水事故发生后，四望嶂矿区井下排水系统已经瘫痪，为了排水，不得不紧急从江西、湖南等地调用大功率水泵。这说明，"由于安监部门'没有及时跟进和深入基层'，最终酿成惨剧"。

（四）规制的竞争和抵触

案例情景：在大兴煤矿未获得采矿许可证的情况下，广东省安监局与国土资源厅经协商后规定：地级以上国土部门出具"正在办理"证明，可视为有采矿许可证。

情景分析：国家安全生产监督管理总局、国家煤矿安全监察局、国土资源部联名文件安监总煤矿〔2005〕171 号文第一条明文规定："一、对采矿许可证过期或到期的煤矿，一律不予受理煤矿安全生产许可证申请；对已经颁发煤矿安全生产许可证的矿井，采矿许可证过期或到期的，由颁证机关一律暂扣煤矿安全生产许可证，并责令停止生产，直到取得全部证照为止。"

但是，前文《预料中的人祸——追问兴宁矿难》记载："国土资源部门出具的采矿许可证是获取安全生产许可证的前提，但广东大部分煤矿原有的采矿许可证已经过期。省安监局一方面担心完不成国家下达的工作进度，另一方面担心导致相当部分煤矿因无法到期领证而停产，给当地经济发展和社会稳定带来不利影响。为加快发证进度，经与广东省国土资源厅协商后，明确地级以上国土部门出具'正在办理'证明，可视为有采矿许可证。"

可见，因为广东省安监部门出台的规制与国家相关规制存在抵触，大兴煤矿在没有采矿许可证的情况下，获得了安全生产许可证，一场本来可以避免的灾难最后发生了。

第四章

煤矿安全事故的权力成因

上一章主要论述的是煤矿安全事故的制度成因。本章将着力探讨制度中的权力因素如何作用于采煤技术场和社会场，致使煤矿安全事故发生。在研究进路上，本章继续沿用上一章理论分析与案例研究相结合的方法，力求开拓更宽阔的分析视域。

第一节　技术风险权力成因的根源

从大处说，权力是政治的基础，是社会的结构，也是国家的制度体系。如果离开权力，很难想象政治如何称为政治，社会如何分层，国家机器如何运行。从小处说，权力存在于一切社会关系之中，甚至已经渗透到人的思维方式和行为方式之中，成为影响人的社会实践活动的重要因素。技术作为社会基本的意识形态和人类最重要的实践方式，当然与权力的运行脱不了干系。而作为技术本质特征的技术风险的产生，必然也就少不了权力分析的视角。

一、技术政治化

技术政治化是技术社会化的一种重要特征和表现。所谓技术政治化，是指技术产生和发展的方向、进程、速度和规模总是要受到政治因素的影响和制约，从而使技术越来越具有政治的特征，并越来越成为政治生活的特殊形式。技术政治化是技术自身特点的反映。陈凡和张明国教授认为，技术是"人类在利用自然、改造自然的劳动过程中所掌握的各种活动方式的总和"①。可见，作为人类利用和改造自然的手段和方式，技术是生产力的体现，属于经济基础范畴。因此，技术就必然与上层建筑的政治发生联系，成为实现政治目的的手段。技术实现政治化以自身的功能为媒介，具体可以从如下几个方面论述。

技术政治化的媒介之一——技术的经济功能。从技术物使用的角度上说，技术就是变革物质获取物质的一种方式。因此，人们之所以看重技术，首先就是因为技术可以转化为生产力，来获取人们生存所需要的物质财富。古今中外、历朝历代的统治者，正是首先看中技术的经济功能而控制和干预技术的。即使是在特殊历史时期，国家对技术采取消极干预方式并产生一定消极后果的时候，客观上依然存在积极干预的一面。比如，在古代中国，人们贬低技术，称之为"奇技淫巧"，但是，古代中国照样有惠及中外的"四大发明"；在中世纪的西方，人们把科学比作神学的婢女，但是，同样有重犁被用于耕种，三年轮种技术的推广，风力和水力被用作引擎；在资本主义社会的特定阶段，资本家为贪得廉价的劳动力赚取更多的剩余价值，也曾压制过技术的应用，但是在资本主义社会，技术长期是垄断竞争的重要手段。可见，从总体上看，控制和干预技术，达到为社会经济服务的目的，是任何一个主权国家的基本技术价值观，毫不夸张地说，重视技术已经成为一切主权国家施政的基本方略。

技术政治化的媒介之二——技术的军事功能。因为国力的竞争是经济实力的竞争，也是军事实力的竞争，而军事离不开科学技术的支持，

---

① 陈凡、张明国：《解析技术》，福建人民出版社 2002 年版，第 7 页。

所以，技术运用于军事目的，是现代主权国家的一个施政方向。换句话说，以军事为基础，技术与政治的联姻关系更加紧密。军备竞赛就是典型的例子。出于战争的考虑，军备竞赛是西方大国优先发展军事科学技术的原因所在。人类历史上第一个大科学计划——曼哈顿计划，就是始于 1942 年美国出于军事目的而制造原子弹的计划。而直到 15 年后的 1957 年，美国才建成电功率为 9 万千瓦的 shipping port 原型核电站，开始把核能用于发电。不用说发达国家，即使是发展中国家，也会汇集有限的财力优先发展军事技术。

技术政治化的媒介之三——技术的外交功能。第三次科技革命产生两大变革。一是引起国际社会政治格局的演变：世界开始向多极化方向发展，和平与发展成为时代的主题。二是引起科学技术的内部演化：小科技时代结束，大科技时代来临。大科技时代的含义涉及社会生活的方方面面，不一而足。但是，从国家交往的意义上说，则意味着科学技术已经打破国家之间的界限，正在丰富和改变着国家与国家之间的外交方式。在大科技时代，国际贸易已经并不局限于商品与商品间的交往，技术输出、技术输入和技术转让正日益成为主流形式。大科技时代国家之间的军事外交，不一定是军备的互通有无，也不一定是领导人的互相往来，同样不一定是军队之间的合作，而可能直接是军事技术情报的交流。总之，这种技术国际化、技术全球化的发展方向，正日益带动世界经济全球化的发展趋势。但是，技术与经济全球化使国家安全面临考验，特别是以科技为支撑的网络安全和信息安全异常突出。因此，任何主权国家对技术外交都会施加各种干预和控制。

技术政治化的媒介之四——技术的文化功能。德国著名哲学家海德格尔认为，"文化具有技术的性质"[①]。海德格尔的观点是很有道理的。首先，技术表达文化，即技术体现为一种文化形式。古埃及的金字塔之所以是世界著名的文化遗产，主要是因为潜藏在其背后精湛和玄妙的建

---

① [德]冈特·绍伊博尔德著，宋祖良译：《海德格尔分析新时代的科技》，中国社会科学出版社 1993 年版，第 168 页。

筑技术。其次，技术传播文化，即技术是文化传播的一种载体。随着现代社会的发展，文化的传播越来越离不开技术。世界"地球村"的隐喻，充分说明信息传播的重要性，而多媒体技术已经成为公认的文化和信息传播最快捷的方式。最后，技术影响文化，即技术对文化价值观具有影响力。中国古代的"四大发明"，虽然已经沉淀为中国灿烂文化的一部分，但至今还激励着中国人的民族自豪感和自信心。因此，作为一个主权国家，就必然要通过利用和干预技术来发展自己的文化，从而为上层建筑服务。

由此可见，技术政治化的本质，实际上就是权力对技术的经济功能、军事功能、外交功能以及文化功能等的塑造和干预。众所周知，技术是自然界力量的体现，有其自身存在和发展的规律和逻辑，因此，过多地塑造和干预，蛮横地把它置于外力支配之下，就必然会产生风险，带来灾难。

二、经济主义价值观

通俗地说，经济主义价值观是一种经济发展至上的社会发展观念。与经济主义价值观相对应的是一直盛行的唯产值主义的经济发展模式。在唯产值主义的经济发展模式下，科学技术因为被视为推动经济和社会发展的最强大的动力，而确立在国家社会生活和当今国际政治中的话语霸权地位。因此，经济主义价值观必然是一种片面的技术发展观，即只强调技术的经济功能，而忽视技术风险等技术的负面效应。

首先，经济主义价值观倡导的效益至上原则，是滋生技术风险的诱因。经济主义价值观崇尚"投入产出比例关系的最大化"，主张只要有足够的产出，以相应的投入为代价是必须的，而且产出和投入都要约化为物化的指标来计算，都应该体现为"效益"或"成本"的一部分。因此，按照经济主义价值观，技术风险只是实现技术效益必要的成本条件，换言之，只要高效率的技术手段能推动经济的快速发展，承担相应的风险是可以接受的。根据这一逻辑，决策者在行使决策权力时，首先关注的应该是技术应用的效益而不是风险。因此，社会经济主体更应该把资金投入到技术发展上，而不是投入到技术风险的防范和控制上。现实社会中，常常不惜以牺牲生态环境为代价来发展高科技，就是很好的例证。

其次，经济主义价值观对技术竞争的驱动，刺激了技术风险的产生。按照经济主义价值观，物质是人类的主要财富，衡量一个国家或利益集体先进和落后的标准是 GDP 等物化指标，甚至连人的"幸福"也主要是通过 CPI 等反映物质生活条件的指标来测定，而人的精神层面的内容，如道德水平、文化活动和心理体验等，则被完全忽视。问题是，不论是国家还是利益集体，其物质财富的竞争常常是通过科学技术的竞争来实现的，谁拥有更先进的科学技术谁就拥有了创造更丰富的物质财富的手段。但是，由于技术使用主体与决策主体的分离，决策主体真正掌握技术权力，而不一定承担技术风险的责任，所以其在决策中往往只考虑技术的功能，而不考虑技术风险。甚至有些发达国家为了在竞争中获胜，利用自己在国际政治中的权力结构，不惜人为地制造技术风险，如核武器等超常规武器的出现和发展就说明了这一道理。

最后，经济主义价值观奉行的权力评价机制，客观上对技术风险的形成起到助推作用。在经济主义价值观盛行的条件下，社会权力的服务对象、管辖对象以及授予对象，总是以产值等经济指标为标准。这就有形无形地激励当权者向经济领域扩张自己的权力空间，把经济的增长作为展现政绩的机会。因此，当权者总是积极地从技术的正面效应看待技术，甚至明知存在技术风险，也会冒险实施。"先破坏、后保护""先污染、后治理"，正是经济主义价值观支配的权力评价机制发挥作用的后果。

但是，要根除经济主义价值观对技术风险的影响不是一件容易的事情。因为，"经济依赖科学技术，科学技术渗透经济的相互作用，构成了一个不可分割的整体……"①

---

① 乔龙德：《经济与科技一体化的必由之路》，《经济世界》2003 年第 5 期，第 16 页。

第二节 技术风险权力成因的形成途径

从技术实践的角度说，技术风险的产生、分布和应对是互为因果关系的三个连续过程和环节。技术风险的产生，必然会带来技术风险的分布和应对（如煤矿安全事故发生后的救援工作）；同样，技术风险的分布和应对也会导致技术风险的产生（如煤矿安全事故发生后的救援工作不当导致的次生事故）。因此，技术权力对技术风险产生、分布和应对三个环节的渗透，都有可能会形成技术风险。

一、技术权力引发技术风险出现

由于权力具有主体指向性，技术权力是通过一定程序赋予技术权力主体的能力。技术权力主体包括政府及其部门、技术专家、企业（领导、员工）以及社会公众。技术权力主要包括技术开发决策权、技术资源配置权、技术研发方向选择权和技术成果的应用权等。因此，技术权力运行是指政府、技术专家等技术权力主体，在技术开发决策、技术资源配置、技术研究方向选择以及技术成果应用中的权力行使过程。那么，技术权力在运行过程中为什么会出现技术风险呢？

第一，技术权力的功利本性是技术风险的根源。"科学技术是第一生产力。"科学技术的发展给人类创造了无尽的财富。但是，科学技术的加速发展，特别是技术的大量应用，必然使得人类以前所未有的速度开发和利用自然，而过度开发和利用自然的后果是消极的。正如舒尔曼所说："一旦技术被置入自然之中，技术就生产出一个'人为'的世界。'他毁灭、破坏或压制自然世界'。"①环境污染、生态破坏，使人类赖以生存的自然界成为人类的"问题"，而走向人类的对立面。温室效应、土地沙漠化、酸雨、森林锐减等环境污染严重威胁人类的生存安全。环境危机已

---

① [荷]E・舒尔曼著，李小兵等译：《科技时代与人类未来——在哲学深层的挑战》，东方出版社 1995 年版，第 119 页。

经发展到人类感到无力施以控制的地步。但是，人类对自然的贪婪本性仍然正在通过技术无以复加地放大。洛杉矶光化学污染事件、苏联的切尔诺贝利核事故、日本的福岛核辐射危机等令人触目惊心的环境污染事件，还将在未来的技术发展史上继续上演。

第二，技术权力的滥用会直接导致技术风险。很多学者把技术滥用界定为技术的过度使用。这种观点是值得商榷的。因为"技术的过度使用"本来就是个很笼统的概念，缺乏明确性。本书认为，技术滥用的实质是技术权力的滥用。具体地说，所谓技术滥用，应该指称技术权力的不正当使用，即技术权力主体为了自身或利益团体谋取利益，非法或不道德地使用技术，甚至不惜以社会风险为代价。

人工生殖技术是学者们经常引用的例子。人工生殖不仅有利于家庭的和谐，也有利于社会的稳定和持续发展。但是，有些医疗机构或专家为了私利，斗胆违规操作。有的选择男女性别培育试管婴儿，造成试管婴儿男女比例的失常；有的一精多育，为人工婴儿长大后近亲婚姻的风险埋下祸根。英国有个叫朗多的医生，在 25 年的人工授精业务生涯中，共孕育 6000 多个小孩，后来披露这些精子都是朗多一人提供的。[1]

第三，技术权力的不合理分配也会导致技术风险的产生。按理说，社会大众作为技术风险的主要承担者，在技术开发决策、技术研发方向的选择和技术成果的应用中，都应该享有平等的权力。即使由于知识和能力方面与技术专家等其他权力主体不对称，有时不能享有参与权，但至少也应该享有知情权。比如，开发哪些技术，这些技术如何开发，如何应用，有何风险，风险如何规避等，社会大众都有权知道。但是，在目前的技术权力分布体系中，社会大众享有最少的技术权力，而技术权力主要掌握在少部分人手中。政府及其部门总是占有更多的技术权力；企业作为国家财富的主要创造者而享受一定的技术权力；技术专家的内行身份，决定他们是理所当然的技术权力享有者。值得注意的是，这种技术权力的不合理分配的情况会导致技术风险。本书仅从以下几方面展开分析。

---

[1] 林德宏：《科技哲学十五讲》，北京大学出版社 2004 年版，第 273 页。

首先，技术权力的不合理分配，使得技术权力得不到有效的规约，从而容易引发技术风险。以技术决策权为例。从表面上看，作为内行的技术专家是技术决策主体。但是，享有最大的技术决策权的是政府。在技术权力的运行过程中，政府部门如果不认真履职，难免就会忽视社会大众的利益和风险。

其次，技术权力的不合理分配，使得技术风险管理出现缺位或越位，从而容易引发技术风险。政府享受技术风险监管权。但是，在监管机构设置、技术风险决策、技术风险管理上，如果政府部门出现缺位和越位，就容易引发技术风险。详见第三章第二节"技术风险制度成因的主要因素"。

最后，技术权力的不合理分配，使得技术权力的使用存在盲目性，从而诱发技术风险。以技术政策为例。技术政策是对技术开发、技术决策和技术应用的引导、规定和限制。制定技术政策是一件关乎国家未来的重要工作，所以应该由政府部门牵头，技术专家、企业、社会大众等各技术权力主体共同参与。但是，如果政府部门对国情缺少足够的认识，对技术的发展缺少前瞻性，那么制定出的技术政策很可能既不符合当前的实际，也经不起未来的检验，而且会成为技术风险的致因。

二、技术权力控制技术风险分布

首先要申明的是，此处所指的技术风险分布，主要指称技术风险在技术权力主体之间的分配。从理论上讲，技术权力主体之间的权力分布与风险分布是相对应的，即技术权力越大，承担的技术风险越大；技术权力越小，承担的技术风险越小。按照这一分配法则，在现实社会中，比较公平的技术权力分配模式是，社会公众应该享有最大的技术权力，因为社会公众客观上总是承担最大的技术风险。但是，实际情况是，政府及其部门享有最大的技术权力，却承担最小的技术风险。

那么，为什么现实中的技术权力分配现状与技术权力分配法则相悖？原因是，政府部门代表国家行使权力。因此，相比较于团体和个人，政府部门权力的运行具有强制性和优先性的特点。在权力的实际运行中，政府及其部门控制技术风险分布的方式和途径很多。

第一，政府及其部门通过支配和控制技术开发决策权，决定是否开发某项技术，从而使社会公众承受或免于承受某项技术风险。实践证明，如果某技术对国家有利，政府常常会以一定的技术风险为代价，进行大力开发。正如美国社会学家佩罗所说："从根本上说，问题不在于风险而在于权力，在于那种为少数人利益而将风险强加于大多数人的权力。"[①]

第二，政府及其部门通过支配和控制技术成果应用权，决定某项技术成果的推广范围，从而选择是将技术风险进行有限控制还是不加控制地任其蔓延。例如，转基因农作物到底对人体有无害处仍然是一个有争议的问题。但是，转基因农作物一开始总是在少数贫穷地区种植，也在一些比较低端的人群聚集地销售。例如，一些发达国家政府把转基因农作物在发展中国家推广，让发展中国家的社会公众来承担其风险后果。

第三，政府及其部门通过支配和控制技术研究方向选择权，决定某项技术研究的方向，从而使社会公众承受或不承受某种技术风险。例如，克隆技术对保护濒危动植物具有积极意义。但是，1997年2月23日，当英国《自然》杂志宣布英国爱丁堡罗斯林研究所威尔莫特等科学家研究的自体克隆羊多利问世时，各主权国家却相继声明反对克隆人，很多国家甚至还通过立法的方式禁止克隆人，仅仅把克隆技术限制在动植物研究方面。原因是，"克隆人是人体的复制、基因型的复制，这会弱化人体个体的多样性，造成人的社会身份的混乱、社会关系的错位，人伦关系会受到冲击"[②]。1998年1月9日，美国总统克林顿在发表广播讲话时说："人们应该切记，在道德的真空中不可能出现科学的发展。"

技术权力分配不公是技术风险分布不合理的关键。社会大众争取相对公平的技术权力，不仅是规避技术风险的重要途径，也是追求技术风险合理分布的有效方式。政府、技术专家和企业等社会精英在行使技术权力的同时，应该树立风险第一的观念，而不是利益至上的观念，因为

---

① [美]查尔斯·佩罗著，寒窗译：《高风险技术与"正常"事故》，科学技术文献出版社1988年版，第264页。
② 林德宏：《科技哲学十五讲》，北京大学出版社2004年版，第272页。

随着技术的发展，技术风险已经不再是关乎少数人或部分人的风险，而是构成风险社会的核心元素。

三、技术权力左右技术风险应对

简单地说，所谓技术风险应对就是应对技术风险的策略和措施。"技术风险应对体系可以由技术风险预测、技术风险监控、技术风险抑制三个前后相关的环节组成。"[①]技术风险预测是技术风险应对体系中最关键的一个环节，它是技术主体在技术风险数据资料和专家经验基础上的评估和预测过程，目的是选择在技术研发、利用中适合技术主体的技术，或者是选择没有先天缺陷的技术。技术风险应对体系的中间环节是技术风险监控。技术风险监控是指，在技术研发和应用等技术实践中，以防范和控制技术风险为目的，对人、财、物、信息等技术资源的有效组织和管理。技术风险抑制是技术风险应对体系的最后环节，它是指在技术风险发生后，要采取一定的方式控制风险，以把风险损失降到最低。

那么，技术权力与技术风险应对之间存在什么样的关系呢？显而易见，技术风险应对体系中三个环节的实施都离不开技术权力。技术风险预测属于技术决策的一部分，只有技术权力主体才能做出技术决策。技术风险监控是技术风险管理的主要形式和内容，当然离不开技术权力的支持。同样，技术风险抑制也离不开技术权力。只有在技术权力的支配下，才能实施具体的分散和转移风险的操作，以降低风险损失。具体分析如下。

首先，技术权力左右技术风险预测。技术风险预测是技术决策的先决环节和步骤，技术决策前，决策者首先要对技术风险进行分析和评估，即要对自身是否具备发展这项技术的素质以及技术的外部环境做出判断，然后才能对实施还是放弃该项技术做出决断。因此，技术风险预测和技术决策是一个问题的两个方面。但是，技术风险预测并不完全是客

---

① 郭瑜桥、王树恩、王晓文：《技术风险与对策研究》，《科学管理研究》2004 年第 2 期，第 62 页。

观的。技术风险预测常常是各种技术权力博弈的结果。具体地说，以利益为导向的技术权力偏好和厌恶，会影响技术风险预测的客观性。

其次，技术权力左右技术风险监控。技术风险监控的主要目的是技术风险防范，即对技术风险的潜因进行监察和控制。具体地说，所谓的技术风险监控就是，当发现风险潜因变量向技术风险出现的方向发展时，就必须要调动人、财、物、信息等方面的资源，对技术风险的潜因变量进行修正，以提前发现问题，回避技术风险。[①]由此可见，技术风险监管主要是以调动人、财、物、信息等资源为手段，以解决一定的具体问题为途径，以对技术实践进行有效的组织和管理为主要活动方式，属于技术风险管理范畴。但是，技术风险监控中大量存在技术权力的博弈现象。2008年，中国地方各级安全监察部门直接划归中央垂直管理，其原因是地方政府在地方利益机制的驱使下，普遍干预安监部门工作，从而使技术风险监控名存实亡。

最后，技术权力左右技术风险抑制。"技术风险抑制是指在风险发生后，运用恰当的分散、转移和退出等手段设法将损失降到最小的程度，同时将各项技术风险数据充实到技术风险数据库中去，以作后车之鉴。"[②]分散技术风险，是将某一技术项目的风险分散到其他项目中，是技术风险在技术项目之间的分摊。所谓转移技术风险，是利用保险、风险投资等方式，将某一技术项目的风险，转移给技术多个投资者或所有者共同承担，是技术风险在技术主体之间的分摊。退出技术风险，是指把风险资本从风险投资中撤出，以回避风险，退出技术风险是风险资本运营机制中最重要的。从上述对分散、转移和退出技术风险的解释可知，技术风险抑制的实质是技术权力的运行过程。没有技术权力的操纵和干预，分散、转移和退出等技术风险抑制手段是无法实施的。

---

① 郭瑜桥、王树恩、王晓文:《技术风险与对策研究》,《科学管理研究》2004年第2期,第62页。

② 郭瑜桥、王树恩、王晓文:《技术风险与对策研究》,《科学管理研究》2004年第2期,第62页。

第三节　煤矿安全事故权力成因分析

煤矿安全事故的权力成因众多。其中，技术资源配置权、技术决策权、技术风险管理权是煤矿安全事故形成的主要权力致因。它们通过影响采煤技术风险分布和应对方式与煤矿安全事故相联系。下文主要从上述三个方面进行阐述。

一、技术资源配置权成因分析

因为技术在国民经济中的重要地位，技术资源有"第一资源"[①]的美誉。技术资源是技术实践活动的基础，其主要包括技术人力资源、物力资源、财力资源和信息资源等。与一切其他资源一样，技术资源是有限的，也存在有效使用的问题。这就涉及对技术资源在不同技术主体、产业、行业及区域空间等进行合理配置的问题。由于政府是国家整体利益的代表，因此享有最高的技术资源配置权力。政府依据技术在国家发展目标和发展规划中的不同地位，运用计划、市场或混合配置等多种方式来配置技术资源。企业或其他利益集团也是技术资源的配置主体。

技术资源配置对技术实践活动影响很大，并直接关系到技术风险的形成、出现和发展。具体表现如下。

第一，安全投入不足，使采煤技术风险增大。"煤矿安全投入是通过持续提高煤矿从业人员的素质、提升安全科学技术和安全管理水平，进而达到减少和控制人的不安全行为、物的不安全状态，实现安全生产的目的而进行一系列安全投入活动。"[②]煤矿安全投入主要包括财力、人力、物力等方面。研究表明，"安全投入与主要安全指标之间存在一定的函数

---

① 周寄中：《科技资源论》，陕西人民出版社 1999 年版，第 3 页。
② 李树刚等：《煤矿安全投入评价指标体系建构方法研究》，《中国安全科学学报》2009 年第 5 期，第 93-96 页。

关系"①。

但是,煤矿企业安全投入不足由来已久。各级政府和煤矿企业对煤矿企业的安全投入都存在不足。尽管国家一度安排国债资金带动企业加大对煤矿安全投入的力度,但离真正弥补安全欠账还相差甚远。截至 2011 年,中国国有重点煤矿累计 689 亿元安全投入的欠账基本还清。但是,有统计表明,仍有 9 吨以上的国企煤矿和其他性质的煤矿自 2005 年以来存在累计 2000 亿的安全投入欠账②。形成这一局面的主要原因就是各技术资源配置主体的安全投入意识不强。

各级政府对煤矿安全投入意识不强,主要是因为煤炭行业已经被定性为"夕阳产业",而且自 2011 年以来开始出现亏损,并逐渐加大。在这种情况下,如果过于加大对采煤技术的安全投入,就会违背资源应该向代表先进生产力方向配置的资源配置一般原则。相比较于政府,煤炭企业安全投入意识薄弱有多种原因,缺乏有效的监督是其中的根本原因。因为安全事故的发生只是偶然性事件,而安全投入则意味着成本的增加或效益的降低,因此煤矿企业常常抱着侥幸心理减少安全投入。在这种情况下,政府对煤矿企业安全投入的监督就显得尤为重要。但是,市场经济条件下的政府又不能直接干预煤矿企业的生产经营自主权,加之自身的监督体系又不完善,监督能力不足,因此就普遍存在对煤矿企业安全投入监督不到位的现象。煤矿企业安全投入意识薄弱的另一个重要原因是煤矿安全事故成本较低。目前,煤矿企业因安全事故伤亡的职工赔偿费用最高每人 50 万元~60 万元。而几年前的标准更低至最高每人 20 万元。低标准的赔偿金使经营者产生伤亡事故赔偿无关痛痒的无所谓心理。特别是私营煤矿主,面对小额的赔偿金和巨额的安全投入,其理性的天平常常会倾向前者,而忽视安全投入。煤炭市场疲软也是煤矿企业安全投入不足的重要原因之一。自 2012 年始,煤炭市场开始呈现供大于求的局面,煤炭价格一跌再跌。到 2013 年年底,煤炭销售价格与 2010

---

① 刘振翼等:《安全投入与安全水平的关系》,《中国矿业大学学报》2003 年第 4 期,第 447 页。

② 汤凌霄、郭熙保:《我国现阶段矿难频发成因及其对策:基于安全投入的视角》,《中国工业经济》2006 年第 12 期,第 53-59 页。

年相比下降逾三成，出现全行业亏损。为了应对这一局面，煤矿企业制定的两个内部策略是：强化核算下调员工收入，降低成本减少安全投入。因此，从2012年以来，虽然很多煤企的安全投入预算不少，但实现率走低。

第二，限定电煤价格政策，客观上把发电技术风险转嫁给采煤技术。目前，以煤炭为原料的火力发电占据中国发电总量近四分之三的份额。这说明煤炭在中国能源中仍居于举足轻重的核心地位。而电煤作为特殊"身份"的煤炭，是联系煤炭和电力两大产业的中间商品，其价格和价格机制不仅仅关系到两大行业的发展，还深刻地影响国家经济和社会稳定。这就意味着，电煤的价格不仅受煤炭成本、供求关系的影响，还要受到政府规制的制约，也就是说，政府总要采取某种制度措施干预电煤价格，以使其有利于国家宏观经济的发展以及社会的稳定。从中华人民共和国成立至2005年，政府采取的电煤价格机制分别是单轨制、双轨制、政府指导价和电煤内部双轨制并行、国家指导下的电煤价格协商制等。而自2006年始，国家名义上取消了对电煤价格的干预，实行电煤价格完全市场调节。但是，仅仅2006年当年，国家还是进行了两次"煤电价格联动"，而且，国家发改委还下发《关于做好2007年跨省区煤炭产运需衔接工作的通知》，明确规定：2007年继续实行煤电联动政策。2008年在反季节"电荒"情况下，发改委直接限定电煤价格上限。2009年规定电煤价格继续保持与2008年持平。2011年、2012年，发改委规定，控制电煤价格上涨幅度不超过5%，并设定最高电煤价格。《国家发展和改革委员会公告2011年第30号》规定，"2012年1月1日起，秦皇岛港、黄骅港、天津港……锦州港和大连港发热量5500大卡的电煤平仓价最高不得超过每吨800元，其他热值电煤平仓价格按5500大卡限价标准相应折算"。

从国家宏观经济发展的角度来看，限定电煤价格具有一定的合理性。但是，电煤是位于煤企和电企之间的中间产品，限定电煤价格属于中间产品价格歧视。Pigou认为，价格歧视是对购买同一种商品的不同顾客收取不同价格的现象[1]。Tygai分析了中间商品歧视性定价的原因。他认为，上游商品供应商向下游大客户低价供货的真实原因不是大客户的规模优

---

① 参见 Pigou, A.C. The Economics of Welfare[M]. London: Macmillan, 1920.

势，而是为了预防来自下游的合谋，从而对其他小客户实行歧视性定价[①]。因此，对电煤歧视性定价的做法和原因是，政府利用自己的资源配置权，通过与煤炭企业、电力企业三方的博弈，人为地降低煤炭企业的经营收入，提升电力企业的经营效益，从而把发电技术风险转嫁给采煤技术，目的是防止电力企业合谋涨价、提高价格，从而引起其他行业生产成本上升，引起社会的不稳定。但是，限定电煤价格，必然会导致煤企效益降低，特别是在煤炭销售市场不景气的情况下，会加大煤企的亏损，从而直接导致煤企安全投入减少，安全风险增加。因此，限定电煤价格的结果是电力企业的成本被转嫁给煤矿企业。

第三，国家在煤炭资源和技术人才配置上向国有煤企倾斜，从而增大了小煤矿的安全风险。国家在煤炭资源配置上向国有煤炭企业的倾斜是十分明显的。截至 20 世纪末，在中国 28 000 多个煤矿中，占 80%以上都是小煤矿。而这 80%的小煤矿，却仅仅拥有不足 30%的煤炭资源，而且煤藏不集中，开采条件差。因此，小煤矿的安全事故发生率很高（一般年份，小煤矿事故占比超过全国煤矿事故的 70%）。虽然迫于小煤矿事故高发的形势，2010 年国家相继关闭了 2000 多家小煤矿，但是，剩余的小煤矿总体开采条件也并不理想，依然充满着安全隐患，事故仍然不断。

国家在技术人才配置上也向国有煤企倾斜。目前煤矿企业一线生产工人的文化程度 85%以上是初中毕业以下，其中 20%左右属于文盲。这就造成了煤矿企业安全生产上的两大问题：一是落后的生产认识的现实与较先进的生产管理的需要不相适应，二是松懈的安全生产观念与严峻的安全生产形势不相适应。[②]面对这种情况，吸收高校采矿专业或相关专业的人才，充实到安全生产的技术和管理岗位就显得尤其重要。

但是，中国目前专门培养采矿技术人才的高校和专业正呈逐步减少的趋势，每年毕业的技术人才供不应求。例如，国有特大型企业淮南矿业集团所属高校淮南职业技术学院，每年采矿、通风、机电等专业的毕

---

① Tygai, RajeevK. Why Do Suppliers Charger Larger Buyer Lower Price?[J] The Journal of industrial Economics, 1995(2): 614-641.

② 杨荣生：《当前安全形势下的煤矿安全培训》，《能源与安全》2005 年第 3 期，第 86-87 页。

业生，除淮南矿业集团自己第一批招工一部分外，新集、淮北和皖北三大国有重点煤企几乎包揽剩余全部毕业生。而附近的个体私营煤企通过高校分配就业渠道大面积地解决技术人才和管理人才紧缺问题几乎是不可能的。这样，高薪聘请就成为个体私营煤企解决技术和管理人才的唯一可行通道。但是，高薪聘请大量的技术人员会较大幅度地增加采煤成本，所以大多个体私营煤企都是在人才紧缺的情况下得过且过。因此，这也构成了私营小煤矿安全事故发生率高的一个重要原因。

二、技术开发决策权成因分析

简单地说，所谓的技术开发决策，就是在对技术项目可行性进行论证的基础上做决定。技术开发决策是有风险的，即如果技术项目的可行性论证不当，就可能体现为风险。技术开发决策风险可以分为技术风险、生产风险和市场风险。这里的技术风险是试制阶段技术的风险，主要指是否能够成功地生产出合格的技术产品。生产风险是指批量生产阶段的风险，主要包括技术生产的安全风险。市场风险是指新产品上市后销售过程中存在的风险，主要指新产品适销不对路或亏损。[①]这里的技术开发决策风险专指生产风险中的生产安全风险。

技术开发决策是隐藏着权力运行机制的技术活动。技术开发决策包括四个基本要素：决策主体——由谁来决策；决策客体——对什么技术项目做出决策；决策方式——按什么程序决策；决策结果——技术项目可行或不可行。可见，技术开发决策主体是限定的，不是任何人都可以参与决策；技术决策方式可能有多种，可以采取这一种，也可以采取那一种；技术决策结果可能是可行的，也可能是不可行的。这样，技术决策就为权力的博弈留下了空间和机会，因为决策主体的确定——谁参与技术决策，决策方式的选择——按照何种程序决策，决策结果的实现——技术项目是可行还是不可行，都是选择的结果，而选择本身就是权力的竞争和博弈。

---

① 谢科范：《技术开发风险问题调研报告》，《科学学与科学技术管理》1993 年第 8 期，第 26 页。

上文已经提及，这里的采煤技术开发决策风险主要是指生产安全风险，即由于煤炭开采项目可行性论证错误所造成的采煤安全风险。从理论上说，某特定场域具不具备煤炭开采的技术条件，通过技术项目论证应该会得出一个在技术原理上较为客观的结论，否则，技术项目论证意义何在？但是，由于种种原因，最后论证的结论在技术原理上未必是客观的，换句话说，技术条件上不可行的技术项目，最终可能被做出可行的结论评价，这就难免为以后的生产安全带来风险。造成采煤技术开发决策风险的因素很多，在此专门分析技术开发决策风险中的决策权力因素，对其他因素不做讨论。

首先，地方保护主义思维方式削弱了煤矿企业申办审批权，导致采煤技术风险的增加。从某种意义上说，开办煤矿的审批过程实际上就是政府对开办煤矿企业的可行性论证过程，也就是政府参与采煤技术开发决策的过程。根据《中华人民共和国煤炭法》（1996年主席令第75号）第十九条以及地方政府的相关规定，中国开办煤矿项目具体审批需要经过工商、环保、林业、地质、土地和安全监察6大部门。其中，直接关涉采煤安全风险的是地质和安全监察部门的审批。地质部门需要论证并出具煤田地质、测量和水文等资料，因为地质和水文条件与采煤技术的风险紧密相关。如，采煤中经常发生的塌方事故可能就是地质原因引起的，而透水事故可能就是丰富的地下水所致。安监部门通过颁发《安全生产许可证》为开办煤矿企业严把安全风险关。可以说，《安全生产许可证》是开办煤矿企业的一道"门槛"。如果煤炭企业从事生产而不申办《安全生产许可证》，就是违法、违规生产。一般把这种行为的重大过错比作"闯红线"：一旦发生安全事故，没有《安全生产许可证》，或者证件已过期，企业法人及相关责任人所要承担的责任将迅速倍数放大。

其次，权钱交易行为弱化了煤矿企业申办审批权，导致采煤技术风险的增加。以广东省为例。2005年8月7日，广东大兴煤矿发生特大透水事故。经查，该矿自建矿以来就一直证照不齐。但是，由于时任广东省安监局副局长胡××的玩忽职守，在事故发生前数月给这个应该关闭的煤企发放了《安全生产许可证》。后来查实，胡××从2003年4月至2005年7月共收受该矿贿赂14万元。更让人触目惊心的是，事故发生时，大兴煤矿所在的广东梅州地区 80%以上的煤矿都是在没有《安全生产许可证》的情况下投入生产的。不能不说这种情况确实为权钱交易行为的存在留下了巨大的想象空间。2005 年 9 月 7 日，广东省纪委、省监察厅、省国资委、省安监局，联合在全省范围内开展清理和纠正国家机关工作人员以及国有企业负责人投资入股煤矿工作，要求已经投资入股煤矿的上述人员必须在当年的 9 月 22 日之前撤出投资，然后向单位纪检或人事部门登记，否则一经查实，就地免职，再按相关规定严肃查处。可见，权钱交易行为的确为煤矿安全生产留下了极其严重的风险隐患。

最后，煤炭企业发展的"跟随式决策"方式弱化了煤矿申办审批权，导致采煤技术风险的增加。通俗地说，"跟随式决策"是指项目的上马只一味地"跟风"决策，而不做严格的可行性论证。中国的煤矿企业发展走过了一条"跟随式决策"的发展道路。煤矿企业的"跟随式决策"出现在 20 世纪末期。20 世纪 80 年代，国家为了解决能源危机，提出"国家、集体、个人"一起上，鼓励发展集体和私营性质的小煤矿，并且主张"先发展后规范，先建矿后办证"。这种几乎不需要审批就可以建矿的政策，使中国一时掀起了开办煤矿的热潮。各级地方政府、企业、个人跟风赶集似的争相开办煤矿。可以毫不夸张地说，只要有煤的地方就有煤矿。截至 20 世纪末，仅山西一省就有煤矿近 2600 座。这股旋即刮起的"跟随式决策"之风导致的严重后果是，中国煤炭产业形成了高度分散竞争的结构：企业规模小、数量多、分散均匀、卖方集中度低。"截止到 2004 年底，中国煤炭行业前八大企业的市场集中度约为 19.87%"，而研究表明，"煤炭行业集中度增长 1%，全国煤矿百万吨死亡率下降 0.24%"。[1]因此，20 世纪，中国煤炭行业发展的"跟随式决策"客观上大大刺激了采煤技术风险。

三、技术风险监控权成因分析

技术风险监控是技术风险管理（Technical Risk Management）范畴的

---

① 李少林、叶秀东：《煤炭行业的集中度对煤矿安全影响的实证研究》，《东北财经大学学报》2010 年第 1 期，第 31 页。

内容之一。所谓技术风险管理是指这样一种管理方法，即通过对技术风险的识别、衡量和控制，从而花费最小的成本把技术风险的损失降到最低程度。技术风险管理主要分为技术风险评估（Technical Risk Assessment）和技术风险控制（Technical Risk Control）。其中，技术风险评估又主要分为技术风险分析（Technical Risk Analysis）和技术风险评价（Technical Risk Evanuation）。技术风险分析包括风险辨识、频率分析和后果风险三个方面；技术风险评价包括对技术风险是否可接受的判断，以及是否需要采取进一步措施防范和降低风险。技术风险控制包括技术风险的防范和减轻两个方面。技术风险监控是技术风险管理的一个基本环节和内容，属于技术风险控制的一部分。技术风险监控内涵丰富，既指技术风险监控的技术和方法，如技术状态管理、技术性能度量、技术风险监视单、因果分析图、帕累托图、技术风险监控系统等，也指技术风险监控体制，对应于不同技术风险监控主体的职责和权限。此处仅仅立足于技术风险监控体制的角度，讨论采煤技术风险监控权力与采煤技术风险形成之间的关系。

事实上，如果对当前中国采煤技术风险监控体制基本特征进行描述，就可以看出监控权力是如何影响技术风险形成的。在前文已经说明，煤矿生产过程实际上就是采煤技术的使用过程，所以，煤矿安全生产监督就是采煤技术风险监控的实践语境。为了符合表述习惯和方便起见，下文以"采煤技术风险监控"指称"煤矿安全生产监督"。

当前，中国煤矿安全生产监督体制的基本特征可以归纳为6个字——多元化、网络化。2004年11月，国务院办公厅颁发了《关于完善煤矿安全监察体制的意见》，确立了"国家监察、地方监管、企业负责"的煤矿安全管理工作格局。2005年2月始，国务院设立正部级编制的国家安全生产监督管理总局，县级以上政府对口设立安全生产监督管理局。为提高监察的权威，强化煤矿安全执法，国务院同时还专设副部级机构国家煤矿安全监察局，归口国家安全生产监督管理总局管理。国家特大型集团煤企还设有副行政级别（低半级）的安全监察局，作为政府监察和监管的补充，加强对所属煤矿企业的安全监督。

"监察"和"监管"的并存，体现了政府对煤矿安全监督的多元化。

而政府是通过时间上前后相继的"事前监控""日常监控"和"事后监控"三个环节，来实现对煤矿安全生产的监督目的的。这就使政府对煤矿安全的监督形成了纵横交错的网络化特征。政府对煤矿安全生产监督的权力行使及其对煤矿安全风险形成的影响正体现在这些网络之中。

1. 事前监控中的权力致因分析

所谓煤矿企业安全生产事前监督，是指国家安全监督部门对煤矿企业在市场准入上的监督。煤矿企业主体要进入市场，需要满足政府权力设定的限制条件和制度。以开办煤矿为例。目前，在我国开办煤矿，从事煤炭生产经营，必须具备四证，即采矿证、营业执照、煤炭生产许可证和安全生产许可证。国家对获取这四种证照的条件和程序都分别做了规定。其中，对安全生产许可证的规定最为严格。为了规范煤炭企业的安全生产条件，防止和减少安全事故，2004 年国务院第 397 号令规定，对包括矿山在内的五类企业实行安全生产许可制度。《安全生产许可证》实行"企业申请、两级发证、属地监管原则"。两级发证是指根据企业不同等级，《安全生产许可证》分别由国家和省安全生产监督局发放。2004年 5 月，国家煤矿安全监察局颁布的《煤矿企业安全生产许可证实施办法》规定，从事煤炭开采需要具备一定的生产条件，包括健全安全生产规章制度、安全投入符合规定、设置专门的安全生产管理机构、参加工伤保险、制定事故应急救援预案、制订人员培训计划等。

但是，我国煤矿企业安全生产事前监控实际上并未落到实处。再以颁发证照为例。一些地方的安全监督部门对发证的把关并非如规定的那么严格。其原因十分简单。对于国有煤矿企业来说，一般资源都是政府无偿划拨的，国家是煤矿企业的所有者。因此，国有煤矿企业最初的各种市场准入的证照办理比较容易。再拿《安全生产许可证》来说，即使国有煤矿企业不具备安全生产条件，最后也会获得原谅而"绿灯"放行。但是，安全监督部门对证照颁发把关不严的后果十分严重。它意味着国家安全生产监督部门事前监控权力的削弱。这必然会导致一些国有煤矿企业从一开始就降低了安全生产的门槛，从而使安全生产输在"起跑线"上。

权力寻租现象在安全监督部门对非国有小煤矿企业事前的监控中仍

然存在。与国有煤矿企业相比，非国有小煤矿企业的煤炭资源丰度低，品位也低，因此市场售价明显偏低。这样，非国有小煤矿企业要跟国有规模煤矿企业竞争生存，就必须降低安全、环保以及税收等方面的成本。这就预示着，非国有小煤矿企业建矿时在安全方面过多地投入资金是做不到的。例如，一套与瓦斯治理要求匹配的安全生产系统，投入往往要上千万元。因此，通常情况下，非国有小煤矿企业的经营者情愿付出权力寻租成本，即总是千方百计地通过请客送礼、吸纳安监官员参股、分红等迂回的方式，获得《安全生产许可证》。但是，这种做法导致的结果是：安全监督部门的事前监控权力随之失效，煤矿企业安全事故隐患的种子也因此深深埋下。

煤矿企业安全生产事前监控实际上执行风险管理的两大功能。一方面，事前监控具有风险评价的功能。技术风险评价理论认为，技术风险评价的关键是风险评价标准的确立。[1]诸如《安全生产许可证》的发放条件，就是采煤技术系统风险评价的标准。安全监督部门给某一申办煤矿企业颁发《安全生产许可证》，则表明该煤矿企业采煤技术系统当前情境存在的风险是可以接受的。另一方面，事前监控还具有风险控制的功能。事前监控就是安监部门通过《安全生产许可证》的发放，严格把关，防范采煤风险的出现。因此，煤矿安监部门事前监控权的削弱，就意味着煤矿安全风险评价和控制在一定程度上的缺失，同样也就意味着煤矿安全事故的形成。

2. 日常监控中的权力致因分析

所谓煤矿企业安全生产日常监控，是指国家煤矿安全监察部门按照国家有关法律法规的要求，对煤矿企业日常安全生产条件和安全生产状况的监督，是对煤矿企业安全生产的动态管理。日常监控的主要内容包括，煤矿企业是否没有安全生产许可证擅自生产、是否不再具备安全生产许可证所要求的安全生产条件、安全生产许可证是否逾期而未办延期手续、是否存在非法转让安全生产许可证的情况等。

---

① 李竞、沈农高：《工业技术风险管理浅谈》，《现代职业安全》2008 年第 7 期，第 88 页。

国家有关法规对国家煤矿安全监察局日常监控权的规定十分明确。国家煤矿安全监察局在履行职责时不受任何组织和个人的非法干涉，并享有多种权力。比如，有权进行现场调查，包括查阅资料、参加安全生产会议、向有关单位或个人询问情况；有权对违规行为或安全隐患进行纠正或要求限期整改；紧急情况下有权要求立即停止作业和下达撤出作业人员命令；有权依法对应给予行政处罚的行为做出处罚；等等。

但是，国家煤矿安全监察局日常监控权力的实际运行存在一些问题。主要有以下几方面。

首先是监察权的虚位。根据有关法律，煤矿安全监察机构的具体任务，除对申办煤矿企业的安全资质进行论证和审批外，还负责伤亡事故的调查和批复，负责《安全生产许可证》的颁发，负责督促检查煤矿企业安全技术措施专项费用的提取和使用情况，负责矿长安全资格和特种人员的培训发证，以及其他各类安全检查、评比和指挥应急救援工作等。

但是，与监察机构繁重的监督任务形成鲜明对比的是，监察队伍的力量严重不足。中国目前各类煤矿不下 5300 座，而煤矿安全监察局的行政编制采纳的基本上还是国务院 2000 年核准的。省、直辖市、自治区级的煤矿安全监察局核定的编制在 40~60 名，煤矿安全监察局办事处核定的编制在 20~25 名。68 个省级煤矿安全监察局和办事处（2004 年更名为煤矿安全监察分局）共核定 2800 个编制。这样，除去行政和内勤人员，实际每个安监干部需要面对数十座矿井，再除去每个月双休日、法定节假日、休假日，加之地域辽阔、地处偏远、矿井之间距离远等原因，每个矿井一个月接受一次检查的概率都达不到。因此，我国目前煤矿安全监察并没有真正深入一线，更没有深入矿井井下，还只是停留在按月开会和按季按年度突击检查的工作状态。

煤矿安全监察部门的人力不足，就意味着监察权的虚位和日常监控的缺失。"定义权力必须是强制性的这样一种普遍倾向，无疑是避免把它牵涉得太广、太一般的愿望。"[1]所以，从权力具有强制性的意义上说，

---

[1] [美]丹尼斯·朗著，陆震纶、郑明哲译：《权力论》，中国社会科学出版社 2001 年版，第 5 页。

它本身就是一种力量的较量，是权力拥有者与施用对象的博弈。因此，煤矿安全监察部门有足够的人力来行使其权力，是日常监控的基本保证。相反，人力不足，监察权的虚位，必然为煤矿安全风险留下了缝隙和余地。

其次是中央权力与地方权力的关系问题。中华人民共和国成立之初，限于具体国情和苏联的影响，中国实行的是高度集中的行政管理体制。到20世纪六七十年代，中央和地方权力虽然经过数次调整，但基本上变化不大。改革开放之后，特别是经过20世纪90年代社会主义市场经济体制的确立，中央与地方的分权关系开始朝着合理有序的方向前进。但是，由于缺少规范的制度性分权框架，中央与地方的分权至今还处于探索之中，因此，就难免存在和遗留一些难以解决的问题。比如，80年代前期的简政放权改革，一方面调动了地方政府作为国家代理人管理地方经济的积极性，但另一方面也形成了权力本位主义和地方保护主义的"顽症"，导致中央政府的政令难以自上而下地得到贯彻。

那么，具体地说，地方政府与中央政府分权关系中存在的问题，是如何通过煤矿企业安全生产日常监控反映出来的呢？一些地方政府首先利用自己在分权中的委托代理人身份，掌握一定的煤炭资源配置权，从而名正言顺地获取了煤矿企业的生产管理权；然后，根据管生产必须管安全的原则，又被依法赋予对煤矿企业一定的安全管理权。从表面上看，地方政府的这几种权力互相分治，服务于不同的目的。但是，在以经济建设为中心的理念下，煤炭资源配置权、煤矿企业生产管理权和安全管理权最终都服务于以GDP为标志的经济指标的增长，因为经济指标的增长与否，不仅直接决定财政支配权的大或小，同时也决定地方行政长官职位的升或降。因此，无论中央对煤矿企业安全工作抓得多么紧，在地方官员的意识中，树立的永远是"生产第一"的观念。或者说，只要煤矿安全事故还没有发生，某些地方官员的眼中就只有看不见的风险。这种局面所导致的后果就是，煤矿企业安全生产日常监控权在其实际运行中被大大地削弱和稀释。

再次是监督权与监察权的博弈。我国目前实行的是煤矿安全监察垂直领导体制，目的是使煤矿安全生产监察部门不受地方政府生产管理部门的干扰，以独立行使监察权，确保煤矿安全监察机构执法的公平、公正。从中央的层面上说，国家煤矿安全监察局与国家安全生产监督管理局都接受国务院领导，合署办公，一个机构两块牌子，因此协调工作比较容易。但是，从地方层面来说，中央政府垂直领导的煤矿安全生产监察局，与各级政府管辖的安全生产管理部门——安全生产监督管理局——的关系十分复杂。地方各级煤矿安全监督管理局都隶属同级地方政府管辖，其人权、物权和财权都在地方，只是在行政业务上接受上级归口领导。而各级煤矿安全监察局都是国家煤矿安全监察局在地方的派出机构，其人权、事权、物权和财权完全与地方政府无关。因此，从法理上说，两者在职能上是完全分开的。然而，法理归法理，在实际工作中两者之间的职能非但没有截然分开，而且在交叉和碰撞中还嵌入了权力博弈的色彩。从形式上看来，煤矿安全监察局直属中央，很多地方政府的文件也都明文规定，"地方安全生产监督管理部门必须接受煤矿安全监察机构的检查指导"。但是，由于煤矿安全监察局对地方情况不熟悉，所以在实际工作中又不得不处处依靠地方各级煤矿安全监督管理部门。2004年《安全与健康》第九期刊登了梁冬的文章——《三份报告未能制止鸡西矿难》。该文在摘要中写道："在鸡西'4·10'矿难发生后，记者在矿难现场进一步调查了解到，早在'4·10'矿难发生10天前，鸡西矿业集团、黑龙江煤矿安全监察局鸡西办事处和鸡西市煤炭局就已发现本次发生事故的矿井为非法小井，却都未及时采取措施将其关闭，而是像'踢皮球'一样，互相间发了3份报告，要求其他各方来关闭矿井，直至这个非法小井发生瓦斯爆炸。"可见，煤矿安全监察权与监督权的博弈造成了这起事故的发生。

最后是监管权与生产经营权的较量。中央和地方政府是煤矿安全生产监管权（包括安全生产监察部门的监察权和安全生产监督管理部门的监督权）的权力主体，煤矿企业是生产经营权的权力主体。两个主体之间监管权与生产经营权的较量，主要是围绕煤矿企业安全投入展开的。煤矿企业安全投入国家占比比较小，大部分靠的是煤矿企业的自有资金。因此，煤矿企业的安全投入减少，就等于企业效益增加。这样，在正常安全生产条件下，选择安全欠账是符合企业利益的。而煤矿企业的安全投入是否欠账或者欠账多少，还要取决于政府的安全监管是否严格。监管权与生产经营权的较量因此形成。而两者较量的结果常常是后者占据上风，因为安全投不投入、投入多少是企业行为，监管权只能通过安全规制的执行间接施加压力，而不能直接横加干预，更不能具体操作。况且，在煤矿企业正常生产，没有出现安全隐患或发生安全事故的情况下，似乎也不宜采取过于强硬的监管措施。

3. 事后监控中的权力致因分析

所谓煤矿企业安全生产的事后监控，就是煤矿安全事故的责任追究，即通过对煤矿安全事故的调查分析，分清事故性质和责任，提出改进措施和办法，从而防止和减少事故的再发生。煤矿企业安全生产事后监控的必要性至少可以从三个方面加以认识。第一，从煤矿安全事故的形成来说，属于自然或技术因素的非责任事故比较少，大多数煤矿安全事故都是可以避免的人为责任事故。第二，从煤矿安全事故的危害程度来说，煤矿安全事故是高危的技术风险事故，一旦事故发生，不仅将造成巨大的财产损失，还会夺去数人、十数人、数十人、上百人甚至数百人的生命。第三，从煤矿安全事故的发生频率来说，由于我国煤矿开采的自然条件恶劣、技术水平较差以及职工文化不高等因素，煤矿安全事故发生的频率较高。因此，煤矿安全事故责任追究的意义就在于，警示后人认真履行安全生产岗位职责，以最大限度地保证矿工的生命安全以及国家、企业的财产安全。

事故责任追究是在以事故处罚权为核心的权力运行推动下展开的。但是，由于种种原因，当前我国煤矿安全监察部门的事故处罚权在行使中存在诸多问题。权力不到位、权力越位、权力悬置是主要的三种表现，它们不同程度地加剧了煤矿安全风险。具体分析如下。

第一，处罚权不到位。我国当前对煤矿安全事故责任者的处罚可谓失之以宽、失之以软。这从对严重伤亡事故责任者的处罚可见一斑。我国刑法规定，对造成伤亡事故的直接责任者，一般处 3～7 年的刑期。根据这个法律规定，即使事故造成的伤亡再大，最多只能判处直接责任者 7 年的有期徒刑。况且，刑法认定 7 年的量刑是在情节特别恶劣的前提下采用的标准，而"情节特别恶劣"是一个宽泛的概念，刑法对此没有作十分明确的界定。同时，我国刑法第十五条规定"应当预见自己的行为可能发生危害社会的结果，因为疏忽大意而没有预见，或者已经预见而轻信能够避免，以致发生这种结果的，是过失犯罪"。而绝大多数伤亡事故都是过失事故，所以在实际事故处理中真正量刑的很少，即使量刑，一般也是按照"就低不就高"的原则，只对责任者判处 3 年刑期，很少有刑期超过 3 年的案例。可见，我国目前对安全事故责任者的刑事处罚太轻，未能起到威慑作用。

第二，行政问责权的悬置。我国的"行政问责"（Administrative Accountability）是西方的"舶来品"，因此，在理论和实践上仍处于探索阶段。美国学者杰·M. 谢菲尔茨（J. M. Shafritz）最早对"行政问责"做出规范的解释。他认为，所谓行政问责制是指"由法律或组织授权的官员，必须对其组织职位范围内的行为或其社会范围内的行为接受质问、承担责任"。根据谢菲尔茨的观点，行政问责的实质是通过追究责任的方式对政府及其官员的行为和后果进行约束，目的是使行政权力真正为民所用。

"行政问责"在本质上是一种自律与他律相统一的制度设计。如果从政府及其官员应该接受社会大众、新闻媒体等问责的意义上说，"行政问责"是外部问责的他律制度；但是，如果从政府部门也有权对属下机构及官员问责的角度说，"行政问责"又是内部问责的自律制度。然而，目前我国的行政问责制度存在"他律失效"现象。社会大众、新闻媒体等主体对政府及其官员的外部问责，只有质问的权力，没有惩戒的权力。因此，在此讨论的"行政问责"，仅限定为政府内部问责的自律制度。

煤矿安全生产监管行政问责有其制度性依据。2000 年 11 月，国务院颁布的《煤矿安全监察条例》，2004 年颁布的《国务院办公厅关于完善煤矿安全监察体制的意见》，以及 2005 年颁布的《关于预防煤矿生产安全事故的特别规定》，对煤矿安全监察机构及其工作人员的权力责任、违规行为、责任惩戒都做了较为明确的规定。中央政府正是通过这些制度，对煤矿安全监察机构及其工作人员进行问责。

但是，由于制度间存在的矛盾和冲突，中央政府的行政问责权在实践中却被悬置起来。根据 2000 年 11 月国务院颁布的《煤矿安全监察条例》第十八条"煤矿发生伤亡事故的，由煤矿安全监察机构负责组织调查处理"之规定，如果煤矿发生伤亡事故，将根据事故大小由不同级别的煤矿安全监察机构牵头，协同各级地方政府组成事故调查组，对事故原因进行调查。同时，煤矿安全事故调查处理相关条例还规定，安全监察机构负责事故调查报告的批复。这样，根据上述几项规定，在煤矿安全事故的调查和处理中，安全监察机构及其工作人员扮演的是三重身份，即事故调查者、责任者和仲裁者。这样，如果伤亡事故社会影响不大，或者没有引起高层领导的高度重视，安全监察机构真正做到自查、自纠、自我惩戒的可能性是有限的。

第三，监管权的越位。虽然国务院在 2000 年颁布了《煤矿安全监察条例》，对安全监察部门及其工作人员的权力范围进行了明确的规定，但是，在安全监察部门的执法中，监管权力越位现象还比比皆是。比如，按照规定，在煤矿发生安全事故或者存在安全隐患的情况下，安全监察部门才有权责令其停产整顿。然而，实际情况是，如果位于同一行政区域的一座煤矿发生了安全事故，其余的煤矿往往也要无条件停产整顿。这种"连坐"的做法尽管也是出于安全考虑，但毕竟是越位的、不合法的。它不仅会给这些正常生产的煤矿企业带来一定的经济损失，而且还会对煤矿安全生产产生严重的负面影响。其个中原委是，当某一煤矿发生安全事故后，为了避免因"连坐"制度造成停产整顿的巨大经济损失，同一行政区域的煤矿企业常常会自觉组成"攻守同盟"，共同联合起来，对煤矿安全事故不报或瞒报，甚至地方政府也会从地方经济考虑对事故不报、瞒报的行为加以袒护。可想而知，这会给煤矿安全生产带来多大的安全隐患。

因此，对煤矿安全事故处理过于谨慎，以至于"矫枉过正"，是煤矿安全生产事后监控权越位的主要表现。以 2005 年 8 月 7 日广东省大兴煤矿发生的特大透水事故为例。该起事故因为死亡 123 名矿工而成为广东省煤矿的"终结者"。事故发生后，广东省政府彻底关闭了境内所有煤矿（其中包括很多符合安全生产条件的煤矿）。这样做虽然确保了广东省永无煤矿矿难之患，但是，这种因噎废食"一刀切"的做法，不仅侵害了煤矿企业的合法权益，还导致了政府公信力的下降。甚至一些其他地方的私营煤矿还从中吸取反面的"教训"，更加注重短期效应，不敢做长期安全投入，从而给煤矿安全生产埋下了巨大的隐患。

第四节　煤矿安全事故权力成因案例研究

有关权力的理论论著不少，即使是关于其他主题的著作，对权力的论述也常常是可圈可点。然而，与理论著作对权力的论述相比，社会实践中的权力运行则以更直接的方式影响社会事件的发生、发展和结果，从而为人们提供关于权力与社会之间关系的洞见。

一、案例：四川肖家湾煤矿"8·29"特大瓦斯爆炸事故

本案例的研究同样以事件发展的先后为顺序，以大事记的方式描述四川肖家湾煤矿"8·29"特大瓦斯爆炸事故发生、救援和处理的大致线索，力求最大可能地通过线索之间的逻辑关系还原事故的本来面目。当然，案例既是客观发生的，也是建构的，因此总要打上建构的烙印，以利于建构者找到分析和解决问题的适当角度。

● 四川日报网消息（记者 谭江琦 刘旭 张通）（2012 年）8 月 29 日 18 时左右，攀枝花市西区正金工贸有限责任公司肖家湾煤矿发生瓦斯爆炸事故。据今（30）日 8 时 28 分最新消息，井下又发现 4 名遇难者遗体，至此，事故已共计造成 19 人遇难，仍有 28 人被困井下。据介绍，事故发生时，井下共有 154 人作业，到 29 日 19 时左右，升井 104 人，其中 3 人在送往医院的途中死亡。从 29 日晚到 30 日凌晨 6 时，救援队员发现并成功救出 6 名生还人员。

● 从 29 日事发后 10 分钟到 30 日 20 时，从各地赶来的救援队、消防队、巡逻队、交警支队、电力系统、通信系统、医疗系统、媒体等各方面队伍集结在肖家湾矿井，总共近 2000 人。

● 8月29日20时左右成立四川省和攀枝花市事故联合抢险救援指挥部，由副省长任指挥长。

● 中共中央政治局常委、国务院总理温家宝，国务委员、国务院秘书长马凯作出重要指示。

● 省长29日深夜在出差回到成都后，立即调派省矿山救援队赶赴事故现场，并率省工作组连夜赶路，于30日凌晨5时15分抵达事故现场指挥救援工作。随后，国家安监总局局长、国家安监总局副局长、煤监局局长、副省长也从各地陆续赶到事故井口。

● 正在北京出差的省委书记、省人大常委会主任得到消息后紧急赶回四川，于30日16时左右抵达事故现场，查看救援情况并主持召开了工作会议。

● 依据国家有关法律法规，并报经国务院批准，9月1日成立了由国家安全监管总局局长为组长，四川省人民政府省长，国家安全监管总局副局长、国家煤矿安监局局长，监察部副部长，全国总工会副主席，四川省人民政府副省长，国家煤矿安监局副局长兼总工程师，国家能源局副局长为副组长，国家安全监管总局、国家煤矿安监局、监察部、全国总工会、国家能源局、四川省人民政府及有关部门人员组成的国务院四川省攀枝花市西区正金工贸有限责任公司肖家湾煤矿"8·29"特别重大瓦斯爆炸事故调查组，并在四川省攀枝花市召开全体会议。会议指出，经初步分析，肖家湾煤矿对"打非治违"专项行动的相关部署要求不落实、走过场，违法违规超能力、超强度、超定员组织生产；安全生产管理极其混乱，无风微风作业，以掘代采，乱采滥挖，生产方式落后，毫无安全保障可言；安全监测监控设施不健全、形同虚设，瓦斯聚积超标仍没有停产撤人，矿井图纸与实际严重脱离；安全监管存在漏洞，检查验收把关不严。

● 截至9月2日23时，该市西区肖家湾煤矿"8·29"事故已发现遇难人员45名，仍有1人被困于井下未找到。

● 截至9月15日，经过17天奋力营救，抢救出5名遇险人员，找到45名遇难人员遗体。至此，事故共造成48人死亡。

● 2013年3月25日，事故调查组发布经国务院批复的《四川省攀枝花市西区正金工贸有限责任公司肖家湾煤矿"8·29"特别重大瓦斯爆炸事故调查报告》。报告包括五个部分："一、矿井基本情况""二、事故发生及抢险救援经过""三、事故原因和性质""四、对事故有关责任人员和责任单位的处理建议""五、防范措施"。

● 本次事故处理中，有31人受到不同程度的刑事处罚，除此之外，有33人受到党纪、政纪处分。

二、事故的权力成因分析

上文以大事记的方式还原了2012年四川攀枝花市肖家湾煤矿"8·29"特大瓦斯爆炸事故发生、救援和处理的大致经过。下面用以上关于煤矿安全事故权力成因的相关理论，对此次事故的几个技术情境展开分析，以说明权力是如何影响煤矿安全事故发生、发展和结果的。

（一）权力的博弈

案例情景一：肖家湾煤矿为了隐瞒非法违法开采区域的情况，逃避政府及有关部门检查，采取伪造报表、记录等原始资料和在井下巷道打密闭的方式对付检查。该矿非法违法开采区域的巷道实际情况仅由测量人员和正金公司总经理掌握，没有绘制图纸。在有关部门检查前，如果预先接到通知，就安排各采煤队提前对所采区域共9处巷道进行密闭；如果面临突然检查，就利用检查人员在地面看图纸资料和做下井准备的间隙，由矿长或副矿长通知各采煤队分别对所采区域的巷道进行突击密闭。该矿采取活动式伪装密闭，伪装外表与巷道形式、形状一致，隐瞒非法违法生产真相，蓄意逃避监管。该矿没有一张能反映井下真实情况的图纸，如"迷宫"般地乱采滥挖，冒险蛮干。

——摘自《四川省攀枝花市西区正金工贸有限责任公司肖家湾煤矿"8·29"特别重大瓦斯爆炸事故调查报告》

案例情景二：自2011年至发生事故前，该矿在验收批准的开采区域仅生产煤炭1.43万吨，而在非法违法区域的产煤量达21.14万吨。

——摘自《四川省攀枝花市西区正金工贸有限责任公司肖家湾煤矿

"8·29"特别重大瓦斯爆炸事故调查报告》

案例情景三：攀枝花市西区安全生产监督管理局履行安全监管和煤炭行业管理职责不力，开展打击煤矿非法违法生产经营建设行为（以下简称"打非治违"）工作流于形式，对肖家湾煤矿监督检查走过场……攀枝花市安全生产监督管理局履行煤矿安全生产监督管理和煤炭行业管理职责不到位，组织开展煤矿"打非治违"和日常监督检查工作不力；到肖家湾煤矿检查或验收时，未依据作业规程和生产计划对核定采掘工作面推进情况、煤炭产量、火工品使用情况等进行核查，对该矿非法违法生产等问题失察……攀枝花市国土资源局西区国土资源所未组织开展对辖区内煤矿井下违法问题的监督工作，未发现肖家湾煤矿长期存在的超层越界非法采矿行为；攀枝花市国土资源局西区分局开展矿产资源开发利用和保护工作不力，未发现 2011 年以来肖家湾煤矿长期存在超层越界非法采矿的问题；在该矿因超层越界非法采矿受到核查的情况下，未认真审核肖家湾煤矿采矿许可证办理资料，把关不严，使其通过初审……攀枝花市公安局西区分局及分局治安大队、宝鼎派出所未正确履行民用爆炸物品安全管理职能，对肖家湾煤矿申请的火工品数量审查把关不严，未对该矿建设期间的建设实际工程量和生产期间的实际生产能力、需求量进行调查核实就审查同意企业申请的火工品数量。四川煤矿安全监察局攀西监察分局开展辖区内煤矿安全监察工作不力，在检查肖家湾煤矿时，未认真核查该矿实际生产状况，未发现其长期在批复区域外非法违法生产、非法采矿和超能力、超定员、超强度生产等问题。

——摘自《四川省攀枝花市西区正金工贸有限责任公司肖家湾煤矿"8·29"特别重大瓦斯爆炸事故调查报告》

情景分析：根据《中华人民共和国全民所有制工业企业法》和《全民所有制工业企业转换经营机制条例》的规定，国有企业的经营权具体分为十四项，可以概括为 9 条具体内容。其中的第二条是"日常生产经营活动的决策权和指挥权，即在完成国家计划的前提下，有权自主安排企业的产供销活动"。因此，从一般情况来说，企业生产多少以及如何生产完全是企业法人的权力。但是，采矿是一个特殊的行业，安全生产责任重大，企业法人同样要遵守《安全生产法》《矿山安全法》《煤炭法》《生产安全事故报告和调查处理条例》《劳动法》《职业病防治法》《工伤保险条例》《煤矿安全监察条例》等一系列法律法规，接受执法部门的监管。因此，从制度设计上说，煤矿监管权与煤矿经营权之间存在制约关系。

但是，真正推动两种权力博弈的，并不是它们之间制度设计上存在的制约关系，也不是权力本身具有制约与反制约的互相博弈本性，而是隐藏在权力背后的利益机制，因为"权力是获取利益的主要工具和手段"①。换过来说，由于利益是通过对资源的获得和掌控来实现的，因此在资源控制和分配的地方就必然存在权力的竞争和博弈。

利益与权力的这种因果关系，首先反映在煤矿企业"经营权"与"监管权"的博弈之中。上述几则案例情景对此已经做了十分清楚的描述。"8·29"特大瓦斯爆炸事故发生前，肖家湾煤矿之所以通过伪造报表、记录等原始资料对付检查，采用活动式伪装密闭伪装外表与巷道形式、形状，以隐瞒非法违法生产真相，蓄意逃避监管，就是因为非法区域煤藏量大，采掘方便，可以多出煤。

福柯一再强调，权力并不集中于国家，权力是通过种种非政治群体和组织扩散的。②权力不是现代性话语霸权所描述的自上而下单向性的强制性，而是多元的、分散关系的，权力没有固定的分配和扩散规则。因此，在政府内部，围绕利益而展开的权力竞争和博弈也是必然存在的。中央政府和地方政府的权力博弈就是最主要的表现形式。

在上述案例情景三所反映的内容中，攀枝花市西区安全生产监督管理局为什么对肖家湾煤矿监督检查走过场？攀枝花市安全生产监督管理局为什么不依据作业规程和生产计划对肖家湾煤矿的采掘工作面推进情况等进行核查？攀枝花市国土资源局西区分局为什么未发现自2011年以来肖家湾煤矿长期存在超层越界非法采矿的问题？为什么该矿在超层越界非法采矿的情况下，申办采矿许可证依然能通过初审呢？原因在于，这些部门及其工作人员既是国家权力的主体，也是地方权力的主体，它

---

① 李军：《权力涵义探微》，《北京市政法管理干部学院学报》2003年第2期，第46页。
② [美]丹尼斯·朗著，陆震纶、郑明哲译：《权力论》，中国社会科学出版社2001年版，第15页。

们既代表国家的利益，也代表地方政府的利益。在他们的意识里，地方政府的利益与他们更加息息相关。更具体地说，是因为煤矿企业的产煤量关系到地方政府的财税收入，而地方政府的财税收入会影响他们的政绩、福利和津贴。所以，这些部门及其工作人员敢于在执法过程中给予煤矿企业极大的方便和照顾。

马克斯·韦伯认为，"权力意味着在一定社会关系里哪怕是遇到反对也能贯彻自己意志的任何机会，不管这种机会是建立在什么基础之上"[①]。但是，问题是，权力本身也是在社会关系中运行的，而社会关系首先体现为人与人之间的利益关系，所以权力客体是否贯彻权力主体的权力意志，或者说，权力主体是否真正拥有"贯彻自己意志的机会"，往往并不一定取决于权力的强制性，而是取决于权力主客体之间利益博弈的结果。

（二）权力的腐败

案例情景一：事故调查组在调查过程中，还发现了安全生产监督管理部门、国土资源管理部门、街道办事处有关公职人员涉嫌渎职、收受贿赂等问题的线索，已责成地方有关部门调查处理。四川省、攀枝花市纪委已分别牵头成立了专案组深入调查。

——摘自《四川省攀枝花市西区正金工贸有限责任公司肖家湾煤矿"8·29"特别重大瓦斯爆炸事故调查报告》

案例情景二：21.周××，中共党员，攀枝花市仁和区太平乡煤管所副所长。2012年11月6日，因涉嫌受贿罪被刑事拘留；11月19日，被执行逮捕。22.赵××，中共党员，攀枝花市仁和区环卫局局长，2008年至2012年5月任仁和区太平乡煤管所所长。2012年11月26日，因涉嫌受贿罪被刑事拘留。23.罗××，攀枝花市仁和区安全生产监督管理局副局长，2008年至2012年1月任仁和区太平乡人民政府副乡长，分管煤矿安全生产工作。2012年10月26日，因涉嫌受贿罪被刑事拘留；11月7日，被执行逮捕。29.刘××，中共党员，攀枝花市西区人民法院副院长。2012年11月26日，因涉嫌受贿罪被刑事拘留。30.曾×，中共预备党员，

---

① [德]马克斯·韦伯：《经济与社会》（上卷），商务印书馆2006年版，第81页。

攀枝花市安全生产监督管理局监督管理三处处长，负责全市煤矿安全监管和煤炭行业管理工作。2012年10月27日，因涉嫌受贿罪被刑事拘留；11月8日，被执行逮捕。31.刘××，攀枝花市疾病预防控制中心预防医学门诊部主任。2012年10月30日，因涉嫌受贿罪被刑事拘留；11月13日，被执行逮捕。

——摘自《四川省攀枝花市西区正金工贸有限责任公司肖家湾煤矿"8·29"特别重大瓦斯爆炸事故调查报告》

情景分析：以上执法人员因为涉嫌受贿罪被国务院事故调查组建议刑事处罚的描述充分说明，权力寻租是煤矿安全事故的致因之一。那么，什么是权力寻租？"从行政学角度来看，租金泛指政府干预中行政管制市场竞争而形成的级差收入，而一切利用行政权力敛财的行为都被称为寻租行为。"①政府部门或官员的寻租行为就称为"权力寻租"，权力寻租的本质就是权钱交易，是权力腐败的重要表现形式。

在本次事故的处理中，最后有18人受到刑事处罚，而其中涉嫌受贿罪的就达6人之多。在这6人中，除攀枝花西城区人民法院副院长外，其余5人均是负责或曾经负责肖家湾煤矿安全监管工作的基层公务员。这就难免给人们制造了一个困惑：该矿违法非法采矿情节如此严重，事故隐患如此众多，难道这些从事安全监管的基层执法者真的对此一概不知？事实上，答案是非常明确的。而之所以这些执法者对该矿安全生产的实际状况"不知道"，就是因为他们直接掌握或曾经直接掌握着该矿安全违规行为处置的权力，从而为他们的权力寻租创造了条件和机会。因此，在侥幸心理的强化下，他们的寻租思想衍生了权钱交易的行为。只要煤矿企业给好处，安全检查就流于形式，走过场，甚至当煤矿企业面临自己的上级部门突击检查时，还可以担当给煤矿企业通风报信的信使和出谋划策的"高参"，帮助其化险为夷、蒙混过关。这些基层执法者的权力腐败，致使该煤矿安全监管形同虚设，客观上为其采取种种方式逃避监管提供了极大的便利和可能，从而为煤矿安全事故的发生埋下了隐

---

① 唐代喜：《权力寻租成因的多维透视》，《湖南科技大学学报（社科版）》2004年第1期，第31页。

患。需要强调的是，特权思想，行政问责制度不完善，法制不健全，监督制约机制缺失，寻租者心理调节机制等，都是权力寻租的重要原因。

马克斯·韦伯认为，合法权威是权力合法性建立的基础，发挥合法权威最典型的社会组织形式或者管理模式就是科层制，因为科层制在功能方面严格合理，不带有任何个性化色彩，而仅仅奉行法律程序和公务原则，具有各种精确计算性和稳定性，具有其他管理模式所不能达到的优势。①但是，马克斯·韦伯也承认，合法权威支配的科层制只是理念型的框架，在经验现实中还存在许多复合统治的形式。权力寻租或者说权钱交易，也许应该就是韦伯所说的经验世界中消解权力合法性基础的"复合统治的形式"的外在表现。

（三）权力的缺位

案例情景一：18.赵×，中共党员，攀枝花市西区大宝鼎街道办事处安全生产监督管理办公室负责人。2012 年 9 月 14 日，因涉嫌玩忽职守罪被刑事拘留；9 月 27 日，被执行逮捕。19.何××，中共党员，攀枝花市西区大宝鼎街道办事处副主任，分管安全生产工作。2012 年 9 月 14 日，因涉嫌玩忽职守罪被刑事拘留；9 月 27 日，被执行逮捕。20.夏××，中共党员，攀枝花市西区大宝鼎街道办事处主任、安委会主任。2012 年 10 月 19 日，因涉嫌玩忽职守罪被刑事拘留；10 月 26 日，被执行逮捕。25.周××，中共党员，攀枝花市西区安全生产监督管理局副局长，分管煤矿安全生产工作。2012 年 9 月 14 日，因涉嫌玩忽职守罪被刑事拘留；9 月 21 日，被执行逮捕。26.范××，攀枝花市西区安全生产监督管理局局长、党组书记，分管监察执法大队。2012 年 10 月 19 日，因涉嫌玩忽职守罪被刑事拘留；10 月 31 日，被执行逮捕。27.谢××，中共党员，攀枝花市国土资源执法监察支队西区国土资源执法监察大队队长、攀枝花市国土资源局西区分局副局长，分管执法监察大队、矿产资源管理科、西区国土资源所。2012 年 11 月 26 日，因涉嫌玩忽职守罪被刑事拘留。28.敬××，中共党员，攀枝花市国土资源局西区分局局长。2012 年 10

---

① 贾春增：《外国社会学史》，中国人民大学出版社 2008 年版，第 99-100 页。

月 18 日，因涉嫌玩忽职守罪被刑事拘留；10 月 26 日，被执行逮捕。

——摘自《四川省攀枝花市西区正金工贸有限责任公司肖家湾煤矿"8·29"特别重大瓦斯爆炸事故调查报告》

情景分析：以上情景描述的是 7 名事故相关责任人因涉嫌玩忽职守罪被国务院事故调查组建议刑事处罚的情况。根据我国《刑法》第三百九十七条规定，国家机关工作人员不履行、不正确履行或者放弃履行其职责，致使公共财产、国家和人民利益遭受重大损失的行为，构成玩忽职守罪。根据这一规定，国家机关工作人员玩忽职守的实质就是权力缺位。

要澄清玩忽职守与权力缺位的关系，我们需要从权力的含义出发。权力缺位中的"权力"是指公权力，即政府掌控的公共权力。公权力是政府受公民委托的权力。德国学者奥特弗里德·赫费曾经论述过公权力的来源和本质。他说："国家权力不是因为自身的全权而存在，而是由于那些在原初和原创的意义上拥有主权的人放弃权利而存在。"①显然，奥特弗里德·赫费所指的放弃主权的人就是公民。那么，公民为什么会主动放弃"那些在原初和原创的意义上"拥有的主权，而把它交给国家呢？原因是，单个个体行使自身的权利在经验世界是无法得到保障的，因为它们都将表现为私权利的任意性，彼此之间相互干扰、相互侵权。因此，公民必须把它交给一个强势的政治集体来统一行使，以遏制个人的任意性权力，换取基本的自由和权利的保障。所以，如果公权力的行使者没有行使或没有正确行使自己的权力，使公权力处于缺位状态，就是对个人任意性权力的放纵，而使公民基本的自由和权利的保障面临挑战。这种失职的行为就是玩忽职守。在本案例中，正是上述 7 名事故责任人玩忽职守，不履行或不正当履行自己的权力，刺激和加剧了肖家湾煤矿违法非法采矿的任意妄为，最终导致特大事故的发生，给矿工的生命和国家的财产造成巨大损失。

国家公职人员玩忽职守以致权力缺位的原因是多方面的。从主观上

---

① [德]奥特弗里德·赫费著，庞学铨译：《政治的正义性》，上海译文出版社 1998 年版，第 379 页。

讲，个人素质是关键。信仰金钱，自私自利的价值取向，堕落的品格，都是个人对公权力取舍的原因。从客观上讲，制度是关键。受传统文化人性本善的影响，制度设计往往强调引导性规范，而忽视约束性规范，即重在指导应该"怎么做"，而不是"不能做"。也就是说，制度在设计的源头上就把人性的缺陷交给自律和教育，这就为玩忽职守留有余地。

（四）权力的越位

案例情景一：华西都市报讯（四川日报记者刘旭）9 月 2 日，攀枝花市成立煤矿安全生产大检查领导小组，33 位市级领导分别挂帅 33 个检查组，对全市煤矿开展为期一个月的安全生产大检查，并通过媒体公布举报电话。目前，该市 103 家煤矿已全部停产进行整顿。

——摘自 2012 年 9 月 3 日《华西都市报》

案例情景二：全市还对交通运输、工业生产、排土场、尾矿库、水利设施、民爆器材、食品卫生、学校、公共场所等实施地毯式安全大检查，对无证、证照不齐或存在重大安全隐患的企业责令停产、限期整改；对存在安全隐患的部位进行严密管控，不留死角；对不依法履行安全监管职责的安全工作人员进行问责。

——摘自 2012 年 9 月 3 日《华西都市报》

情景分析：以上案例情景描述的是本次事故发生后攀枝花市开展安全大检查的情况。如果就事论事，此次大规模的安全大检查，对于整顿攀枝花市煤矿及其他方面的安全生产秩序大有裨益。但是，从深层次地看，它恰恰暴露了行政执法方式和隐藏在背后的权力越位现象。

"权力的越位，指的是权力的任意扩张和权力的任意滥用，是权力在不受约束或所受约束不到位的情况下发生的。"[①]本次事故发生后，攀枝花市勒令正在生产的 103 家煤矿停产整顿，分别接受由 33 位市领导挂帅的 33 个检查组的安全大检查。试问，强令正常生产的企业停产，依据何在？如果没有法律或制度依据，这种做法是不是权力越位？答案是可想

---

① 张振平：《权力的越位与权利的缺位》，《党政论坛》2009 年第 6 期，第 60 页。

而知的。但问题是，"权力的越位，将导致权利的缺位"①，毫无依据地勒令正常生产的企业停产整顿，使这 103 家煤矿蒙受"拔出萝卜带出泥"的连带责任，是不是对企业生产经营权的侵犯？谁来为这一侵权行为造成的损失埋单？

上文已经提及，攀枝花市政府强令 103 家煤矿企业停产整顿，的确起到了消除可能存在的安全隐患的作用。事实上，政府的日常监管工作应该是制度化的，是"润物细无声"的，而不是突发性的、即时性的和片段式的。区域性、大规模强令停产整顿这样雷霆万钧的工作方式，实际上本身就是对监管制度和法规条例的蔑视，甚至给人留下"权大于法"的印象。

习近平同志强调，要把权力装进制度的笼子里。一切公权力只有在制度的框架内运行，才不会越位，才不会被滥用，才不会被利益所左右，一个真正依靠权力建立秩序，又真正依靠权力普享权利的社会才会渐行渐近。

① 张振平：《权力的越位与权利的缺位》，《党政论坛》2009 年第 6 期，第 60 页。

第五章

煤矿安全事故的心理成因

研究表明，80%的煤矿安全事故是人的不安全行为引发的，而人的行为是受人的心理支配的，因此研究煤矿安全事故的心理成因和机制就显得很有必要。尽管煤矿安全事故的心理学研究已经开启有年，但从目前的研究来看，研究路径基本上都是采取"以结果归纳原因"的模式，缺少应有的理论支撑。本章将从普通心理学相关理论出发，在探讨技术风险形成心理机制的基础上，进一步分析煤矿安全事故的心理成因，并辅以案例论证。

第一节 技术风险心理成因的根源

技术的发明、设计、制造和使用无不渗透着人的心理活动，离开了人的心理，一切技术实践都无法完成。但是，从技术是独立于人的意识而存在的角度说，由于人的认知的有限性，人的心理不仅不能完全认识和把握技术，甚至会引发错误的行为，从而导致技术风险的出现。技术风险的心理成因十分复杂，很多问题尚处于探讨之中，本章仅从如下两个方面讨论技术风险形成的心理根源。

一、人的心理"缺陷"

总的来说，人生就是不断认识和改造环境以适应自身的过程。但是，人对环境的认识和改造又总是有限的、不全面的，因为人首先在生物学上是有"缺陷"的。因此，利用技术手段来弥补自身的"缺陷"，就成了人类基本的生存方式。不幸的是，面对技术，人类同样遭遇"反身性命题"：人对技术的认识和使用也是对环境认识和改造的一部分，因此也是有限的、不全面的。

技术实践与人类其他实践活动一样，是始于认识的，因为如果没有认识就不能产生具体的行为，技术实践也就无从展开。因此，所谓的技术实践实际上就是技术主体的心理和技术对象相互建构的过程。毫无疑问，从技术主体的主观心理动机来说，总是希望技术实践能够顺利地进行。但是，由于人的生理基础和心理结构存在"缺陷"，客观上影响和干扰着技术主体正常的技术活动，技术实践的过程和结果总是表现出种种不确定性。

首先，技术主体生理基础存在"缺陷"，是技术风险发生的心理根源之一。"现代科学已经证明，神经系统是产生心理活动的物质基础，脑是心理最重要的器官，一切心理活动都是在客观现实的影响下，通过神经系统特别是大脑的活动而实现的。"[①]可见，心理是神经系统的机能，主要是人脑的机能。因此，人的各种心理现象的发生、发展，与拥有健康的神经系统是分不开的。如果没有神经系统构成具有特殊功能的人体器官，人将无法分辨事物的大小、颜色、形状、明暗、气味以及其他特征。但是，人的神经系统是有局限的，也是有缺陷的。神经系统的局限主要体现在由神经系统构成的人体器官功能的有限性上。比如，过于暗淡的

---

① 郑希付、陈娉美：《普通心理学》，中南工业大学出版社 2002 年版，第 25 页。

事物人的肉眼无法看见，过于明亮的事物人会因为感觉刺眼而无法看清。研究表明，正常的眼睛的视距可达到无限远，夜晚能看见距地球 38 万千米的月亮，甚至远达亿万光年的星星，但是，肉眼的分辨率是有限的，而且差异非常大。据科学测试，视力正常的人，肉眼的分辨率仅约为二千分之一至五千分之一。错觉是神经系统缺陷的主要表现形式。科学研究提出了准备性假说理论和神经抑制理论，它们都把错觉的发生解释为神经系统的问题。准备性假说理论认为错觉是神经中枢给人发出不适当的指令所致。神经抑制理论认为，当人的器官的两个轮廓接近时，由于抑制作用，神经兴奋分布中心发生了变化，人们看到的轮廓发生了相对位移，形成了错觉。错觉对人的实践具有很大的危害性。如飞行员飞行时，由于海天一色，失去环境视觉线索，就会形成"倒飞"的错觉，容易发生飞行事故。

技术认识是一项高级心理认识活动，它不仅要求技术主体具备一定的知识和经验作为技术认识的知识基础，也要求技术主体具有完善的生理基础，以保证技术认识的准确性和精确性。因此，神经系统存在的局限和缺陷，客观上干扰了技术主体的技术认识，使技术实践表现出不确定性，并形成各种各样的技术风险。

其次，技术主体心理过程的伴生性，是技术风险发生的心理根源之二。人的认识活动包括感觉、知觉、记忆、想象、思维和语言等。其中，感觉是对事物个别属性和特性的认识；知觉是建立在感觉基础之上，凭借认识主体的知识和经验对事物联系和关系的认识；记忆是积累和保持个体经验的心理过程；思维是运用已有的知识和经验认识事物内部联系和规律，揭露事物本质，形成关于事物的概念，进行推理判断，解决面临的问题。可见，"人的心理现象是在时间上展开的，它表现为一定的过程（process）……"[①]。但是，心理过程包括认知过程、情感过程和意志过程三个方面。也就是说，人的心理过程不是单一的认知过程，而是与情感过程、意志过程相伴而生的。心理学研究表明，人在认识事物属性、特性及其关系时，还会产生对事物的态度，这就是情绪（emotion）或情

---

① 彭聃龄：《普通心理学》，北京师范大学出版社 2001 年版，第 7 页。

感（feeling）。情感在认知的基础上产生，但对认知产生巨大的影响，是调节和控制认知的一种内在重要因素。"积极的情感能激发人们认识的积极性，使人锐意进取；相反，消极情感会使人消沉、沮丧，窒息人们认识与创造的热情。"[①]同样，人的认知过程也离不开人的意志，坚定的意志力可以促进人的认识和行动，相反，意志力薄弱会使人的认识和行动的积极性减退。但是，人的情绪和意志力是处于变化之中的。因此，在技术实践中，当技术主体的情绪和意志出现低落或消沉时，认识和行动就可能出现偏差，导致技术风险的出现。

最后，技术主体心理结构的复杂性，是技术风险发生的心理根源之三。心理学认为，人的心理现象包括心理过程和个性心理。其中，心理过程包括认知过程、情感过程和意志过程三个方面，个性心理又包括个性倾向和个性心理特征两个方面。[②]可见，人的心理现象十分复杂。第一，从心理过程看，心理现象的复杂性表现为人的心理认知具有时空差异性。心理过程是认知过程、情感过程和意志过程的结伴而生，而人的情感和意志在时间和空间上存在差异，因此人的心理认知就存在时空差异。当主体喜爱某一事物时，意志力坚定，表现出积极的认识状态和正确的行为方式。而当主体厌恶某一事物时，克服困难的意志力薄弱，认识状态不积极，易出现行为错误。第二，从个性心理看，心理现象的复杂性表现为不同个体个性心理特征的差异性。心理学已经表明，生理基础决定个性心理特征，因此人的个性心理特征具有相对稳定性，但是不同个体之间由于生理基础的不同，个性心理特征存在差异。这种个体心理特征的差异性反映到实践中，就表现为实践活动的主体选择性，即某些实践活动适合某种个性心理的人，而另一些实践活动更适合另外一种个性心理特征的人。把这种特征延伸到技术实践领域，可以得出的结论是，某项技术可能只适合此类个性心理的技术主体，而彼类个性心理特征的人是应该出局的。但是，在实践中按照个性心理特征选择技术主体的做法，操作起来是行不通的。因此，实际情况是，在具体的技术实践中，很多

---

① 邵辉、王凯全：《安全心理学》，化学工业出版社 2004 年版，第 3 页。
② 邵辉、王凯全：《安全心理学》，化学工业出版社 2004 年版，第 3 页。

技术主体会因为个性心理的影响，出现技术认知和技术行为上的偏差，从而导致技术风险。

二、人的技术心理

前文已经论及，技术实践活动在本质上是技术与人的心理相互建构的过程。在这一建构过程中，人的心理通过支配技术认识和技术行为不断地塑造着技术的形态和功能；反过来，技术也不断地开发人的心智，促进了人的智力的发展。但是，在这一过程中，技术对人的心理产生的消极影响同样不可小觑。具体表现在，当人们面对技术的时候，常常会出现各种各样的心理变化，技术心理就是其中一种最重要的表现形式。技术心理又可以分为技术压力、技术恐惧、技术盲目崇拜、技术依赖和技术替代等。它们都会对技术实践产生不利影响，甚至会导致技术风险的出现。

技术压力，是人们面对技术时产生的心理压力。Craig Brod 在他的《技术压力：计算机革命的人类成本》一书中谈到，技术压力是因为不能适应计算机技术而引起的适应性疾病，对计算机过度敏感，以至于接受新技术时会处于一种挣扎状态。Craig Brod 还把技术压力描述为易怒、头疼、噩梦等焦虑症的表现。[1]技术压力不仅表现为心理上的压力、紧张和倦怠，还表现为腰酸、背痛、眼睛疲劳等生理上的症状。很显然，这些心理和生理上的不良反应，对技术认知和技术行为都将产生一定的负面影响。科学研究表明，人处于心理紧张和倦怠的情况下，对周围的环境认识和判断能力下降，行为也容易出现偏差。可见，技术压力是滋生技术风险的因素。

技术恐惧，是人们对技术的害怕和敌对心理。Tomothy Jay 首次提出"技术恐惧"的概念。他在 *Computerphobia: what to do about it*（《计算机恐惧：对它怎么办》）一文中，从态度、情绪和行为三个方面描述了技术恐惧的表现。他认为，患有"计算机恐惧"的人，拒绝谈论计算机，甚

---

① Craig Brod. Technostress: The Human Cost of the Computer Revolution[M]. Readings, MA; Addison-Wesley, 1984: 1-3.

至不愿想到计算机；对计算机产生恐惧感；对计算机产生敌对情绪，以至于在大脑中出现想破坏计算机的念头。①

现代社会制度之所以是依托技术系统而构建的，是因为技术本身具有超越时代发展的先进性和新颖性特征。这就注定技术从旨趣到设计理念，都超越人类现有的认知和行为水平。因此，人类虽然以技术为生存方式，但却永远面临如何适应技术的问题。技术恐惧就是在适应技术的过程中，产生的一种极端的技术心理现象。根据 Tomothy Jay 和其他学者的研究，有技术恐惧心理的人害怕、仇视、拒绝技术，甚至产生毁灭技术的心理，所以，他们在技术实践中出现技术认识不充分，乃至技术行为出错而导致技术风险，就可想而知了。

技术盲目崇拜，是人们对技术作用、安全、发展和权威过度信任的技术心理现象。技术崇拜契合的是技术决定论的思想。技术决定论的观点可以概括为有因果关系的四点内容：（1）技术有其自身的展开和发展的内在逻辑；（2）（所以）技术只是专家和权威的事业，应该相信和尊重权威；（3）（所以）技术可以解决一切社会和人的问题；（4）（所以）技术永远是可靠而不会出错的，即使出错，责任也一定在人，而不在技术。因此，技术盲目崇拜者和技术决定论者一样，对于技术，他们并不缺少认识，只是他们的认识是盲目的。他们被动地接受别人的价值观念和认知体系，过于相信技术创造者许下的技术能带给人们美好生活的诺言，片面地把自己对技术的认识集中到技术美好的一面，却禁锢了自己对技术危险一面的认识。正如格兰蒂宁（Chellis Glendinning）所说，"人们在乐观主义思想的导引下还是丧失对技术危险的知觉"②。

现代技术的发展实践越来越证明，技术系统本身就不完善，充满种种不确定性，从结构到功能上都表现出先天的缺陷和不足。因此，像技术盲目崇拜者那样，在技术实践中，看不到风险的存在，失去对危险的警惕，何患技术风险不会出现，技术事故不会发生？

① Mark.J.Brosnan. Technophobia: The Psychological Impact of Information Technology[M]. London and New York Routledge, 1998: 12-16.
② Chellis Glendinning.When Technology Wounds—The Human Consequence of Progress [M]. New York: William Morrow and Company, Inc. 1990: 43.

第二节　技术风险心理成因机制

行为始于认识，心理是认识的源泉。所以，在技术与人的互动中，心理是桥梁和纽带，技术风险的心理成因也就是理所当然的。但是，人在与技术相互建构的过程中，心理机制发生怎样的变化，才会导致技术风险的形成呢？研究表明，按照技术风险形成的心理动力源，可以把技术风险心理成因分为外生性技术风险心理成因、内生性技术风险心理成因和结合性技术风险心理成因。

一、外生性技术风险心理成因

在技术实践中，由于受技术情境等外部环境因素的影响，技术主体的心理常常会发生反应和变化，从而引发技术风险。我们把这种技术风险形成机制称为外生性技术风险心理成因。外生性技术风险心理成因机制可以形象地描述为"外→内→外"式的，即先由外部环境（外）引发技术主体的心理反应和变化（内），然后，技术主体的心理反应和变化（内）反过来又引起外部环境的变化（外），进而引发技术风险。在技术场域中，引发技术主体心理反应和变化的情境因素很多，描述也十分复杂，本书仅以常见的自然条件因素为例加以说明。

自然条件是技术场域内主要的技术情境因素。技术场内的光线、色彩、声音、温度、湿度、气压和风力等情境因素，都与技术实践活动密切相关。这些因素不仅会损害技术主体的职业健康，还会引起技术主体的心理变化，诱发技术事故，直接造成一定的危险。研究表明，光线是影响技术生产活动的主要环境因素。人在从事技术生产活动时，主要依靠视觉来接受和处理外界的信息。有研究数据证明，技术场 80%的信息是通过视觉传递给技术主体的。所以，如果光线昏暗，就会使技术主体的视觉分辨能力下降，接收到不清晰或者是错误的信息，从而对周围的环境做出错误的认识和判断，增加了技术事故发生的概率。同时，技术主体在光线条件太差的技术场域内从事技术生产活动，会因为工作效率下降，对自己的工作能力产生怀疑，自我效能感低，长此以往可能会产生心理焦虑，导致技术恐惧心理。从理论上讲，完全可以通过改善照明条件来解决技术情境中的光亮问题，但是在实际中，由于受感光条件的要求，或者受特殊技术行业的限制，这一问题有时得不到合理的解决。

颜色也是影响技术主体的环境因素。研究表明，长期在以黑色和灰色为主色调的技术情境中工作，会产生心情沉重、忧郁的感觉，反应迟钝，对周围的事物和环境缺少认识和判断，甚至连对技术风险的认知水平也会逐渐下降。但是，很多技术活动根本就无法选择颜色背景。比如煤炭和有色金属等采掘工业，黑色和灰色的主基调背景是难以改变的。

噪声可以称得上是技术情境中对技术主体心理和行为最具影响的环境因素。噪声会诱发人的忧郁、烦躁等情绪。医学研究认为，噪声不仅影响人的听觉器官，还会损害人的心血管系统、中枢神经系统、消化系统和呼吸系统，甚至对人的视觉器官也有一定的伤害，比如，当声音达到125分贝时，人会觉得头疼。而声音超过160分贝，人的耳膜可能已经破裂。人在20千米的范围内听到200分贝的声音，压力波会损害他的肺部，外部空气将进入血流，造成致命的肺栓塞。可想而知，如果技术场噪声超过一定的分贝，技术主体一定感到身心俱疲，心理压力巨大，精神极度紧张。这种情境下，技术主体的行为极易引发技术风险。

技术场的温度、湿度和空气等微气候环境也是影响技术主体身心的因素。温度过高、湿度过大、空气流速过缓，都会导致技术主体头痛、胸闷或心烦意乱，从而在技术实践中失去热平衡。人体失去热平衡，就会出现水盐代谢紊乱，引起以中枢神经或者是心血管障碍为主要表现的中暑等疾病。另外，在高温高湿度环境下作业，人体还会因为中枢神经系统受到抑制，注意力难以集中，动作准确性和协调性下降，反应趋于迟缓。所以，在技术实践中，具有这些心理和生理症状的技术主体，其行为容易引发风险事故。令人遗憾的是，技术场微气候环境的改善，也不同程度地受到技术行业和技术情境条件的限制。

弗洛姆在他的《占有还是生存》一书中说道："只有从根本上改变人的性格结构，抵制重占有的价值取向和发扬重生存的价值取向，才能避免一场精神上与经济上的灾难。"①如果把弗洛姆的这段话延伸到技术实践领域也同样是适用的。在技术使用中，一味地强调财富的攫取，而不注重技术使用主体生存环境的改变，精神的伤害和经济上的风险同样也是不可避免的。事实上，当生存指向成为技术系统意识形态基础的时候，技术发展的目标所关注的将是人类成长的所有方面，那时，人类的技术潜能将会得到进一步的发挥。

二、内生性技术风险心理成因

在技术实践中，技术主体面对某种技术情景时，因自身受到个性因素影响而发生心理变化，进而引发技术风险。本书把这种技术风险形成机制称为内生性技术风险心理成因。因为人的个性因素是相对稳定的，而且个体之间的个性因素又是有差异的，所以探讨内生性技术风险心理成因具有非常重要的比较意义。这种类型的技术风险形成机制可以被描述为"内→内→外"式，即技术主体的个性因素（内）引起心理变化（内），然后，心理变化又诱发技术风险（外）。以下从性格、气质和人的生物节律三个个性心理构成要素，对技术风险的心理成因进行讨论。

"性格"一词源于希腊文，意思是"特征""标志""属性"或"特性"。"性格是人对现实的稳定的态度和习惯化了的行为方式，它贯穿于一个人的全部活动中，是构成个性的核心。"②性格是个性最重要的方面，个性差异首先表现在性格上。性格是人在与环境相互作用的实践中形成的稳定的待人接物的风格。因此，性格反过来会影响人的实践活动方式和结果。

塔佩斯（Tupes）的五因素模型理论对于理解内生性技术风险心理成因有很大的帮助。五因素模型理论是塔佩斯用词汇学方法在分析卡特尔的特质变量理论的基础上提出的。该理论认为，外倾性、宜人性、责任心、情绪稳定性和开放性是人的相对稳定的五个性格因素。在每个方面，不同的个体，或者表现为积极的特征，或者表现为消极的特征。因此，

---

① [德]弗洛姆：《占有还是生存》，生活·读书·新知三联书店 1989 年版，第 177 页。
② 邵辉、王凯全：《安全心理学》，化学工业出版社 2004 年版，第 72 页。

根据五因素模型理论可以推测，在多方面表现为消极特征的个体，如果从事技术实践活动，则容易诱发技术风险。

安全心理学研究和实践验证了五因素模型理论的基本观点。安全心理学认为，个体具有积极的性格特征，比如责任心强、情绪稳定、自信、控制力强等，更易于驾驭生产操作的具体环节，生产活动的安全性更高，而具有消极性格特征的个体更容易出安全事故。狂妄自大、喜欢冒险、具有攻击型性格特征的个体，在生产活动中容易出大的安全事故；性格内向、情绪不稳定、主导心境压抑的个体很容易出安全事故；做事马虎、敷衍、粗心往往是形成安全事故的直接原因。

技术是具有不确定性的实践活动。要减小技术本身的不确定性，就必须实现人、物、环境在相互作用中的协调与和谐。这首先就要求在技术实践中发挥主导作用的人应该具有稳定、安全的性格，以利于正确把握技术规律，严格按照技术程序和规章来规范操作，使技术物与环境相互作用的方式和节奏合理，从而避免技术风险的发生。相反，如果技术主体具有消极、不安全的性格，则一定会促使技术风险的出现。

气质是技术风险个性心理成因的另一个因素。"气质就是日常所说的性情、脾气，它是一个人生来就具有的心理活动的动力特征。"[①]对于个体来说，气质具有较大的稳定性。一个具有某种类型气质的人，一般情况下，总会通过他的情感、情绪和行为表现出来。巴甫洛夫在盖伦（Galen）气质类型说的基础之上，提出了高级神经活动学说，以此来解释气质的生理基础。根据神经系统的兴奋过程和抑制过程对人的行为反应所产生的影响，巴甫洛夫把人的气质分为兴奋型、活泼型、安静型和抑制型四种类型，这与希波克拉底提出胆汁质、多血质、黏液质、抑郁质四种传统的气质类型互相对应。

研究表明，胆汁质气质的人属于兴奋型，情绪兴奋性高，动作敏捷，反应迅速，但容易冲动；多血质气质的人属于活泼型，活泼好动、反应迅速、善与人交往，但注意力容易转移、兴趣和情趣易于变化；黏液质气质的人属于安静型，安静稳重、注意力集中、善于忍耐，但反应迟钝、

---

① 邵辉、王凯全：《安全心理学》，化学工业出版社 2004 年版，第 75 页。

动作缓慢；抑郁质气质的人属于抑制型，情绪体验深刻、孤僻、行动缓慢，但感受性很高、善于观察细节。

根据上述人的气质分类理论，不同的技术主体在技术实践中会表现出不同的特点。胆汁质气质的技术主体性格外向，能够适应不断变化的技术情境，而且对突发的技术事件也能迅速敏捷地加以处理，但是在技术场也容易急躁冲动、麻痹大意、注意力不集中、自控能力差，容易犯违规作业的错误，从而易于引发技术风险；多血质气质的技术主体在技术场情绪和情感相对比较稳定，但是容易粗心大意而诱发技术风险；黏液质气质的技术主体在技术场心情安静、情绪平稳、注意力集中，很少诱发技术风险，但是对突发技术风险事件反应迟钝、应急能力差；抑郁质气质的技术主体在技术场表现出的优点是情绪稳定、观察细致，善于发现技术风险的苗头，能够防微杜渐，但缺点是动作迟缓、谨小慎微、优柔寡断，处理突发技术事件能力弱。

人的生物节律也是技术风险个性心理成因的重要因素。个体的体力、智力和情绪循环往复的周期性变化叫"人体生物节律"，习惯上也称"人体生物钟"。人体生物节律分为高潮期、低潮期和临界期。当人的生物节律处在不同期间，人的行为就表现出不同的特征。如果在技术实践中，技术主体生物节律处在高潮期，则表现为精力旺盛、思维敏捷、反应迅速，其行为一般不易诱发技术风险。当技术主体生物节律处于低潮期时，就会表现为容易疲倦、认知和判断能力差、情绪波动较大、注意力不太集中，行为有引发技术风险的可能。而当技术主体生物节律处在高、低潮期转换的临界期（一般为一天）时，会感到身体器官的协调功能下降、生理变化大，其行为最容易引发技术风险事故。

三、综合性技术风险心理成因

在技术实践中，技术主体由于受技术任务、技术情境、认知能力、情绪情感、注意力等外部和内部因素的共同影响，产生某种不安全的心理状态，从而导致技术风险的发生。本书把这种技术风险形成机制称为综合性技术风险心理成因。综合性技术风险心理成因机制可以描述为"内、外→内→外"式，即技术情境（外）和技术主体的个性因素（内）导致某种不安全心理状态（内）再诱发技术风险（外）。在技术场，技术主体的不安全心理状态有多种表现，如侥幸心理、麻痹心理、冒险心理、依赖心理、从众心理、自大心理、逆反心理、注意力不集中等。这些因素在一定的技术情境条件下，都有可能诱发技术风险。

侥幸心理又称投机心理，指行为人在一定情境中，不严格按照规章制度行事，对潜在的风险事故及其引起的灾难抱有免除想法的心理状态。在技术场，侥幸心理现象十分普遍。持侥幸心理的技术主体的心理逻辑是，不安全行为与技术风险事故之间的关系是概率分布的，而不是因果关联的，因此，不安全行为并不是一定会导致技术风险事故，而且也不是所有的技术风险事故都会造成严重的生命财产损失。持侥幸心理的技术主体的错误就在于，技术是建立在科学基础上的，十分强调主体的认识和行为的规律性和规范性，而侥幸心理是建立在不讲规律和规范的省事、省时、省力、省物基础上的，所以其导致的必然是走捷径的冒险。换言之，侥幸心理所支配的认知和行为模式与技术实践的要求是根本对立的。

麻痹心理指行为人在一定的情境中，由于风险意识淡薄，行为上疏忽大意，从而产生主观上的过失或过错的心理现象。经验主义和主观主义是产生麻痹心理的逻辑基础。或者说，具有麻痹心理的技术主体，在技术实践活动中，要么凭以前没出过风险事故的经验，要么凭自己的主观想象，总认为不会出现技术风险，因而置技术安全规制和操作程序于不顾。技术主体麻痹心理的产生，不仅受技术场情境因素的影响，也受主体自身的经历和性格的影响。技术环境越好，操作越简单，技术主体对技术的应用越熟悉，越容易产生麻痹心理。研究表明，技术主体的性格等人格特征也与麻痹心理有一定的联系。

依赖心理指行为人不自信，认为自己无法单独完成某件事情，而对自己信得过的人产生依赖的一种心理状态。在日常生活中，平等健康的人际关系是建立在双方的相互选择性基础之上的合作共事关系，而不是一方对另一方的依赖，所以，依赖心理对人际交往和合作十分有害。在技术实践中，如果技术主体产生依赖心理，后果更加严重。技术实践要求人的行为标准化，讲究规范化、程序化操作，换句话说，在技术实践中，人的行为节律与技术操作节奏在时间和空间应该是一一对应的。但是，如果技术主体有了依赖心理，就一定会因为感到孤立无援而心里不踏实，表现为注意力分散、反应迟钝，因此其行为节律与技术节奏就会发生偏差，从而导致技术风险。技术主体的依赖心理不仅与其人格特征有关，也与其学识、能力和技术水平等素质因素有相关性。

自大心理又叫逞能心理，指行为人在某种情境条件下自以为是、过于注重自我，从而不惜通过冒险的方式来表现自己的心理状态。研究表明，在技术实践中，产生自大心理的技术主体，往往都有比较过硬的技术和比较丰富的经验。他们容易依仗自己的本领和经验，对一切都满不在乎，工作冒险、蛮干，因此容易引发技术风险。在学术典籍中，"技术"一词，常常被解释为"技巧"或"技艺"。可见，技术是讲究"巧"的"艺术"，与冒险、蛮干在本质上就是格格不入的。

逆反心理指行为人在某种情境中由于人际关系紧张，产生对他人或组织的偏见或对抗情绪，而故意表现出的有反常态的心理状态。逆反心理对技术生产活动的负面影响很大，甚至可能直接导致风险事故的发生。在技术场中，有逆反心理的技术主体往往对抗领导，故意违反技术规则和规章，不听同事的善意提醒，明知自己的行为是错误的，还固执地坚持，将错就错。因此，在逆反心理的支持下，技术主体的行为严重违背技术操作的程序、规范和章程，具有故意的主观破坏性。技术主体容易产生逆反心理，不仅与其自身的人格特征有关，与技术情境及其个人的生活经历也有很大的关系。

技术主体危险心理状态的表现不一而足。值得一提的是，在技术场，工作压力和应激状态是技术主体形成各种危险心理状态的客观因素。技术是具有挑战性的实践活动，技术任务目标一般都超出技术主体的应对能力，这就很容易造成技术主体的工作压力。工作压力过大会使技术主体产生情绪低落甚至是厌倦技术工作的应激心理，从而危及技术安全，引发技术风险事故。埃鲁尔在《技术社会学》一书中说："技术的目的在于帮助人尽快找到平静他的恐惧的方式，重新调整他的心灵与思维。"①实际上，人们在努力通过技术"平静他的恐惧""调整他的心灵与思维"的过程中，首先要面对因技术而生的恐惧，心灵与思维也已经受到技术的伤害了。

第三节　煤矿安全事故心理成因分析

　　风险大、事故多是采煤技术系统复杂性的主要表现。由于工作环境较差、工作压力大，加之受教育程度低，煤矿矿工在采煤技术场普遍存在一些不安全的心理状态，并经常直接诱发煤矿安全事故。下文将对几种常见的煤矿安全事故心理成因加以分析。

一、事故的情境类心理成因分析

　　影响煤矿矿工心理，从而导致安全事故发生的煤矿情境因素，本书称之为煤矿安全事故的情境类心理成因。实际上，"煤矿安全事故的情境类心理成因"就是前文的"外生性技术风险心理成因"，之所以在上文用"外生性心理成因"，是为了突出这种技术风险形成的机制是始于"外在"的，而在此用"情境类心理成因"，是为了表明导致这种煤矿安全事故的具体心理内容是"情境"因素。

　　我国煤矿超过 90% 都是地下开采，因此采煤技术情境条件差是普遍现象。长期遭受采煤情境影响的矿工，不仅会患有各种职业疾病，还会产生很多危及正常生产活动的不安全心理状态，给煤矿安全生产带来很大隐患。事故的情境类心理成因很多，但是以环境因素为主，而且环境因素对矿工的不安全心理的影响也最突出。研究表明，在采煤作业环境

---

　　① 转引自[荷]E. 舒尔曼：《科技时代与人类未来——在哲学深层的挑战》，东方出版社1995 年版，第 124 页。

中，光线、颜色、噪声、温度、气压、有害气体和通风等因素，从视觉、听觉、嗅觉、触觉等方面侵蚀矿工的身心，是造成矿工不安全心理状态的主要因素。

在特定的作业单元，事故的数量与光亮成反比。[①]据统计，在由环境因素引发的生产事故中，超过 25% 归因于光亮因素。可以想象，光亮在煤矿安全事故环境因素中的占比会更大。煤矿矿井作业面比较低矮，光线比较昏暗，加之井下照明条件一般比较差，因此，在很多时候，矿工主要依靠矿帽上的矿灯作业。视线不好、光线幽暗严重影响到矿工的识别和分辨能力，其所接受的信息往往是模糊不清甚至是错误的，因此，矿工很容易做出错误的判断，进而采取不正当的行为，酿成安全事故。

色调是造成煤矿矿工不安全心理状态和不安全行为的另一个重要的情境因素。色彩与安全的关系研究已经得到很多学者的关注。煤矿井下以黑色、灰色为主色调，比如，黑色的煤壁、机器设备、顶板、工友的衣服和脸，灰暗的灯光。研究表明，黑色和灰色容易让人产生忧郁而沉重的心理反应和生理反应。而矿工整天面对黑色和灰暗的环境，加之空气污浊、任务繁重，就必然会心烦意乱，注意力分散，心情压抑、悲观，视觉和听觉迟钝，行为缓慢，从而对安全生产造成很大的威胁。

噪声也是形成煤矿矿工不安全心理状态和不安全行为的重要情境因素。引起人们烦恼、痛苦、不适应等情绪的一切声音都可以称为噪声。在煤矿井下，始终伴随矿工的是机械噪声。机械噪声一方面会影响和干扰矿工之间的语言交流，致使矿工心情烦躁、抑郁；另一方面还严重影响矿工的听觉器官、视觉器官，对矿工的中枢神经系统、心血管系统、呼吸和消化系统产生较严重的伤害，从而造成矿工听力减退，辨别和判断力降低，应对突发事件的能力下降。[②]这在一定的情境条件下，会直接诱发煤矿安全事故的发生。

温度也是煤矿安全事故心理成因不可忽视的情境因素。人在气温超

---

① 胡明轩：《论矿工的不安全心理与安全管理的应对措施》，《陕西煤矿》2004 年第 4 期，第 51 页。

② 王红：《违章作业者的心理现象及管理对策》，《中国安全科学学报》1995 年第 5 期，第 265-266 页。

过体温的环境下，就会有较严重的胸闷和透不过气的感觉，在从事生产实践活动时，就很容易失去热平衡，出现脱水等一系列生理反应。我国南方煤矿夏季井下气温普遍超过人体体温，很多煤矿甚至超过41摄氏度，且井下空气稀薄、含氧量低，煤矿矿工在这样的环境中作业，往往会感到恶心、头痛，精神紧张难耐，从而产生麻痹大意和侥幸心理，导致煤矿安全事故的发生。

瓦斯和粉尘也是重要的煤矿安全事故心理成因的情境因素。我国高瓦斯煤矿占的比例较大。煤矿井下瓦斯的浓度跟通风、煤质等多种因素有关，所以常常处于变化之中，难以控制。同时，受采煤技术和煤质的影响，粉尘含量大是采煤场空气的一大特点。矿工如果吸入浓度过高的瓦斯和粉尘，会产生恶心、眩晕的感觉，注意力不集中，操作马虎，应付差事，不遵守规章制度，所以容易引发安全事故。

从技术实践方式上讲，技术是技术主体（人）、技术客体（技术物）和技术情境（环境）的相互作用。因此，从环境因素影响人的心理机制的角度来研究技术风险，就具有重要的现实意义。它给人们的启发是：可以通过最大限度地改变技术环境，达到增进技术主体身心健康和减少技术风险的双向效果。

二、事故的个性类心理成因分析

在各类心理成因导致的煤矿安全事故中，有一类既不是采煤技术情境诱发，也不是矿工心理状态直接所致，而是煤矿矿工的性格、气质和生物节律等个性因素引发的。本书称之为煤矿安全事故的个性类心理成因。"个性类心理成因"实际上就是上文所述的"内生性心理成因"，之所以在前文用"内生性心理成因"，是为了突出这种技术风险形成机制的"内在"特点，而在此用"个性类心理成因"，是为了表明导致这种煤矿安全事故成因的具体心理内容是人的"个性"。

个性是人相对稳定的心理标志，不易受到外界环境因素的影响。因此，研究这种类型的煤矿安全事故心理成因，可以为煤矿岗位心理选拔提供启示和借鉴，即可以把矿工的个性特征与煤矿岗位对安全行为的要求进行对应匹配，以降低煤矿安全事故的发生率。

因为性格是个性最重要的方面，而且很多气质特征可以通过性格外在地表现出来，所以，为了研究方便，下面我们主要讨论矿工的性格类型及其职业适应性与煤矿安全事故的关系，而对矿工的气质类型与煤矿安全事故的关系不再加以专门讨论。

人的性格包括很多方面，但就其最显著的特征而言，大致可以归纳为对现实的态度、理智、情绪和意志四个方面，而每个方面又表现为正反相对的两种特点。其中，对现实的态度包括对社会、对工作、对他人和对自己的态度，如正直、诚实、积极、谦逊、勤劳等，与其相反的有圆滑、伪善、消极、骄傲、懒惰；理智表现为深思熟虑、善于分析与善于综合等，与其相反的有轻率、武断、自以为是；情绪则表现为热情、乐观、幽默等，与其相反的有冷淡、悲观、忧郁；意志表现为独立性、自制性、果断性、坚持性等，与其相反的有易受暗示性、冲动性、优柔寡断性、动摇性。[①]上述的性格独特地结合，以相同或近似的特征体现在人身上，就成为性格的类型。由于性格是一种复杂的心理现象，心理学界还没有统一的性格类型分类。下面仅从常见的两种性格分类类型出发，讨论煤矿矿工的性格与煤矿安全事故的关系。

根据人的智力、情感和意志三种心理机能在性格结构中谁占优势地位分类，则可以把人的性格分为理智型、情绪型和意志型。理智型性格的人通常能理智地衡量和分析周围发生的一切，深思熟虑而后行动是理智型的人最大的性格特点。可见，对情境复杂、风险很大的煤矿作业来讲，理智型的性格是安全性格。情绪型性格的人虽然热情乐观，但对情绪的控制能力较差，因此其行为容易受到情绪的左右，喜怒无常，易动摇，做事容易冲动。研究表明，情绪型性格的人从事安全性要求较高的工作，事故发生率极高，属于典型的不安全性格，不适合煤矿井下作业。意志型性格的人积极而持久，主动而有自制力，沉着果断，做事目标明确，有预见，有计划，不冒险，属于有计划的性格，所以比较适合煤矿

---

① 尹贻勤：《煤矿安全心理学》，中国矿业大学出版社 2006 年版，第 65 页。

井下作业。

根据人的心理活动倾向于外部还是内部，人的性格可以划分为外向型和内向型。外向型性格的人活泼、开朗，善于交往，常常不拘泥于小节，情绪外露不自控，爱冒险，好冲动。内向型性格的人习惯于沉默寡言，不善交往，但做事谨慎、沉着，三思而后行，不冒险。科学研究认为，性格的外向和内向跟事故之间有着一定的相关性（有人认为相关系数 r=0.61），外向型性格的人的不安全行为明显多于内向型性格的人，更容易出安全事故。当然，性格过于内向的人往往也存在优柔寡断、行动迟缓、处理突发事件能力差等缺陷，如果从事煤矿生产，有时也容易引发安全事故。

煤矿工作的职业适应性是个复杂的问题，因此，机械地把是否胜任煤矿井下作业与性格对号入座，在实践中是行不通的，因为煤矿井下不同岗位对性格的要求不尽相同，而且职业适应性与个性的关系也并不仅仅表现在人的性格方面。现代心理学把人的能力也视为个性的重要因素，认为人的职业适应性应综合考虑能力、性格和气质影响。所以，有学者认为，煤矿矿工的个性如果与岗位匹配不当，就会成为一个不安全因素，而且这些不安全因素可能由以下三种原因引起。第一，矿工所从事的工作不符合自己的个性特点或志向，对工作不感兴趣，得过且过，在采煤技术场情绪烦躁，注意力不集中，造成安全事故。第二，工作岗位不符合矿工的性格和气质特征，从而诱发矿工的不安全行为，导致安全事故。比如典型的外向型性格或多血质的矿工，将难以胜任在那些平静的岗位上注意力过于集中的工作，否则就容易出现差错或事故。第三，矿工的岗位不符合他的能力类型或能力水平，从而产生不安全因素，造成安全事故。当人的能力不能胜任工作时，就会感到力不从心，心理压力增大，行为的不安全性也由此增加。[1]

需要特别指出的是，在煤矿生产实践中，既要十分重视矿工个性的岗位适应性问题，比如在选择每个岗位的矿工时，要进行慎重的个性检测和考察，以匹配其个性适合的岗位，但是也要注意培养和引导矿工懂

---

① 尹贻勤：《煤矿安全心理学》，中国矿业大学出版社 2006 年版，第 69 页。

得这样的道理："爱一行，干一行"固然很好，但更要有"干一行，爱一行"的职业道德，因为现实社会不可能提供足够的和适应每个人个性要求的岗位供大家选择。

三、事故的状态类心理成因分析

研究证明，在煤矿安全事故中，占一定比例的事故直接是由矿工的不安全心理状态引发的。这些能够直接引发煤矿安全事故的不安全心理状态，本书称之为"煤矿安全事故的状态类心理成因"。有两点需要说明。其一，"状态类心理成因"实际上就是前文的"综合性心理成因"，之所以在前文称为"综合性心理成因"，是要突出这种技术风险形成机制的"综合性"特点，而在此用"状态类心理成因"，是为了表明导致这种煤矿安全事故成因的具体心理内容是人的"心理状态"。其二，事故的状态类心理成因与情境类、个性类心理成因是有联系的。当人的心理受到外部情境或自身个性的影响而处于某种典型的状态时，就是心理状态。因此，也可以把事故的状态类心理成因看成情景类或个性类心理成因的特例。

不安全心理状态是煤矿矿工个体性引发安全事故带有普遍意义的心理因素，其中，以侥幸心理最为常见。井下采煤作业面本来工作环境就差，如果工作压力过大，工作任务艰巨，矿工处于工作应激情况之下，就很容易产生侥幸心理。煤矿矿工产生侥幸心理的直接原因是"省时、省力、省事、省料"，根本原因是只看到危险的相对性，但是对危险的绝对性缺少清醒的认识；承认不安全行为导致事故的可能性，但看不到特定的事故都是由特定行为引发的必然性。抱有侥幸心理的煤矿矿工的行为特征是冒险作业，他们不顾采煤技术场域存在的潜在危险，只要可能给自己或组织带来某些好处的行为，他们就去做。侥幸心理在状态类心理中居于主导性地位。

麻痹心理也是煤矿安全事故状态类心理成因的一个重要因素。煤矿井下作业都是定人定岗，很多矿工多年来都在同一个岗位上，工作轻车熟路，单调乏味，这是矿工产生麻痹心理的客观原因。煤矿矿工产生麻痹心理的主观原因是，他们认为自己是过来人，既有不出安全事故的经历，也有处理事故隐患的经验。所以，他们的安全意识薄弱。产生麻痹心理的煤矿矿工的行为表现是习惯于按照自己的想法操作，任意违反和篡改规定的安全操作程序和规章，对作业过程中发生的意外也抱着司空见惯、见怪不怪的态度，不能及时慎重地加以处理。麻痹心理与侥幸心理的一个重要的差别是，侥幸心理主要是在应激状态下形成的，而麻痹心理更主要是在煤矿矿工日积月累的工作习惯中形成的，所以麻痹心理的改正更加困难。

责任心缺失是导致煤矿安全事故常态化发生的状态类心理成因。这种心理现象在煤矿管理者和普通矿工中都普遍存在。煤矿矿工责任心缺失的心理逻辑是：安全工作"既不是一己之事，也不是一己所为"。也就是说，很多矿工认为，抓安全工作是领导的事情，与自己无关，安全责任制的落实在于每个人，光自己讲安全，安全事故同样会发生。缺失责任心的煤矿矿工的行为表现是对煤矿安全责任制和操作规程心不在焉、高高挂起，工作时注意力不集中、马马虎虎，甚至面对安全事故隐患也是听之任之、得过且过。研究表明，80%的煤矿安全事故是人的不安全行为引发的，而责任心缺失是导致人的不安全行为的主要因素。可见，安全是煤矿生产的灵魂，责任心是煤矿安全的灵魂，煤矿员工责任心的缺失是煤矿安全的最大隐患。

从众心理是煤矿安全事故状态类心理成因的又一个重要因素。学界也把从众心理称为群体心理。社会心理学研究表明，不论是正式还是非正式群体的成员，都有接受群体规范的愿望与跟从群体行为的倾向，因为当群体成员的观点或行为倾向与群体不一致时，就会感到有一种来自群体的压力，从而产生精神紧张。这种压力称为"群体压力"。[①]群体压力过大，就会促使群体成员违背己愿，行为趋向与群体一致，这就是从众行为（俗称"随大流"）。从众心理和从众行为在我国煤矿有着普遍存在的社会基础。我国煤矿的矿工大多都是经邻居、老乡或朋友介绍，成群结伴来某煤矿工作，因此在工作中容易结成有一定感情基础的非正式

---

① 尹贻勤：《煤矿安全心理学》，中国矿业大学出版社 2006 年版，第 72 页。

群体，如"老乡会"。很多煤矿的管理者为了便于管理，还利用这种群体关系组成生产建制，任命其中某一德高望重的矿工担任领导。可见，在这样的煤矿建制单位中，矿工特别容易产生从众心理和从众行为。比如，煤矿井下禁止抽烟是人人皆知的安全措施，但是矿工看到老乡或朋友都在抽，自己不抽可能会觉得与其格格不入，也有可能会因为遭到类似于"胆小怕事"这样的指责或嘲笑而感到有心理压力，因而也就跟着抽了。很多煤矿井下仍然存在的烟头遍地现象，就与从众行为不无关系。因此在煤矿安全生产管理中，应十分重视从众心理引发的从众行为。

另外，厌烦心理、自大心理、逆反心理、依赖心理等，也是常见的引发煤矿安全事故的状态类心理成因。学术研究认为，上述涉及的心理状态都可以通过教育、培训或其他干预方式进行改正，这就对学术研究和煤矿安全管理工作提出了明确的任务和挑战。

第四节　煤矿安全事故心理成因案例研究

只有通过人的行为研究和分析才能揭示人的心理活动。因此，煤矿安全事故的心理成因，只有通过当事人的行为表现进行分析。本节选择的是近年来煤矿安全事故中较典型的心理成因案例，以专家关于事故调查、分析和处理的结论意见为事实依据，提出分析思路。

一、案例：德丰煤矿"9·24"窒息事故

理论与实践是普遍与特殊的关系，内容再充实的案例也不可能完全反映某一理论的所有方面和细节。因此，本案例所能展示的只是煤矿安全事故心理成因的某些环节，所分析和说明的也只是煤矿安全事故形成中的部分心理机制。下文继续沿袭前文大事记的案例描述方式，力图还原德丰煤矿"9·24"窒息事故的大致经过，以猎取有力的分析依据。

● 2012 年 9 月 24 日上午 11 时 25 分，陕西省榆林市府谷县德丰煤矿

发生井下缺氧窒息事故。

● 9月24日上午，德丰煤矿矿长、副矿长等一行5人进入井下。11时许，几人擅自打开井下1102备用工作面回风顺槽密闭墙，然后进入未贯通的巷道内，5人均因缺氧窒息昏迷。

● 当时正在井下进行设备安装的某公司35人以及2名此前已在井下进行抽水作业的德丰煤矿工人，发现这一情况后立即撤出，并第一时间向矿方进行了报告，矿方于11时24分向府谷县矿山救护队求助。府谷县矿山救护队会同鄂尔多斯驻府谷矿山救护分队立即赶到事发地点，迅速开展事故救援工作。12时45分，井下被困5人全部被救升井，分别被送至近邻的神木县大柳塔镇和内蒙古鄂尔多斯的医院救治。后经全面搜查，确认井下再无其他人员后撤出救援。先前在井下抽水的2名矿工曾一度出现身体不适，经诊治后很快出院。

● 事故发生后，榆林市委常委、府谷县委书记率领县各相关部门迅速赶赴现场，及时开展抢险救援工作。随后，榆林市委书记率领市政府办、安监、能源、煤监等相关部门负责人赶到现场，指挥布置救援和处理善后工作。

● 当日，5名窒息昏迷者经抢救无效死亡。

● 9月25日榆林市政府召开全市安全生产工作电视电话会议，通报事故情况，吸取事故教训，安排部署今后全市安全生产工作。

● 9月25日，陕西煤监局就府谷县德丰煤矿"9·24"窒息事故发出通报。通报指出，这起事故暴露出三个方面的问题：一是该矿"安全第一"的思想树立得不牢固，煤矿现场安全管理存在薄弱环节；二是该矿保障安全生产的规章制度未建立或未严格执行，在未制定启封密闭墙安全技术措施，没有安全保障的情况下，相关人擅自启封盲巷密闭墙；三是该矿"一通三防"管理混乱，在未进行有效通风、气体检测的情况下，擅自进入盲巷。通报要求：①加强煤矿采空区、盲巷密闭管理；②加强煤矿安全规章制度建立；③加强煤矿企业隐患排查治理工作；④加强煤矿建设项目的安全管理。

● 9月26日，府谷县召开煤矿安全生产紧急会议。会议通报了德丰煤矿"9·24"井下缺氧窒息事故情况，会议决定认真贯彻落实全市安全生产电视电话会议精神，从事故中深刻吸取教训，举一反三，对全县的煤矿安全生产工作进行紧急动员部署。

● 德丰煤矿是由府谷县原高石崖联办煤矿和府谷县原孤山二矿整合在一起的个体合作现代化矿井，年产60万吨，事故发生时仍处于基建过程中，未正式投产。该矿井的首采综采工作面已经形成，西侧为准备工作面，顺槽已掘进700多米，系未贯通的仍处于密闭状态的盲巷。

二、事故的心理成因分析

从上述案例基本情节的描述可知，本案例是一个很特殊的案例。其一，该次事故虽然只是死亡5人的较大事故，但是伤亡者的身份很特别，其中包括矿长、安全副矿长和安检员。其二，该次事故的原因很特别。本次事故的发生虽然与管理等其他方面的因素也有关系，但主要是5位身份特殊的当事人的心理因素造成的。

（一）欠缺的风险认知

案例情景：初步调查分析：9月24日上午11时许，该矿矿长马××、通风矿长白××等5人进入井下，擅自打开井下准备工作面回风顺槽密闭墙，在没有给巷道通风，也未对巷道内气体进行检测的情况下，自认为带着过滤式自救器，就可以进入盲巷，因缺氧窒息导致事故发生。

——摘自2012年9月25日《陕西煤监局就府谷县德丰煤矿9·24窒息事故发出通报》

案例情景分析：上述案例情景是事故发生第二天陕西省煤监局通报的事故大致概况。这段文字用词斟酌、语句描述细致，明确了事故的原因和责任，具有事故定性的意义。文字指出，以矿长马××为首的5位当事人"自认为带着过滤式自救器，就可以进入盲巷，因缺氧窒息导致事故发生"。其中的"自认为"一词充分暴露了几位当事人根本未认识到自己的行为可能产生的事故风险。也就是说，在当时的情景下，当事人缺乏风险认知是事故的重要原因。

风险认知是一项很复杂的认知信息处理过程。认知者不仅要运用自己的眼、耳、鼻、手等生理感觉器官接受来自外界客体的信息，在信息加工的过程中，还要用到自己积累的相关知识和经验，才能做出正确的判断、评估和选择，从而保证行为的安全性。可见，风险认知能力跟两方面的因素有关：一是与认知者的生理基础相关，认知者必须具有健康和敏锐的生理基础，才能全面地接收有用的风险信息；二是跟认知者已有的知识和经验积累相关，认知者在对接收的信息进行加工的过程中，需要以往的知识和经验的参与，否则可能做出错误的风险判断，产生不安全的行为。

煤矿是复杂的技术系统，技术情境瞬息万变，随时随地可能出现风险。这就要求作为技术主体的煤矿员工具备比较丰富的与风险相关的技术知识和经验，以确保始终以安全的行为面对多变的技术情境。但是，在案例中，矿长马××等5位当事人正是因为缺乏技术风险知识，做出了错误的判断，从而导致不安全行为。他们把过滤式自救器当成万能的氧吧，不清楚过滤式自救器使用的环境条件，"自认为"只要佩戴过滤自救器就可以进入任何环境。其实，过滤式自救器只适用于无煤、瓦斯和二氧化碳突出的矿井，且环境大气中的氧气浓度不低于18%，一氧化碳浓度不大于1.5%，也不含有其他毒气。而且，过滤式自救器一般只适合事故逃生时使用，不适合正常生产作业。5位当事人正是在未对空气进行检测的情况下，就进入了长期密封而又未进行通风的盲巷作业，才导致了缺氧窒息事故的发生。可见，这次事故的发生，与当事人缺乏风险认知直接相关。

（二）麻痹大意的不安全心理状态

案例情景一：这起事故暴露出：一是该矿"安全第一"的思想树立得不牢固，煤矿现场安全管理存在薄弱环节；二是该矿保障安全生产的规章制度未建立或未严格执行，在未制定启封密闭墙安全技术措施，没有安全保障的情况下，相关人擅自启封盲巷密闭墙；三是该矿"一通三防"管理混乱，在未进行有效通风、气体检测的情况下，擅自进入盲巷。

——摘自 2012 年 9 月 25 日《陕西煤监局就府谷县德丰煤矿 9·24 窒

息事故发出通报》

案例情景二：据介绍，该煤矿属于民营整合煤矿，正在进行基建中，并未正式投产。

——摘自 2012 年 9 月 26 日华商网文章《府谷德丰煤矿发生井下缺氧窒息事故造成 5 人死亡》

案例情景分析：从上述案例情景一、二中，可以看到 5 位事故当事人在事故发生时的心理状态。其中，"案例情景一"中的两个条件状语，即"在未制定启封密闭墙安全技术措施，没有安全保障的情况下……"以及"在未进行有效通风、气体检测的情况下……"，深刻地揭示出，自以为是、麻痹大意的心理状态是导致 5 位当事人不安全行为的关键。而案例情景二的内容表明，煤矿没有正式投产，仍处于基建中，客观上滋长了这 5 位当事人的麻痹心理。

麻痹心理是缺乏意识的心理状态。对于安全生产实践来讲，麻痹心理就是安全和事故意识淡薄的表现。人产生麻痹心理有客观和主观两方面的原因。客观原因是情境因素所致，即人在认为安全的情境之中会放松警惕而产生麻痹心理。在本案例中，正是因为该矿尚在基建中，还没有正式投产，这 5 位当事人感觉不到安全生产的气氛和压力，从而完全丧失了安全生产的警惕性，把严格执行安全规章制度抛至脑后。麻痹心理产生的主观原因既与当事人的个性有关，也与其经历、知识等其他因素有关。案例中的当事人，包括矿长、通风矿长和安检员，平素都是抓安全的，在外人看来，他们是地地道道的煤矿安全生产的专家。那么，他们为什么在没有制定相应的启封密闭墙安全技术措施，没有安全保障的情况下，就擅自启封盲巷密闭墙？又为什么在没有进行有效通风和气体检测的情况下，进入了盲巷？一个重要的因素就是，他们认为自己有安全生产的经验，对煤矿安全技术的细节和安全生产情况驾轻就熟，以往有过类似的经历但并没有出事故，所以产生了麻痹心理。

（三）不理智的性格

案例情景：当时正在井下进行设备安装的 35 人及 2 名先前在井下进

行抽水作业的煤矿工人，发现此情况后立即撤出，并向矿方进行了报告，矿方于11时24分向府谷县矿山救护队求助……

——摘自2012年9月26日《西安晚报》

案例情景分析：上述案例情景表明，事故主要责任人矿长马××不理智的性格也是造成这次事故的因素之一。"案例情景一"中的"擅自"一词就是有力的说明。毫无疑问，矿长身份决定马××对这起事故的发生起主导作用，因为在事故现场，人们都听他的。也正因为如此，矿长马××的性格、学识、能力等都成为左右整个事态发展的因素。

"在现实生活中，人的性格会在各个方面表现出来。一种情况下表现出某一特征，另一情况下表现出另一特征，各种性格特征是不可分割的，互相联系着成为一个统一整体。"[①]理智作为性格的重要方面，在任何情况下都显示个体处事的一贯风格，并影响个体所从事的具体事情的进程和结果。理智性格的典型特征是做事经过深思熟虑然后行动。但是，作为5位事故当事人中的最高决策者，矿长马××在未制定启封密闭墙安全措施，未进行有效通风，未对气体进行检测的情况下，就擅自带领大家打开井下准备工作面回风顺槽密闭墙，又擅自进入盲巷。这一切行为暴露了他做事有欠考虑的不理智的一面。根据事故情节和案例情景推理分析，矿长马××的行为至少在三个方面表现出不理智的性格特点。

第一，违规指挥。退一步说，即使他们的一切违规行为不会导致安全事故，身为矿长的马××也应该遵守规章制度。根据案例情景二的描述，虽然该矿还未正式投产，但是事故发生时，现场附近井下就有37位正在作业的工人。所谓"上行下效"，矿长带头违规指挥和作业，必然会给矿工带来负面影响，从而给安全生产管理工作增加难度。

第二，严重违规启封密闭墙。按照规定，启封密闭墙必须履行请示制度。具体规定是，由煤矿根据《煤矿安全规程》事先制定好启封的安全措施，然后向主管部门申请，获得批示后，方可交由具有资质的矿上救护单位执行，煤矿自己不得擅自启封。也就是说，煤矿启封密闭墙是

---

① 郑希付、陈娉美：《普通心理学》，中南工业大学出版社2002年版，第317页。

一项严格制度化的工作，身为一矿之长的马××对此应该知晓。但是他却擅自下令启封密闭墙，进入盲巷。

每一起安全事故的发生，都可能是心理因素、管理因素和权力因素等综合作用的结果。在本案例中，该起煤矿事故的发生，与该煤矿一贯薄弱的安全生产管理也不无关联。我们之所以主要从心理因素来进行分析，是因为心理因素对这起事故的发生起主导作用。

第六章

煤矿安全事故的文化成因

关于文化的定义众多，有记载的就达 300 多条。其中，19 世纪英国学者爱德华·泰勒在《原始文化》一书中所下的定义较为经典，他认为"文化与文明，就其广泛的民族学意义来讲，是一个复合的整体，包括知识、信仰、艺术、道德、风俗以及作为一个社会成员的人所习得的其他一切能力和习惯"。可见，泰勒的文化是广义的文化范畴。而根据《辞海》，广义的文化是指人类社会实践所创造的一切物质财富和精神财富的总和。与广义的文化概念不同，狭义的文化是指与政治、经济并列的作为观念形态的精神成果的总和，包括艺术、传统、习惯、社会风俗、道德伦理、法的观念和社会关系等。①本书中的文化指狭义的文化概念。

---

① 李爽:《煤矿企业安全文化系统研究》，中国矿业大学博士论文，2005 年，第 25 页。

第一节 技术风险文化成因的根源

政治、经济或法律等以普遍的、明确的规范或制度为中介发挥作用，而文化则以难以言明的、个性化的价值为中介发挥作用。但是，相比之下，文化的作用力和影响力更为深远，因为任何社会现象，都有其存在的文化根源和演变的文化分析视角，技术风险和煤矿安全事故也不例外。

一、技术主义的滥觞

技术主义盛行于 20 世纪的工业社会，它以技术为立论基础和崇尚的对象，并赋予技术社会进步的霸权地位和人类发展的决定力量。历经数十年，技术主义虽然受到学者们的竞相批判和强力斥责，但是其价值观念却越来越支配和主导着人们的生活方式和思维方式。可以说，我们的社会正在经历并已经进入全面技术化的社会。甚至很难想象，离开技术，个人将如何生存和交往，社会将如何存在和运行。那么，技术主义为何具有如此巨大的渗透力和影响力？又是如何成为技术风险的文化根源的呢？答案是，因为技术主义依附于其上的技术及其理性是有效性的，而且技术主义是建立在技术不存在风险的假设之上的。

首先，技术主义在认识层面上假定不存在技术风险问题，是技术风险成因的认识根源。技术主义是技术决定论思想流行和放大的结果。技术决定论是产生于 20 世纪 20 年代西方发达国家的一种社会思潮。它在技术与社会的互动关系上，坚持技术的决定性作用。但是，在技术发展是否会产生社会问题和人类是否能够解决这些问题上，技术决定论内部出现了分歧，并以此分化为技术乐观主义和技术悲观主义。技术乐观主义是技术中立论的技术观，认为技术只是服务于人的目的的工具和手段，人类完全可以对之加以控制。正如安德鲁·芬伯格所说，"手段对欲望本身不起作用，而是对它所执行的人为的步骤、规模和条件有作用"①。技术乐观主义的观点因为符合日常生活的常识，不仅被社会大众广泛接受，也成为各国政府实行科技决策和发展战略的主要依据。技术悲观主义持技术自主论的技术观，认为技术是自主发展的，对于发展产生的社会问题，人类根本无法加以解决。遗憾的是，技术悲观主义虽然在学术上影响深远，但是在社会实践和意识形态领域的影响力远远不及技术乐观主义，换言之，技术乐观主义成为当今社会的主流技术观。可见，根据技术乐观主义，在技术主义时代，技术理性保证技术本身没有风险，即使有风险也可以通过技术发展来解决，因此人们不需要考虑也不存在所谓的风险问题。这种观念深刻影响了现代社会人们的技术安全价值观，从而成为技术风险产生的文化根源。

其次，技术主义在伦理层面上假定不存在技术风险问题，是技术风险成因的伦理根源。自弗兰西斯·培根提出著名的口号"知识就是力量"开始，知识就从苏格拉底所指的"美德"转变为能给人们带来幸福和文明的"新工具"。从此，人们不再关心事物"应该怎么样"或者事情"应不应该做"，而只关心事物"是什么""为什么"或者事情"怎么做"。换言之，事实与价值已经割裂开来，知识的道德力量被物质力量所取代。正是在这种社会背景下，作为物质力量代表的科学技术知识日益强势，科学技术也因此被置于社会发展至高无上的地位，并不断地流行和膨胀，形成了技术主义思潮。而在技术主义思潮的裹挟之下，作为科学技术知识生产者和应用者的知识分子所需要承担的道德责任被消解，生产并有效地应用科技知识，只要求他们承担起能带给人们物质财富的功利责任。这样，在社会实践中，以科学家和工程师为代表的知识分子只需要听命于技术意志的支配，放开手脚，大胆地去生产、去创造，而不必做出任何善或恶的价值判断。作为普通的社会大众，就应该给予知识分子以充分的信任，因为他们不仅是真理的化身，而且是能为人类带来文明和幸福的人。可见，技术主义从伦理层面假定了技术不存在风险。这种思想延续和演化，构成了现实社会中技术风险的伦理根源。

---

① [美]安德鲁·芬伯格著，陆俊、严耕译：《可选择的现代性》，中国社会科学出版社2003年版，第27页。

最后，技术主义在方法论层面上假定技术不存在风险问题，是技术风险成因的传统根源。与技术主义对应的是以机器为标志的生产方式。机器的运行和管理讲究时间的顺序和空间的位置，即时空关系的协调性。这一特征反映到生产和社会组织上，就要求生产的标准化和组织的科层制。因为只有生产标准化，才能保证每相隔一定的时差，机器运行的空间位置与生产制造的产品位置咬合，体现生产制造的过程性；同样也只有生产标准化，才能保证在一定的时间内，生产制造一定数量的产品，从而体现生产的现实性。而生产的标准化就要求解决人与人、人与机器关系的生产管理的标准化，这就直接依赖于以科层制为核心的生产和社会组织的建立，因为科层化组织的结构与机器的结构相适应，在运行上也与机器一样，都是按照指令行事。马克斯·韦伯曾对科层制的社会景象做了生动的描述，他指出，准确性、效率、明晰性、对文件的掌握、连续性、自主性、统一性、严格的上下级关系，减少相互之间的摩擦，降低物力和人力的消耗——所有这一切在严格的官僚政体中达到最佳状态。这充分说明，正是标准化和科层制的有效性，使标准化和科层制已经凝练成技术主义社会的实践方法论，也使技术主义日渐成为社会的主流意识形态。然而，技术主义的生产标准化和社会科层制方法论，蕴含着技术不存在风险的假设。在科层制的组织结构中，人与机器部件没有差别，人的任何行为都要听从指令甚至经过严格的计算，人的所谓个性、思想、情感都被机器的齿轮碾压得粉碎，剩下的只有健全的四肢、程序化的动作。也就是说，人被彻底物化和非人格化。而物化的人，没有心灵感受的人，何来风险可言？可怕的是，这种假定技术不存在风险的技术主义方法论，已经相演相嬗并作为技术实践的传统承续下来，根深蒂固，成为现代技术风险的传统根源。

不幸的是，技术主义大规模社会渗透和膨胀制造了一个大大的技术悖论，即一方面技术以文明使者的身份出现，带给人类极大的物质财富和更多的获取财富的手段；而另一方面，技术又带给人类越来越多和越来越大的风险。以此观之，技术主义真正是技术风险肆虐的罪魁祸首，不愧为技术风险形成的文化之根。

二、技术风险社会意识的滞后性

技术的强大力量展示出的人类生活前景的确超乎人们的想象。但是，就在人们为每一次技术的巨大胜利欣喜若狂的时候，风险和灾难也总是尾随而至，给人类的生存和生活带来新的挑战。因此，人们在努力对技术进行权衡、评估和选择的同时，总是要发问：为什么人类对技术风险的意识总是滞后的？其实，技术风险社会意识滞后的原因是多方面的。以下仅从三个方面进行探讨。

第一，技术风险作为客观存在具有先在性和独立性。马克思主义哲学认为，物质第一性，意识第二性，物质决定意识，意识是物质的反映。毫无疑问，马克思主义的这一基本观点是建立在存在的先在性和独立性基础之上的。所谓存在的先在性是指，客观存在总是先于意识而存在。而所谓存在的独立性是指，不论意识是否反映存在，存在总是存在于此的。作为一种特殊的技术现象，技术风险既是技术对人的现实危害，也是人的心理建构，但是技术对人的现实危害总是先在的，不然也就失去了人心理建构的基础；反过来，心理建构风险的存在，正说明人对现实的风险缺乏认识和应对之策。因此，技术风险总是先于并独立于人的认识而存在的。

第二，技术风险具有与利益伴生的特点。人类发明、设计、制造和使用某项技术大多都是出于善用的目的，要么基于获取物质财富，要么基于生产生活的方便快捷，要么基于人身的安全保障。这样，技术风险总是与利益相伴产生的，而且人们总是先看中技术目的实现所带来的利益，而很容易把技术风险当成副产品加以忽视。特别是在传统技术时代，技术风险规模不大、等级不高，而且人类一般能够轻而易举地对之加以控制，所以技术风险使人受的损失和伤害比较小。在这种情况下，一般社会大众对技术风险漠不关心，更缺少比较清晰的认识，甚至很多人仅仅把技术风险理解为工业生产的设备事故。同时，技术风险的社会传播渠道也比较狭窄，媒体等正式传播渠道对技术风险很少关注，大多技术风险事件的传播都是以无法确证的"小道消息"流传于市井之间。总之，技术风险与利益的共生，使人们忽视对技术风险的认识和关注，从而使技术风险的社会意识表现出滞后性。

第三，现代技术风险的超验性。20世纪以来，由于科学技术迅速向"高大上"的方向发展，技术日益出现双向的特点。一方面，技术的评估、决策和生产越来越官僚化，呈现出远离社会大众的趋势。另一方面，技术又更多地以产品的形式日益渗透到社会大众的日常生活之中，与百姓的关系越来越密切。这就造成了社会大众生活在技术当中但往往又并不真正了解技术的局面。这样，技术的风险往往就包裹在产品正面功能的外衣之下而不被社会大众所认知，或者是超出人们经验认知的范围。比如，转基因食品是否存在风险？在我国，2003年岁末媒体对雀巢转基因产品进行轰炸式的报道，并不断出现一些调查报告和评论性文章宣称转基因食品是有害的，社会大众才给予极大的关注。而转基因食品到底有无风险，各有说法，莫衷一是，留给社会大众的只有疑惑和恐惧。技术风险的这种超出大众经验认识的特点，使某些技术风险的社会意识在很大程度上依赖于技术权威、官僚机构和传播媒介，但是，这些贴上政治标签的社会精英是否能唤起社会公众风险意识的自觉性是值得质疑的，因为当他们需要向社会公布和宣称某项技术风险时，总是不可避免地把技术风险与政治集团的利益联系起来。因此，从现代技术风险超验性角度来说，技术风险社会意识的滞后性是必然的。

技术风险社会意识滞后性不但原因众多，结果更是令人生畏。首先是加剧技术风险分配不公。乌尔里希·贝克曾经在论及风险分配逻辑时指出："风险分配的历史表明，像财富一样，风险是附着在阶级的模式之上的，只不过是以颠倒的方式：财富在上层聚集，而风险在下层聚集。"[1]社会大众处于社会分层的底层，拥有较少的资源，受到的制度性保护也较少，所以风险往往就下沉到社会底层，更多地由社会大众来承担。技术风险是现代社会的主要风险形式，社会大众一方面承担更多的技术风险，另一方面缺少对技术风险的清醒意识，这就必然促使对技术风险先知先觉的技术精英通过制度设计和风险的二次分配，把技术风险的杠杆向社会大众倾斜。

---

① [德]乌尔里希·贝克著，何博闻译：《风险社会》，译林出版社2004年版，第36页。

其次是引发社会公众的技术恐惧。现代技术风险在某种程度上是依靠媒体的报道和评价进行传播的。社会公众由于知识的贫乏和对技术研发内幕的不知情，对媒体的报道和评价缺少判断力，所以常常处于"公讲公有理，婆讲婆有理"的无法明断的纠结之中。身处这种对技术是否存在风险的狐疑之中的社会公众，往往会保持一种本能的警惕性，对技术本身产生极度的恐慌和不满。比如，转基因食品到底存在不存在风险？由于社会公众对这一问题无法求解，不仅产生了对转基因食品的恐惧心理和抵制行为，甚至每当新技术培育的农作物品种问世，人们总会饱含疑惑和谨慎地打听"是否是转基因作物"。尽管"技术恐惧主义是人类走向成熟的关键一步，是人类成长的一个重要阶段"①，但是，技术恐惧本身也是技术风险的表现。

最后是牵制技术的发展。技术风险社会意识滞后性，既表现为社会大众对技术风险认识的滞后，也表现为社会大众对技术风险的错误认识和态度。而社会公众对技术风险的认识和态度，必然影响技术的推广应用和产业化进程。比如，对转基因食品的厌恶和拒斥，是社会大众对转基因食品的基本态度。即使转基因食品没有任何副作用，如果政府不从政策和法律层面加以引导，并对人们的恐惧心理进行调适，转基因食品就会因为没有市场而很难推广生产。同时，社会大众对技术风险缺少正确的认识，会对社会舆论的客观性和公正性产生消极影响，不利于技术的发展。比如，美国作为转基因技术发明者，总是极力鼓吹转基因食品，希望通过出售技术获益，而欧洲和日本等国因为推广转基因技术会伤害本国的产业，大力宣称转基因技术的有害性。两种舆论导向的宣传，不利于转基因技术的产业化发展。

总之，技术风险社会意识的滞后性，不仅致使更多现实的技术风险的形成，还在技术风险的扩散和传播中建构了技术的文化和心理风险，成为技术风险文化成因的根源之一。

---

① 乔瑞金：《马克思技术哲学纲要》，人民出版社 2002 年版，第 7 页。

第二节　技术风险的主要文化成因

从文化视角出发对技术风险成因的深入剖析，表明从科学技术领域理解技术风险正在向社会生活领域过渡。分析技术风险的文化成因，实际上就是探讨作为一种文化现象的技术风险，是如何与人和社会发生联系的。本书认为，偏离的安全价值观、缺漏的安全行为准则、成本收益式的技术风险管理模式、放大的风险感知与风险传播等，是形成技术风险的主要文化因素。

一、安全价值观

安全的需要是人较为基本的需要。马斯洛认为，人的安全需要仅次于生存需要，位于需要的第二层次。人既然有安全的需要，就必然先有关于安全的意识，否则就会不知所需、无的放矢。同样，人有安全的需要和意识，就免不了对安全做出一系列的评价，即安全观念。这就涉及安全价值观问题。所谓安全价值观，是指人正确评价安全价值的意识和观念。人是群居动物，"类"的特征使群体的人可能有同样或相似的安全价值观。相反，人生经历的不同，生活环境的差异，也决定不同的人、不同的社会群体会有不同的安全价值观。

安全价值观的本质是保障安全。安全价值观是人的心理活动的外在体现。它以安全意识为基础，以安全行为准则指导下的安全行为为表现。因此，人对所处的环境是否存在风险的认识，对风险大小的判断，对风险如何应对的决策，以及应对风险的态度和行为方式，都与安全价值观有关。安全价值观来源于实践，同时对实践活动又具有积极的能动作用。技术作为人类重要的实践形式，既是安全价值观的实践源泉，也需要安全价值观的参与和引导，从而保证技术实践的安全性。安全价值观的很多侧面都与技术的安全性发生联系。

首先，安全意识是关系技术安全的第一要素。具体到技术实践中，安全意识主要体现为技术风险意识。安全意识高的技术操作者，必然能够对自身面临的周围环境保持比较高的安全戒备心理，即对技术风险保持一定的警惕性，并且能够积极调动自己的头脑中的安全知识和技术风险知识，做好控制和应对技术风险的心理准备。相反，如果技术操作者安全意识不高，对技术风险的防范心理不强，不仅其行为一定缺少安全性，而且势必缺乏对技术实践过程及其情境的风险认识和评价。这样，当遭遇现实的风险时，也就必然缺少判断和决断的能力，更谈不上采取正确方法和措施加以控制和应对，能做的恐怕只剩下听之任之、惊慌失措了。值得一提的是，安全意识是工作状态和态度的具体表现，如果技术操作者安全意识不高，那么其技术工作的绩效也一定不高。这也是技术安全管理和教育的意义之一。

其次，安全需要是技术安全的重要影响要素。组织行为学理论认为，人的行为的产生以需要为基础。需要是人在生活中感到某种欠缺而力求获得满足的一种心理状态。当人产生了某种需要的欲望时，心理上就会产生不安和紧张，由此滋生去实现的内在驱动力——动机，动机是引发人的行为的直接原因。也就是说，有需要才有动机，有动机才能产生行为。照此，在技术实践操作中，操作者只有有了安全的需要，才会出于安全的考虑，认真学习和掌握技术操作规范和安全制度等安全行为准则，并且保证在实践中遵守安全行为准则，从而可以最大化地防止人为技术风险的形成和灾难的发生。相反，如果技术操作者没有强烈的安全需要，就可能对技术各种安全行为准则的学习和掌握不得要领，即使了解安全行为准则，在操作中也可能会忽视安全行为准则，行为表现出不按章办事的随意性，从而引发和刺激技术风险。

最后，安全行为准则也是技术安全的重要影响因素。无数的技术实践表明，操作者的不安全行为是造成技术风险的主要因素。而技术操作者的不安全行为主要是不遵守安全行为准则所致。安全行为准则是安全价值观的具体体现，它是由明确意义的符号和明确内容的行为方式构成的，一般分为立约类和非立约类两种。其中，立约类的安全行为准则是国家或组织制定的，对技术行业安全操作具有指导意义的规则、制度、标准和规范等，主要以书面形式存在；非立约类的安全行为准则没有具体的形式，通常以约定俗成的内容存在于人们的习惯、礼仪和其他人际交往当中。立约类的安全行为准则是技术规章制度的重要内容，是保障技术安全的制度体系的一部分。在技术实践中，如果技术操作者没有明确有效的安全行为准则可循，或者不遵守安全行为准则，就可能因为不安全行为而导致技术风险。

综上所述，技术风险与安全价值观息息相关。但是，在我国，工业生产仍然是技术的主要载体，技术依然直接承担着发展国民经济的主要角色，同时，从事技术操作的也主要是技术和文化素质不高的普通劳动者，而并不以科学家、工程师和其他专业技术人员为主体。这些因素对技术实践安全价值观的培育、形成和发展不利，并容易造成安全价值观的偏离和缺漏，客观上刺激了技术风险的形成。

1. 社会经济文化对技术操作者安全价值观的影响

价值观是世界观的一部分，反映的是人们对周围世界的价值判断和价值选择，与人们的需要、理想和追求相关联，并通过人的社会实践中的态度和行为体现出来。因此，价值观对人们具有引领和导向作用。作为世界观的一部分，人的价值观是在认识和理解世界的过程中形成的。不论是学校教育、媒体引导等正面的灌输方式，还是人际交往、风俗习惯等潜移默化的接受方式，其基本内容都是来源于社会存在，社会因素是人的价值观形成和发展的外在影响因素。[1]

经济和文化是影响价值观的决定性社会因素。辩证唯物主义认为，物质决定意识。因此，人的物质生活条件决定人的基本价值观念。社会经济一方面以居于意识形态地位的宏观经济制度（如市场经济）影响人的价值观，另一方面还通过微观的资源配置和利益调控的方式来推动人的价值观的变革与发展，使人的价值观念与社会发展变化协调一致。文化同样影响人的价值观。社会的存在依靠文化系统来维持，社会的延续和发展需要文化系统的传递和更新，而人们正是在文化的代际传递中获取知识和经验，形成自己的价值观念。

---

① 尹贻勤：《煤矿安全问题的心理学分析》，煤炭工业出版社 1992 年版，第 91 页。

2. 组织安全承诺和管理参与对技术操作者安全价值观的影响

组织安全承诺是组织的管理层对组织的安全政策、安全目标和自己应负的安全责任所做的承诺。它既体现为对安全工作的人力、物力、财力的保证，又体现为组织安全机构等体制的建立，还体现为组织安全目标、安全政策、安全规制的制定。因此，在技术实践中，组织安全承诺不仅能以足够的物态资源形式保证技术安全活动的实施和开展，也能通过表明组织管理者的安全价值观和安全态度，激发技术操作者的安全意识和遵守安全行为准则的积极性，从而以物态和制度两种文化方式影响技术操作者的安全价值观。由此可见，组织安全承诺是组织的一种自上而下的安全价值观的表达、塑造和培育的过程，是组织安全文化建设的重要方面。对于高风险的技术实践活动来说，组织安全承诺尤为重要。

管理参与是组织管理层亲力亲为的安全实践活动，是组织安全承诺的具体化。管理层参与技术安全管理的常见形式有召开安全评估等各种会议、实施安全培训、制定安全规制、执行安全工作计划以及为安全活动提供人力、物力、财力等。管理参与首先表达的是管理层重视安全工作、控制技术风险的态度，必然会极大地提高技术操作者的安全风险意识和遵守技术操作规程等行为准则的自觉性和积极性。同时，对于技术安全来说，管理参与的意义还体现在对操作者的管理过程中。从理论上讲，技术操作的标准化决定操作者只需要遵守操作规程等安全行为准则，就能保证自己行为的安全性，也就是说，技术操作者的技术安全管理只需要对自己的不安全行为负责，而没有具体的管理任务。但是，技术情景是在不断变化的，而且，技术操作者是社会关系中不完全理性的，即具有摆脱技术规章等安全行为准则约束的一面，这就要求通过深入的管理参与来对技术操作者的安全价值观进行持续的影响，并对其安全行为进行跟踪管理和监督。

3. 安全教育与培训对技术操作者安全价值观的影响

技术是专业性很强的人类实践活动，所以技术操作人员的安全素养离不开专业化的安全教育与培训。安全教育与培训不仅可以直接从形式上激发技术操作者的技术安全意识，还能够通过提高操作者的安全知识水平，提升其对技术安全环境的信任程度，增强其营造技术安全环境的能力。实践证明，在技术实践活动中，出现技术风险和发生技术灾难的概率，与是否注重人才的安全教育和培训有着很大的负相关度。

技术安全教育和培训形式多样，安全知识教育是其中最常见也是最重要的形式。由于技术本身是在不断发展的，技术实践的形式和内容也就处于发展和变化之中。这就意味着技术操作规程等安全行为准则不可能总是停留在经验层次上，而是要以知识的方式不断更新，以适应不断发展变化的技术实践形式和内容。因此，定期或不定期地对技术操作者进行安全知识教育就显得非常必要。安全知识教育首先是国家安全法规教育。国家安全法规是国家有关部门制定的人际交往规则，目的是抑制人们的任意行为和机会主义行为。由于技术专业性的要求，国家安全法规具有行业性的特点。比如，《煤矿安全规程》《煤矿安全监察条例》等，都是与采煤技术相关的煤矿安全制度体系。另外，技术安全知识教育还包括操作规范和标准等技术规制的教育。国家安全法规教育是安全管理知识教育，而操作规制的教育是安全应用知识教育。安全技能培训、安全宣传和安全先进评比等安全活动，也是技术安全教育和培训的重要形式。

二、技术风险管理模式

技术从传统走向现代发生了很多变化，其中现代技术的高风险性是其不同于传统技术的特点。但是，与其说高风险技术的出现是技术自身从简单向复杂发展的必然，还不如说是技术越来越社会化、产业化的结果。自 20 世纪 50 年代始，以美国为首的发达国家为了大力发展工业化，极力推动高风险的核能技术的研究和应用，使技术风险开始超乎以往地引起人们的关注和聚焦。政府、官僚机构、企业、专家学者和社会大众都开始认识到，规范技术应用和保护社会公众免受技术风险的危害已成为迫切需要。这就是技术风险管理诞生的背景和历史条件。

遗憾的是，从 20 世纪五六十年代演嬗至今而形成的技术风险管理模式，实际上只是一套以实证主义哲学为基础的文化系统，它从相反的方向影响人们的技术实践观念和行为，并戏剧性地构成技术风险成因的文化因素。

第一，现行的技术风险管理模式对应于客观风险观，拒斥主观风险的存在。现有的技术风险管理已经建立起一套以实证主义哲学为根基的理论大厦。实证主义的客观性、静态性、可证实性、学科性的思想内核，无以复加地体现在技术风险的辨识、评估和决策等管理过程之中。它坚信人类自身的理性完全可以向人们提供无可置疑的技术风险证据。这种努力的路径以讲究逻辑的科学思维和讲究证明的实证方法为依托，以经济学、安全工程科学、财务管理等学科为理论体系框架，以量化分析作为解决问题的基本手段，以成本—收益分析、决策树理论等作为技术风险评价、估算和决策的具体工具。

这样，按照现代技术风险管理模式，技术风险辨认、评估、决策、控制和应对，全部被假定是技术风险管理专家的职业化工作。换句话说，什么是技术风险，技术风险的大小，技术风险如何应对和控制，其话语权完全把持在技术风险管理专家的手里，必须依靠专家们运用一系列经济学理论来计算才能得出结论。因此，技术风险最后总是体现为具体的、精确的数据，这些数据对应的就是那些看得见的、可以用公式计算的损失。

可见，现行的技术风险管理实际上是借助人们对技术风险带来的现实损失的关注，对技术风险进行了整齐划一的理解。但是，正如风险研究著名学者特纳所言："没有一个单一的风险观点可以宣称是权威的或完全可接受的。"[1]技术除了会形成客观的风险外，还会导致对人们精神和心理的主观伤害。而且社会大众对技术风险的理解更容易从个体自身出发，不同的人因为偏好和承受能力不同，对风险的理解迥异。"如果人们感觉风险是合理的、正当的或风险可以提供其他的目标，人们有时甚至愿意承担风险。"[2]所以，建立在个体基础上的主观技术风险是无法用精

---

[1] 曾小春、孙宁：《基于消费者的电子商务风险界定及度量》，《当代经济科学》2007年第3期，第95页。

[2] 刘婧：《试论技术风险管理创新的人文导向》，《科学学与科学技术管理》2007年第9期，第78页。

确计算的方法测得的，也因此被排斥在现行的技术风险管理模式所要管理的技术风险对象之外。

第二，现行的技术风险管理模式把技术风险的形成简单地看成线性"因—果"逻辑的。现行的技术风险管理模式认为，技术风险是单因素引起的风险现象，所以可以通过"因—果"线性逻辑找到相应的解决办法。这就是现行的技术风险管理模式之所以认为可以用科学的思维和方法面对和处理一切技术风险问题的前提预设。问题是，如果技术风险的出现和解决是纯粹"因—果"线性逻辑的，那么技术实践就成了完全脱离社会和自然环境的没有载体的"真空机器"，技术风险就是这台"机器"因失去动力、零部件损坏或者人为操作造成停机的生产损失，可以直接通过单位时间的生产数量乘以停机时间来进行计算，而没有必要对引起这一结果除操作者和机器以外的其他因素进行分析和调查。很显然，这种忽视技术环境的风险观，首先与我们日常生活常识极不相符。比如，雷电导致正在播放的电视机损坏，就是自然环境因素引发的风险，而并非操作者或电视机本身的质量问题。

这种线性"因—果"逻辑的技术风险观是技术实在论思想的一个派生观点，属于客观风险观的一种类型，因此还必须从其理论源头上寻找批判的出口。如果说，系统科学把技术看成技术、社会、政治、经济、文化等多因素构成的复杂系统，是对技术实在论思想的超越，那么，技术建构论是对技术实在论的彻底颠覆。按照技术建构论的思想，包括技术风险在内的一切技术现象都不过是在人类历史进程中的社会、文化建构。因此，我们不应该关心技术风险是什么，而应该关注技术风险是如何形成的，因为人们对技术风险的理解不可能排除价值因素，无法找到关于技术风险是什么的一致答案。同样，我们在研究技术风险是如何形成的时候，也不能从因果逻辑出发，而要从技术实践出发，因为技术风险的形成并不遵循单因单果的逻辑性，而是依赖于包括环境在内的多种因素相互作用的过程，换言之，技术风险的问题不是定性与测量的问题，而是描述与建构的问题。

技术建构论者关于技术风险完全是社会建构的观点显然是冒进之辞，但是它对技术风险采取"社会—文化"分析和研究的视角是独到的，也是合理的。因为首先对一般社会大众来说，技术风险的辨识和评估是在个人偏好和经验参与下权衡的结果，因此无法把价值观从中剔除。而且，由于价值观念影响和支配人的行为，所以导致技术风险的因素是不能免于价值观的分析而光靠计算的方法加以解决的。而且，随着技术的社会化，技术越来越成为体制化的事业，官僚体制已经成为各种技术决策的中心，也就是说技术风险摆脱制度化的社会分析是绝无可能的。

第三，现行技术风险管理模式把技术风险等同于经济损失。从管理学的角度来看，技术风险管理的根本目的不在于减小风险，而在于增加效益。作为建立在实证主义哲学基础之上的技术风险管理方法，技术风险的量化分析是追求技术利益最大化的手段。它把一切的技术风险折算成有实际经济意义的数字符号，渗透到技术风险的估计、评价和决策中。在常见的技术风险量化分析方法中，不论是决策树理论，还是成本/风险—效益分析理论，都是把风险的大小视为概率与损失结果的乘积，并在此基础上致力对"概率"进行计算、归纳，并最终做出决策。可见，决策者和管理者真正看中的是风险概率降低带来的经济损失的降低，或者说，技术风险管理的本质是经济效益管理。

很显然，这种片面地把技术风险完全等同于经济损失的观点，完全剥离了风险的其他意义。这既与风险的理论解释相悖，也不符合日常的经验事实。风险是主体指向性的概念，通俗地说，专指风险源对人的伤害或引起人的损失的可能性。经济损失只是风险的部分内涵，风险还包括对人的身体、生命、情感的伤害，而这些伤害应该予以质化的分析和研究，不能量化处理，更不能简单地等价为经济损失。

在技术实践中，简单地把技术风险等同于经济损失的风险观普遍地存在于技术风险管理的各个环节。比如，核定万吨煤炭产量死亡率，就是这种风险观的表现。因为按照万吨煤炭核定的死亡率，只要死亡人数与煤炭产量同比增长，采煤技术的风险就没有增加，因为单位产量的死亡人数未变，单位产量的经济损失就不会增加。照此逻辑，生产1000万吨煤炭死亡300名矿工的风险，与生产10万吨煤炭死亡3名矿工的风险是相等的。人的生命价值和意义完全等价于冰冷的经济符号。

可想而知，在技术风险管理实践中，如果以上述风险观念作为认知内核及指导，就必然产生技术风险管理实践上的偏差和缺漏，从而给技术风险的形成和发展留下缝隙和空间。

三、技术风险认知与沟通方式

技术风险认知是心理现象，也是文化现象。人的技术风险认知不能完全用科学加以解释，也并不完全基于理性，它是科学、道德、社会、文化等多种因素综合的结果。

首先，技术风险认知完全基于科学和理性的宣称受到了人的认知局限性的挑战。Simon 早在 1978 年就提出了著名的有限理性（Bounded Rationality）理论。他认为个体的理性是在约束条件下的理性，即由于人的记忆、思维和计算能力方面的有限，知识储备空间是有限的。著名的认知心理学家 Kahneman 对有限理性做了独到的解释和演示。Kahneman 认为，人在认知时都会应用三种认知策略（易获得策略、代表性策略和锚定调整策略）中的一种，而且认知策略会干扰人的认知结果。大量的研究证明，这三种策略都会因为人过去的记忆、先入为主的经验或临时的情境等因素的影响而出现认知偏差。[①]根据 Kahneman 的观点，个体的风险认知和判断往往不是依据科学，而是有自己的一套"法宝"。

其次，风险自身的特点也对技术风险认知完全遵从科学和理性的观点提出责难。现代技术风险具有后果严重但相对较少出现的特点，如核辐射。这就决定了大多数人对技术风险缺少真实的经验，也很难直接感知，而只能通过传播媒介、知识介体等获取对技术风险及其危害的认识。也就是说，人们对技术风险的认知实际上并不完全是客观的，很大程度上取决于自身的主观判断。这样，人们的价值观念、文化类型以及对媒体、技术组织的信任程度等社会、政治和文化因素就免不了渗透其中，影响人们对技术风险的认识、判断和应对。因此，可以说，技术风险的认知无法拒斥"社会—文化"的建构。

---

① 谢晓非、郑蕊：《风险沟通与公众理性》，《心理科学进展》2003 年第 4 期，第 376 页。

与技术风险认知一样，技术风险沟通也是一种文化现象。根据美国国家科学院（The National Academy of Sciences）对风险沟通下的定义，技术风险沟通是个体、群体以及机构之间交换信息和看法的相互作用过程，其不仅直接传递技术风险有关信息，还涉及对技术风险事件的关注、意见及相应的反应，也包括发布国家或机构在技术风险管理方面的措施和法规等。[①]

　　技术风险沟通强调的是社会大众风险认知在技术风险管理中的作用，突出的是组织或团体之间技术风险信息的互动和交流，是对单一专家或权威对技术风险管理和控制霸权的否定。技术风险沟通和技术风险认知是相互作用、相互影响的。技术风险沟通首先是技术风险认知的方式和途径，因为社会大众可以在技术风险沟通中获取关于技术风险的知识和信息。同时，技术风险沟通也影响社会公众技术风险认知的广度、深度以及对技术风险的态度。如果公众在实践中采用了不当的技术风险沟通方式，将会造成技术风险认知的偏差。反过来，技术风险认知也影响技术风险沟通的方式和有效性。正确、明晰的技术风险认知，对克服技术风险沟通障碍以及建立良好的沟通信任具有不可忽视的意义。特别是在沟通双方地位不平等的情况下，技术风险沟通的效果，不仅取决于诸如政府、机构等优势一方的态度是否诚恳，是否具备信任的基础，也取决于诸如社会公众等劣势一方对技术风险的自我认知程度，从而增进彼此的沟通和信任。

　　2003 年我国抗击 SARS，就是说明风险认知和沟通是社会文化现象的经典例子。SARS 刚暴发时，多年不遇的大面积、突发性、原因不明甚至叫不出名字的疫情，使社会大众陷入不知所措的恐慌状态。一时间，查明并公布疫情原因，找到控制疫情的办法，及时控制疫情等重重艰巨的任务，把政府推到风口浪尖。最初，政府致力抗灾人力物力的调度和疫情的通报，社会大众对风险的认知处于非常模糊的状态。在这种情况下，社会大众对于查不清疫情原因、找不到有效的解决办法产生不满，对官方媒体报道的感染病例人数也产生怀疑，很多人甚至听信、散布小

　　[①] 谢晓非、郑蕊：《风险沟通与公众理性》，《心理科学进展》2003 年第 4 期，第 377 页。

道消息，更有一些人把当前的疫情视为"灭顶之灾"，感到自己正面临前所未有的灾难，甚至对生活失去了信心。后来，当搞清传染路径并找到应对办法之后，政府改变了媒体报道策略，公开、真实、明确地报道一切相关信息，让社会大众对 SARS 有了更多的了解。官方和社会大众的沟通和信任也因此开始迅速地重新建立起来，后期虽然仍有发病病例不时被报道出来，但人们对 SARS 的恐慌渐渐消除，日常生活和交往逐步趋于正常化。

技术风险文化建构的动力源泉是各种利益因素。各利益集团正是希望通过对技术风险的界定来得到和保护自己的利益，并尽可能规避损害他们利益的风险。歪曲、隐瞒甚至缩小或夸大技术风险，是利益集团出于利益需要的通常做法。同样，对于社会大众来说，关注和积极规避技术风险也是出于保护自己的目的。正如乌尔里希·贝克所说："在风险的界定中，科学对理性的垄断被打破了。总是存在各种现代性主体和受影响群体的竞争和冲突的要求、利益和观点，它们共同被推动，以原因和结果、策动者和受害者的方式去界定风险。关于风险，不存在什么专家。"[1]因此，技术风险作为现代社会典型的风险形式，技术风险专家也不再是技术风险界定的唯一主体，技术理性也根本不是绝对的权威。

可见，技术风险沟通不仅体现了社会公众参与技术风险决策的民主意愿，也反映了各种利益主体搭建技术风险议题讨论平台的要求。社会公众通过技术风险沟通，把呈现的各种事关技术风险的观点放在一起进行认识和理性思考，然后通过反馈和交流的方式表达自己对技术风险的看法和理解，而各种利益主体也将通过技术风险沟通平台展开对话、竞争和博弈。技术风险正是在沟通中被集体界定，也正是在沟通中得到建构。

通过上述论述和例证，可以得出的结论是：如果社会大众有正确、明晰的风险认知，社会拥有畅通、有效的技术风险沟通渠道和方式，技术风险其实就相对较小；相反，如果社会大众对技术风险缺乏认知，社会的技术风险沟通渠道不畅，政府、机构、权威对技术风险进行遮掩、隐瞒，那么社会大众对技术应用的未来状态就越发关注和担忧，政府、

---

① [德]乌尔里希·贝克著，何博闻译：《风险社会》，译林出版社 2003 年版，第 28 页。

机构、社会大众等各主体对技术风险认知、理解和应对的冲突就越发不可避免，技术风险也就越发容易酝酿、产生和扩大。由此可见，技术风险是一种文化建构。

第三节　煤矿安全事故文化成因分析

采煤技术风险既是现实可见的，也是文化建构的。技术、社会和政治场域的各种文化因素相互作用，共同建构着采煤技术风险，并成为诱发煤矿安全事故的重要因素。

一、技术场域文化成因分析

由于采煤技术高风险的特点，在采煤技术场众多的文化因素中，安全文化居于统摄地位，其他的文化因素（如企业文化）总是以安全文化为中心，服务或服从于安全文化。因此，采煤技术场的安全文化理所当然地成为煤矿企业安全事故文化成因的主要分析对象。

安全文化是安全价值观和安全行为方式的总和。[1]具体地说，企业的安全文化分为安全观念文化、安全行为义化、安全制度义化和安全物态文化四种类型。安全文化或者是在企业长期生产和经营活动中相演相嬗自发形成的（如安全观念文化），或者是企业或个人有目的地塑造的（如安全制度文化）。企业及其员工对安全文化是否认同、是否理解、是否接受以及是否遵循，直接关系到是否会引发安全事故。煤矿企业安全生产价值观与企业员工生存价值观的冲突、安全物态文化与安全承诺及安全制度文化不相适应、煤矿企业领导及员工对安全文化的肤浅认识和理解，构成了煤矿安全事故技术场文化成因的三个主要方面。

---

[1] 李爽：《煤矿企业安全文化系统研究》，中国矿业大学博士论文，2005年，第26页。

1. 煤矿企业的安全生产价值观与员工生存价值观的冲突

煤矿企业的安全生产价值观是指煤矿企业领导和员工在长期的煤炭生产实践中形成的关于安全生产的观念文化，是广大员工心理思维的产物，反映的是广大员工深层次的安全思想、意识和愿望。"安全第一""预防为主"是煤矿企业贯彻的安全生产价值观的重要内容。这八个字体现了煤炭企业安全目标的追求和安全形象自我塑造的决心，也代表了企业对国家、政府和员工的安全承诺，同时也是企业对员工安全意识的教化和培养的内容；而对于煤炭企业员工来说，"安全第一""预防为主"既是员工自我安全意识的表达，也是员工对国家安全法规和企业安全规制执行态度和自觉性的体现。但是，"安全第一""预防为主"的安全生产价值观，真的就意味着煤炭企业及其员工在行动上视安全比生产和经营更加重要吗？

煤矿企业员工"安全第一""预防为主"的安全价值观与他们的生存价值观之间存在着激烈的冲突。采煤技术落后，工作环境差，技术风险较大，安全事故多（万吨煤炭死亡率仍居世界采煤业的前列），经济效益不稳定，是我国煤矿企业的基本概况。这种概况决定了煤矿企业很难招收到文化素质较高、受过专业训练的矿工。特别是很多私营小煤矿为了"三低"（低工资、低保险金、低事故赔偿），大面积招收"协议工"或"农民工"。因此，煤矿矿工的文化素质整体偏低。据统计，在采煤一线，初中以下文化程度的矿工占很大比例，很多矿工甚至是文盲。正是因为文化素质低，这些矿工大多找不到职业女性为妻，因此是单职工家庭，经济负担重，家庭生活困难。对他们来说，"安全第一""预防为主"的安全价值观与"生存第一""挣钱为主"的生存价值观之间存在着激烈的矛盾和冲突。迫于生活压力，他们在采煤技术场不仅不能奢望"安全第一""预防为主"，有时甚至是"明知山有虎，偏向虎山行"，只要能多干活多拿钱，根本顾不上安全隐患的存在。大多矿工最关心和最在乎的是每个月能当多少个班，挣多少钱。

2. 煤矿企业安全物态文化与安全制度文化的不相适应

企业安全承诺是企业的中高层领导对安全的态度，即中高层领导的安全政策和承诺。企业安全承诺影响并通过企业的安全制度文化、安全行为文化以及安全物态文化表现出来。具体地说，国家安全法规和安全政策、企业安全制度及标准、安全应急及人力物力等，都是企业安全承诺的表现方式。企业安全承诺的意义体现在多方面。首先，通过安全承诺，中高层领导表明自己对安全认识的程度和对安全重视的态度，表达自己的安全意愿和社会责任立场。其次，通过安全承诺，确立企业最低的安全目标和实现这一目标的方式。最后，通过安全承诺，可以激发和培养员工的安全意识，增强员工对安全的信心，促进员工不断地通过改进安全工作提升安全质量。

安全制度文化与安全物态文化是我国煤矿企业安全承诺的两种主要表现形式。煤矿企业安全制度文化是指煤矿企业为了保障在生产经营活动中人、财、物以及环境的安全，制定的较为系统的、完善的各种安全制度。而煤矿安全物态文化是指为保护煤矿员工身心健康，而采用或建立的生产环境、企业环境、技术设备等物质形态的器物文化，它是煤矿企业安全观念和安全形象的载体，也是煤矿安全保障最重要的显性文化。而我国煤矿企业的安全制度文化和安全物态文化之间存在错位。经过政府和煤矿企业多年的努力，我国煤矿的安全制度可以说是健全的，各种安全规章制度、操作规程、安全教育培训制度、安全管理责任制度、安全检查、评比和奖励制度、安全防范和监察制度、事故调查处理制度、职业病防治制度、劳动保护用品用具发放制度等应有尽有。但是，由于投入不足以及采煤技术水平落后等多方面的原因，我国煤矿企业安全物态文化建设仍十分薄弱，采煤生产条件和环境差，安全技术、设备及设施总体上十分落后。这种企业安全物态文化与安全制度文化建设"一手软、一手硬"的局面，充分暴露出我国煤矿安全文化建设还处在较低水平。

3. 煤矿企业领导和员工对安全文化的错误认识和理解

煤矿企业安全文化建设不足的一个重要原因是领导和员工对安全文化存在错误的认识和理解。企业安全文化无用论、万能论、简单论和可有可无论是其主要表现。

持企业安全文化无用论的煤矿企业领导和员工认为，企业安全文化形同虚设，搞企业安全文化建设徒劳无益，因为很多安全文化建设有模有样的煤矿企业照样出安全事故，而有些没搞企业安全文化建设的煤矿企业却也连续多年实现安全生产。他们的错误在于，只注重局部现象的认识，不重视总体规律的把握，看不到煤矿事故发生的多因性和复杂性。因此，他们就在搞企业安全文化建设无益，不搞省钱省事的指导思想下，把企业安全文化建设工作抛在脑后。

持企业安全文化万能论的煤矿企业领导和员工，往往过分夸大企业安全文化的作用，认为只要把企业的安全文化建设好，其他的安全工作都可以省去，企业的一切安全问题均可由安全文化来解决。因此，他们在具体工作中，常常注重安全工作的形式，而不注重安全工作的实质，强调安全制度建设，却不重视安全制度的执行与落实。

持企业安全文化简单论的煤矿企业领导和员工，简单地把企业安全文化等同于企业文化，甚至是等同于某种具体的文化形式，因此有些领导和员工把工会举办的文体活动也看成安全文化，认为开展安全文化知识竞赛，制作安全知识宣传栏或大字宣传标语等，都是企业安全文化的好形式，有些人简单地把员工记住的具体安全制度条款的多少作为评价安全文化建设是否成功的标准。安全文化已经不是深入职工内心的有活力和生命力的东西，而完全成为一种形式化的文化呈现方式。

持企业安全文化可有可无论的煤矿企业领导和员工认为，煤矿企业安全事故多，安全问题突出，企业安全文化建设是安全工作的一个方面，而且搞安全文化建设是一项上级要求的"政治任务"，如果不搞的话，出了安全事故责任更大，处罚更重，所以不搞也不行，但是搞安全文化建设实际上起不到太大的防范风险的作用，而且还需要一定人力、物力和财力的投入，因此，企业安全文化可有可无，搞与不搞安全文化建设各有利弊。

从哲学上来讲，上述的企业安全文化无用论的错误是看不到偶然性与必然性的辩证关系，仅仅把安全事故看成纯偶然性的东西，看不到安全事故发生必然性的一面；企业安全文化万能论的错误是没有弄清相对与绝对的辩证关系，把安全文化建设的意义和作用绝对化；企业安全文化简单论的错误是把内容与形式割裂开来，简单地把企业安全文化等同于一般的文化形式；企业安全文化可有可无论是犯了相对主义的错误。

二、社会场域文化成因分析

采煤技术是复杂的社会技术系统，社会场域的文化不仅直接影响采煤技术场域的文化系统，形成安全问题，还会通过与政治、经济和社会的互动，形成影响采煤技术场安全的其他因素。技术风险社会放大效应、社会安全价值观、社会传统文化等，都是煤矿安全事故重要的社会场域文化成因。

1. 采煤技术风险的社会放大效应

风险社会放大效应是指"灾难事件与心理、社会、制度和文化状态相互作用，其方式会加强或衰减对风险的感知并塑形风险行为。反过来，行为上的反应造成新的社会或经济后果。这些后果远远超过了对人类健康或环境的直接伤害，导致更严重的间接影响"。①风险社会放大的实质是人们在认知风险过程中，由于主观风险建构，感知到的风险水平远远超过实际风险水平，反过来，主观建构的风险又通过影响人的风险态度和价值观，进一步影响实际的风险水平。

对于采煤技术风险来说，社会放大效应是明显存在的。这一结论可以通过煤矿安全事故与道路交通安全事故的对比得到证实。很多人经常以"常在河边走，没有不湿鞋"这样的话语来表达自己对道路交通安全事故习以为常的心情，但是对于煤矿安全事故，他们却是谈虎色变。很多人一旦听到煤矿安全事故爆发就会立即感到恐惧和不安。难道真的是因为煤矿安全事故造成的人员伤亡和财产损失比交通安全事故大吗？答案是否定的。煤矿安全事故远不及道路交通安全事故多。根据2008年国家安监总局公布的数字，我国煤矿安全事故死亡人数最多的是2005年，

---

① [美]谢尔顿·克里姆斯基、多米尼克·戈尔丁著，徐元玲等译：《风险的社会理论学说》，北京出版社2005年版，第174页。

死亡人数接近 6000 人。但是，这一数字远远低于交通事故造成的死亡人数。据中国公路网 2013 年公布，我国每年因道路交通死亡人数超过 20 万人。那么，为什么在大众的心目中，采煤技术的风险却比道路交通安全事故高呢？

很显然，这就是采煤技术风险社会放大效应的结果。具体地说，社会大众对交通运输条件和环境都很熟悉，而且道路交通安全事故情境本身具有透明性和开放性，所以人们即使没有亲身经历或目睹道路交通安全事故，在大脑中也能建构出逼真的道路交通安全事故发生的机制和过程，因此人们感知到的风险与实际风险不会有太大的偏差。换句话说，道路交通安全事故风险不存在社会放大的条件。煤矿安全事故则不同。煤矿安全事故发生在社会大众不熟悉的井下环境，加之社会大众对采煤技术以及安全事故发生机理和过程不了解，对采煤技术风险的感知除了媒体或"道听途说"等信息渠道外，就只能完全凭借自己的想象力。另外，诸如煤矿安全事故瞒报、不报等现象的存在，使煤矿安全事故与政治、制度等因素联系加强，更激发了煤矿安全事故的神秘感，强化了社会大众对采煤技术风险的关注、感知和传播。采煤技术风险就是在这些社会和心理因素相互作用的刺激下被放大的。

那么，采煤技术风险的社会放大又如何能成为煤矿安全事故的文化成因呢？换句话说，主观建构的风险是怎么导致实际风险的呢？那是因为，在放大的采煤技术风险面前，人们对于采煤技术风险十分恐惧，以至于很多人只要有别的出路，就不愿意从事采煤这个职业，甚至很多采煤专业毕业的学生宁愿改行，也不愿到煤矿工作。这样，很多开办采矿或相关专业的学校，也渐渐削减招生，直至最后取消这些专业。这就注定了煤矿较低专业素质的员工队伍结构，从而大大提升了采煤技术风险和煤矿安全事故发生的可能性。

2. 社会安全价值观的影响

社会安全价值观是对社会大众安全价值观的提炼和概括，反映一个社会对安全价值的意识和观念。同时，社会安全价值观又作为观念形态的文化，反过来以价值观和方法论的形式影响社会大众的安全态度和安全行为，即在社会大众的具体社会实践中起精神导向作用。可见，社会安全价值观对煤矿安全价值观的影响是客观存在的。

社会安全价值观对传统安全价值观的继承，就注定了它必然对煤矿安全价值观存在消极影响。作为社会观念系统的一部分，社会安全价值观总是要通过文化传递的方式进行代际延续，也就是说，后人的安全价值观念总与前人保持着某种程度上的相同或相似，这就是社会安全价值观念对传统安全观的继承性。

第一，我国社会安全价值观继承了传统安全价值观的唯心主义成分，影响煤矿安全价值观。中国传统安全观主张"生死由命、富贵在天"。对于天灾人祸，应祈求上苍大发怜悯之心，不要降临灾难于人间，但既然已经降临了，人是被动的，是无能为力的，只能认命。在煤矿安全生产中，由于煤矿安全事故发生的不确定性，很多人就是抱着"出事故天注定"的思想，心怀侥幸，最终导致事故的发生。因此，传统安全价值观中的唯心主义成分，在一定程度上是导致煤矿安全事故发生的思想根源。第二，我国社会安全价值观继承了传统安全价值观的理想主义成分，影响煤矿安全价值观。我国传统安全价值观鼓励人们为了追求某种理想或目标，甚至不惜以牺牲个人人身安全为代价。比如，在公平、公正、正义、正气面前，要做到"舍身取义"，而为了坚持真理，则应该"视死如归"，即失去生命也在所不惜。在煤矿安全中，很多基层领导和矿工为了多采煤，完成或超额完成任务，在劳动竞赛中获胜，顶风作业，冒险蛮干，最后导致煤矿安全事故的发生，这就是传统安全价值观中的理想主义成分"作祟"。

社会生产力水平较低，就注定社会安全价值观对煤矿安全价值观产生消极影响。社会对于个人价值观的形成起主导作用。一方面，社会通过学校教育、舆论宣传、道德约束和法律手段，向社会成员灌输某种价值观；另一方面，社会又通过社会心理、风俗习惯等润物细无声的方式，在潜移默化中将社会价值观传递给社会成员，从而使社会成员的个人价值观与社会价值观协调一致，以促进个人与社会的共同发展。社会因素是对人的价值观形成和发展具有影响作用的外在因素。在影响人的价值观形成与发展的社会因素中，社会生产力水平起决定作用。我国目前尚处在社会主义初级阶段，人们对生存的需要仍大于安全的需要，为了改善生活状况，提高生活水平，很多人往往愿意冒一定的安全风险。同时，由于人们安全生产条件和环境欠佳，所以人们对处在一定程度的安全风险之中习以为常，安全生产的警惕性不高，安全需要不强烈。总之，我国煤矿采煤技术落后，安全生产环境较差，加之大多矿工文化素质低，家庭经济条件差，生存压力大，导致安全意识相对薄弱，煤矿安全价值观落后，是造成煤矿安全事故的一个重要原因。

3. 社会传统思想的消极作用

中华民族几千年的立世之本就是中华民族的传统美德。儒家学说对我们中国人的美德做了高度的凝炼和概括。儒家思想的精髓——"仁义礼智信，温良恭俭让，忠孝廉耻勇"，经过世代相传，为人们学习、效仿和传诵，已经被大多数国人内化于心、外化于行，成为中华民族永久的"胎记"。

在儒家学说所倡导的传统美德中，"忠孝"思想在封建伦理观念中占据首要地位，影响最为深远。其中，"忠"的本意是指忠君，绝对忠于国君。从"三纲五常"中"君为臣纲"所宣扬的"君叫臣死，臣不得不死"，可见"忠"的意义和分量。后来，"忠"又引申为忠于"王道"和"皇权"，即不仅要忠于国君本人，还要忠于象征着国君的一切国家制度以及符合国君意志的一切政治权力或事务体系。当前，随着社会的发展和演进，忠君思想的原形已经不复存在，但是它并没有销声匿迹，而是逐渐演化成一种人们的事业或工作关系逻辑，那就是强调下级对上级的尊重以及下属对领导的绝对服从。"孝"的本意是指孝敬父母，包括顺从父母、尊敬父母和侍奉父母等多层意思。"父母之命不可违""父母在，不远游"等极富伦理意蕴的名言，都折射出传统伦理观念中父母高高在上的地位。同样，经过几千年的历史演变，孝敬父母已经有了新的意义和方式。当今社会所提倡的孝敬父母的方式扩展到尊敬父母、赡养父母以及对家庭的担当。"孝"的表达由注重形式上的"敬重"向"责任"转变。

但是，这种"忠孝"思想却以负面效应在煤矿安全生产和管理中得到了充分的体现。据统计，我国当前的煤矿安全事故，80%以上是矿工的不安全行为所致，其中，违章作业是不安全行为的重要表现。而矿工违章作业并不一定是出于其安全知识贫乏，或者是安全意识薄弱，也未必是心存侥幸心理，贪功冒进，很多情况下是领导违章指挥的结果。特别是一些私营煤矿或者小煤矿，多出煤、快出煤是煤矿工作的首要指导思想，加之矿主本身很多都是"外行"，因此违章指挥的现象十分普遍。而大多数矿工对违章指挥即使心存疑虑，但是因为长期在"忠诚""服从"等传统美德的教化下，还是会认为"服从是自己的本分"，从而铤而走险，置安全规制于不顾，违章作业。当然，矿工对违章指挥"服从"的原因是具体的，也包括其他方面的因素，在此不赘述。

"赡养父母"和"承担起家庭责任"是"忠孝"思想在煤矿矿工中的另一种表现。虽然煤矿企业安全生产环境较差，技术水平不高，劳动强度大，但是收入相对比较稳定，所以，很多文化程度不高又并无一技之长的农村中青年人，为了父母晚年生活得更好一点，为了家庭生计更宽裕一些，在明知自己缺乏煤矿工作的知识和经验又没有受过正规培训的情况下，在农闲时，还是毅然决然地到煤矿一线从事采煤工作。他们深知自己的危险处境，很多矿工还没有上班就做好了最坏的打算，甚至已经安排好自己事故伤亡赔偿金的家庭使用。也就是说，为了父母和家庭，他们宁愿冒自己生命的巨大风险。以这样条件和思想状况去从事采煤工作，难免发生煤矿安全事故。

三、政治场域文化成因分析

任何技术形式都必须是合乎规律的，所以技术首先是人类理性的反映，并体现为人类理性的价值。同时，任何技术形式也是合目的性的，因此技术也是社会的设计，它体现为人类政治、经济、文化等不同层面的制度需要。从技术的合目的性意义上说，技术与政治的联姻最为密切。马尔库塞就曾指出："生产和分配的技术装备由于日益增加的自动化因素，不是作为脱离其社会影响和政治影响的单纯工具的总和，而是作为一个系统来发挥作用的。"①马尔库塞的意思是说，技术既是政治控制和调节的手段，也是政治控制和调节的对象，政治与技术的关系是政治—技术系统。

因此，政治场域的文化必然因为影响技术的实践和过程，而成为包括技术风险在内的众多技术特征的分析视角。这样，作为采煤技术风险事件，煤矿安全事故的发生，也总是要与政治场域的文化发生千丝万缕的联系。但是，政治场域的文化不会也不可能直接诱发煤矿安全事故，而是要通过向制度或其他因素积淀和渗透，最终通过影响煤矿安全生产管理促进安全事故的发生。也就是说，对政治场域的文化成因，抽取某一具体因素进行分析是很困难的，而只能通过一些政治场域存在的文化现象进行分析说明。

1. 过场式的安全监察

安全监察是政府进行煤矿安全管理的重要制度，因此也是采煤技术场域与政治场域联系的直接纽带。在我国煤矿安全监察制度中，安全监察权的隶属经历了长期的演变，由一开始的地方监察发展到后来的中央和地方共同监察，再到目前归于中央政府。

这种安全监察制度，有利于杜绝地方政府在安全监察中的徇私舞弊，也有利于克服中央和地方政府共同监察中的责任不清、权力和利益分配困难等弊端。因此，从理论上讲，这一制度的到位大大提高了政府对煤矿安全监察的效率和效果。但是，从当前安全监察制度的运行来看，监察工作往往还只能停留在表面，实际效果并不理想。首先，虽然从管理权限上讲，中央政府派驻到各级地方的监察机构已经覆盖了全国各种建制的煤矿，但是，这只是形式上的。中央政府核定各级监察编制共 2800 个，而中国现有煤矿不下 5300 座，这样除去各级机构的行政和后勤人员，每个监察人员需要监管 20 座煤矿，可见监察人员严重不足。加之中国幅员辽阔，地形复杂，很多地方交通不便，监察人员平均每个月只能造访辖区煤矿各一次，很多煤矿甚至几个月都不能到场一次。可想而知，安全监察

---

① [美]赫伯特·马尔库塞著，刘继译：《单向度的人》，上海译文出版社 2006 年版，第6-7 页。

很难做到现场监察，实际工作中的问题也主要依靠听汇报、看报表来加以解决。所以，政府对煤矿的安全监察只是采煤技术—政治系统中的一种"文化形式"，对煤矿日常安全生产管理所起的实际作用并不大。

2. 知情式的事故报道

技术风险事故的发生既有必然性的根源，也有偶然性的诱因。换言之，任何技术风险事故都是在具体的技术情境中发生的。因此，要了解技术风险事故发生的原因、条件、机理和过程，就必须把事故还原到具体的技术实践情境之中，从技术主体、技术客体、技术对象以及技术环境的时空关系上来进行动态的分析。

作为技术风险事件，煤矿安全事故具有多发性和反复性的特点，因此，对具体事故进行查处的目的，一方面是搞清事故发生真相，落实事故责任，给受害人和社会一个交代；更重要的一方面是在行业内进行学习和教育，以提高煤矿企业员工事故防控的意识和能力，从而减少煤矿安全事故的再次发生。因此，必须还原事故发生时的人—机—环境等要素相互作用的过程，才能查明事故发生的原因和经过，从而对煤矿企业员工起到教育和启示的作用。这样，比如对于重特大煤矿安全事故应急救援的过程，就应该采取诸如模拟录像的方式在同行中进行通报，因为"矿山事故的伤亡和等级不完全取决于事故的发生和原因，也取决于应急救援的过程。换言之，卓有成效的应急救援可以避免或减少伤亡，降低事故的等级；反之，可能造成次生事故，提升事故等级"[①]。

但是，我国目前对所发生的煤矿事故，都只做知情式的报道，即使是在行业内部也只通报事故发生的时间、地点、伤亡数字等，而不报道事故发生和救援的具体过程，对事故原因的分析也还停留在查找直接原因和间接原因的静态模式上，而不是通过还原事故发生的过程来进行动态的分析。事故致因的静态分析只能让人们了解"事故为什么会发生"，但不一定明白"事故为什么在此时此刻发生"，因此，它仅仅是一种理论逻辑而不是实践逻辑的事故原因分析，从而起不到最佳的实践启示作用。

① 缪成长：《对中国矿难应急救援的技科学分析》，《自然辩证法研究》2012 年第 7 期，第 45 页。

3. 安抚式的事故责任追究

煤矿安全事故责任追究是煤矿安全管理工作的一部分，也是煤矿安全事故调查处理的基本程序之一，它包括事故责任认定和承担两个环节。长期以来，我国煤矿安全事故责任的认定和承担，一直充盈着一种制度文化，那就是"安抚式的事故责任追究"。

"领导责任"是常见的安全生产事故责任认定方式。在煤矿安全事故责任认定中，"领导责任"更是制度化为一种社会文化：在社会大众看来，只要发生比较大的煤矿安全事故，最终都有人要承担领导责任。事实也确实如此。煤矿安全事故"领导责任"的认定依据不是事故发生的原因，而是事故的等级，而且事故等级越高，越需要高层领导承担领导责任，负领导责任的人数也越多。对认定的煤矿安全事故责任人的处置是事故责任的承担方式，它是事故责任追究的实质部分。"罢官"和"降职"是对煤矿安全事故责任人常用的处置方式。

从承担"领导责任"到或"罢官"或"降职"，再到官复原位，与其说是一套煤矿安全管理的制度，还不如说是一种安抚式事故责任追究的文化形式，因为其实质和意义已经超越了煤矿安全管理本身，而更像是仅仅为了给社会一个交代，给伤亡者一个说法。

4. "连坐式"的安全整顿

煤矿发生重特大安全事故以后，为了在更高的层次上恢复安全生产，使煤矿的日常工作尽快重新步入制度化轨道，都要对煤矿进行安全整顿，甚至可以说，安全整顿已经是我国煤矿重特大安全事故发生以后的一项常规工作。这项本意在于加强安全管理的安全整顿工作，却经常因为在实际操作中的"连坐式"作风，在某种程度上反而起到了弱化安全的作用。

我国煤矿发生重特大安全事故以后，政府相关部门的惯常做法是，不仅对发生事故的煤矿进行安全整顿，还强令同一行政辖区内的其他煤矿进行停产突击安全整顿。这种"连坐式"的安全整顿工作，虽然客观上对煤矿安全生产起到了督促整改的作用，但是负面作用非常大。煤矿大面积停产造成生产成本上升自不必说，更重要的是，"连坐式"的安全整顿是导致煤矿安全事故隐瞒不报的重要原因。因为有"连坐式"安全整顿的政策惯例，某一煤矿发生安全事故后，为了不受"株连"，同一辖区的煤矿之间常常签订"攻守同盟"，相互隐瞒事故。基层政府出于地方经济的考虑，只要煤矿能够采取诸如高额赔偿等方式让伤亡者家属息事宁人，也经常睁一只眼闭一只眼。因此，尽管中央政府"利剑高悬"，各地煤矿安全事故瞒报、谎报的现象依然时有发生。

和风细雨才能润物细无声，雷霆万钧只能酿造灾难，给人们带来恐惧和不安。政府的煤矿安全检查和整顿工作应该制度化、常态化，不能等事故发生后再开展"连坐式"的突击安全检查和整顿，因为那样做隐藏着更大的风险和危机。

第四节　煤矿安全事故文化成因案例研究

文化是一个很宽泛的概念，任何一个事件都能从不同的文化视角进行剖析，但是，一个事件也不可能穷尽所有文化视角的解释。所以，即使是最具代表性的煤矿安全事故也不可能解释技术场域、社会场域、政治场域的所有文化视角的观点，而只能以点带面地说明一些问题。

一、案例：肃南煤矿"1·3"透水事故

本案例的研究继续采用大事记的方式，以时间为序描述该事故发生、调查、处理和问责的过程和结果。仍然要说明的是，案例既是客观发生的，也是主观建构的，所以无法完全摆脱编撰者目的和旨趣的限制。

● 2013年1月3日，甘肃肃南裕固族自治县发生了一起煤矿透水瞒报事故，造成4亡5伤。

● 2013年1月3日凌晨4时许，肃南县金源煤矿9名矿工分别在主井进行维修作业，矿井突发透水事故，其中武××、黄××、周××、王××4人未能及时逃生，经抢救无效死亡。随后，4人尸体被运往山西公

司总部协商善后事宜，其余受伤 5 人经永昌县医院救治后返回原籍。

• 对于遇难人员的善后处理，调查报告显示，黄××、王××、武××、周××4 位遇难矿工遗体运至山西临汾后，矿方负责人的朋友张××与遇难者家属协商后达成协议，每家赔偿 85 万元，并由矿方出资将遇难人员遗体运送回原籍安葬。

• 为逃避责任，金源煤矿负责人对该起事故进行了瞒报。

• 2013 年 1 月 9 日，举报人对该起事故通过"12350"事故举报电话进行了举报，经张掖市委、市政府及有关部门核查，举报情况属实。

• 2013 年 1 月 10 日，根据相关法律法规的规定，由甘肃煤矿安全监察局牵头，会同甘肃省安全生产监督管理局、甘肃省监察厅、甘肃省公安厅、甘肃省总工会和张掖市政府及相关部门，并邀请甘肃省人民检察院参加，依法成立了甘肃省张掖市肃南裕固族自治县金源煤矿"1·3"较大水害（瞒报）事故调查组（以下简称事故调查组），对事故展开调查。

• 金源煤矿属合法资源整合新建矿井，证照齐全。该矿是由原肃南县水沟煤矿和马营半截沟煤矿整合而成，属个体私营煤矿。企业所有方是肃南县金源煤矿，企业法人代表李×，山西临汾县人；企业承包施工方是江苏隆德矿业公司，项目负责人路××，江苏徐州人。

• 2013 年 1 月 11 日，路××（江苏隆德矿业工程有限公司副总经理、金源项目部经理）、李×（金源煤矿法人代表、矿长）、武××（投资人委托主管煤矿井下安全生产工作的负责人）、刘××（事故当班班长兼安全员）4 人，被肃南裕固族自治县公安局立案侦查，因涉嫌重大责任事故罪于 1 月 12 日被刑事拘留，县公安局建议对上述 4 人依法追究刑事责任，并撤销了李×矿长资格证和矿长安全资格证，规定 5 年内不得担任任何生产经营单位的主要负责人。

• 2013 年 1 月 12 日，由甘肃省安监局局长带领的省委督查组来张掖市，就肃南县金源煤矿透水瞒报事故及相关工作情况进行督促检查。

• 2013 年 1 月 13 日上午，肃南县召开安全生产专题会议，对全县安全生产形势进行了分析研究，县上领导带队组成几个工作组，对全县安全生产工作进行集中排查整治。进一步抓好煤矿停产停工整顿，确定包矿领导和工作人员，明确工作要求，对全县所有煤矿立即开展再排查、再整顿，严格落实停产停工各项措施，严防明停暗开、日关夜开等现象发生，切实消除安全隐患。

● 2013 年 2 月 8 日，甘肃煤矿安全监察局批复结案《肃南裕固族自治县金源煤矿"1·3"较大水害（瞒报）事故调查报告》，并公告社会。根据公告，该起事故共处理 33 名责任人，其中追究刑事责任 4 人，行政处罚 9 人，给予政纪、党纪处分的公职人员 20 人。对事故煤矿及相关责任人处以行政罚款共计 879.998 万元，并建议地方人民政府依法关闭该矿。

二、事故的文化成因分析

从事故等级上看，案例涉及的甘肃肃南透水事故只是一次较大事故，但是该起事故有一定的典型性。一是该起事故具有很多中小煤矿事故的特征，比如事故瞒报，伤亡的矿工是农民工身份等；二是尽管该起事故的发生显现出明显的管理原因，但文化成因同样清晰可见。

（一）技术场域的文化匮乏——安全文化无用论的原形透视

案例情景：（三）事故间接原因：1. 违反规定非法生产。该矿为追求利益，非法违规在未经批准的区域布置采煤工作面，并且在该区域未采取有效措施探明老巷内积水情况下，就盲目组织生产。2. 现场管理不到位。事故当班无带班矿领导，班长兼任安全员，在施工作业时建设单位未通知监理单位，现场安全监督管理缺失。3. 探放水措施不落实。未建立健全水害预测预报制度，在已知老巷有可能存有积水的情况下未采取有效防范措施，盲目进行采煤作业。4. 技术管理不规范。图纸、台账等基础资料不齐全，未严格执行《煤矿防治水规定》，在未编制探放水设计的情况下组织工人在 1001 采煤工作面作业。5. 安全管理责任制不落实。未设立专门的防治水机构，未严格执行矿领导下井带班制度和入井检身制度，事故发生后未按照相关规定及时上报，建设方和施工方合谋蓄意隐瞒。6. 安全教育培训不扎实。煤矿未按照《煤矿安全培训规定》开展职工培训，部分职工未经培训教育即上岗作业，对职工的防治水知识教育和培训不足，从业人员缺乏水害防治的相关知识，安全防范意识淡薄。7. 监管职责落实不力。监管机制运行不顺畅，企业代行煤矿监管职责，基层人员多重身份，职能划分不明晰。地方政府及其监管部门对停工整顿、隐患排查治理等规定和指令督促落实不够。

——摘自《肃南裕固族自治县金源煤矿"1·3"较大水害（瞒报）事故调查报告》

案例情景分析：上述案例情景是摘自事故调查报告对事故间接原因的权威分析，共计7条款。其中，2、4、5、7款都直接或间接涉及煤矿企业安全文化建设和执行。其中第2款从表面上看起来只是管理问题，但实际上也属于安全制度文化层面的内容。"无带班矿领导""班长兼任安全员""施工作业无人监理"等行为，都是煤矿安全生产条例所明令禁止的，说明企业安全文化得不到有力的执行。第4款中描述的主要信息是"图纸、台账等基础资料不齐全"。对于煤矿企业来说，图纸和台账是安全物态文化的重要组成部分，所以第4款内容表明该矿对安全物态文化建设极不重视。第6款所涉及的安全教育培训是安全制度文化建设的重要内容，"安全教育培训不扎实"是不重视安全制度文化建设的体现。第7款内容反映了该矿对煤矿安全生产条例的极度漠视，"企业代行煤矿监管职责""基层人员多重身份"实际上就意味着企业安全生产已经失去监管。综上所说，案例中的金源煤矿安全观念文化和物态文化建设十分落后，安全制度得不到贯彻，甚至连属于安全观念文化内容的最基本的安全生产条例也得不到有效的落实，这集中反映了金源煤矿领导安全意识淡薄，在安全文化建设和执行上，他们秉持的是一种安全文化无用论的思想，这种思想是导致该起事故的重要原因。

法国著名学者布尔迪厄认为，"科学场就是一个社会世界。既然如此，它就有限制、要求等等"，尽管科学场本身享有一定的自主度，但是，科学场要超越社会世界的限制和要求，获得更大的自主度，就必须增加自身的力量。[①]其实，对采煤技术场来说，外界最大的限制和要求莫过于安全生产，所以煤矿企业只有搞好安全文化建设和落实，推动安全工作上

---

① [法]皮埃尔·布尔迪厄著，刘成富、张艳译：《科学的社会用途——写给科学场的临床社会学》，南京大学出版社2005年版，第30页。

台阶，才能更多地摆脱外界的约束，享受最大的自主度。

（二）社会场域的文化博弈——生存价值观先于安全生产价值观

案例情景一：对于遇难人员的善后处理，调查报告显示，黄××、王××、武××、周××4 位遇难矿工遗体运至山西临汾后，矿方负责人的朋友张××与遇难者家属协商后达成协议，每家赔偿 85 万元，并由矿方出资将遇难人员遗体运送回原籍安葬。

——摘自《肃南煤矿 33 人被追责罚 879 万曾 11 次发整改指令书》

案例情景二：为逃避责任，金源煤矿负责人对该起事故进行了瞒报。

——摘自《甘肃张掖市金源煤矿透水事故致 4 死 5 伤》

案例情景三：近年来，甘肃张掖连续发生煤矿安全事故并多次瞒报。2011 年 7 月 2 日，张掖市山丹县金湾煤矿发生事故，致 5 人死亡，事故单位隐瞒事故情况，私自与死亡人员家属进行协议赔偿。

——摘自《2013 年度全国煤矿安全事故汇编》

案例情景分析：上述三则案例情景反映的内容主要聚焦在"瞒报"和"协议赔偿"两个概念上。在国家对煤矿安全高度重视的情况之下，可以说，问责的利剑始终直指事故责任人。那么，发生了伤亡事故以后，煤矿矿主或领导人何以敢瞒报呢？答案是，存在协议赔偿的事故处置方式，或者说，正是因为可以通过协议赔偿的方式获得伤亡者家属的谅解，事故瞒报才成为可能。

在这次事故中死难的王××、黄××、武××、周××4 位矿工，他们的原始身份其实都是农民，他们之所以愿意到金源煤矿这样安全生产环境恶劣的煤矿当矿工，实际上就是因为光靠农业收入微薄，一家老小难以生计，而自己又无一技之长，因此只能冒安全的风险来当矿工挣得营生，而所谓"安全第一""预防为主"的观念根本就没有深入他们的内心。

按照马克斯·韦伯对合理性论述的观点，伤亡事故协议赔偿和瞒报既不具备合理的手段和选择条件，也不符合合理的规范要求，因此，既不属于目的理性行为，也不属于价值理性行为，不符合实践合理性的总体条件，①正确的说法是，它们是生存价值观与安全生产价值观博弈的必然结果，它们也必然会助长煤矿矿工安全生产和各级官员安全监管的侥幸心理，从而会大大刺激煤矿安全事故的发生。

（三）政治场域的文化嬗变——官本位思想的泛化

案例情景一：2013年1月13日上午，肃南县召开安全生产专题会议，对全县安全生产形势进行了分析研究，县上领导带队组成几个工作组，对全县安全生产工作进行集中排查整治。进一步抓好煤矿停产停工整顿，确定包矿领导和工作人员，明确工作要求，对全县所有煤矿立即开展再排查、再整顿，严格落实停产停工各项措施，严防明停暗开、日关夜开等现象发生，切实消除安全隐患。

——摘自《甘肃肃南县安监副局长因瞒报透水事故被停职》

案例情景二：金源煤矿属合法资源整合新建矿井，证照齐全。

——摘自《甘肃张掖市金源煤矿透水事故致4死5伤》

案例情景三：2013年2月8日，甘肃煤矿安全监察局批复结案《肃南裕固族自治县金源煤矿"1·3"较大水害（瞒报）事故调查报告》，并公告社会。根据公告，该起事故共处理33名责任人，其中追究刑事责任4人，行政处罚9人，给予政纪、党纪处分的公职人员20人。对事故煤矿及相关责任人处以行政罚款共计879.998万元，并建议地方人民政府依法关闭该矿。

——摘自《甘肃肃南煤矿瞒报事故遇难矿工每家获赔85万（1）》

案例情景分析：上述三则案例情景从一个侧面反映了官本位思想在煤矿事故处理中的凸现。官本位思想是一种形成于奴隶社会和封建社会的特权等级制度的思想意识。官本位思想的一个重要特征就是单一行政化的社会体制，由其决定的制度设置与安排方式这一特征在本案例中得到充分的体现②。从道理上说，案例中的甘肃肃南县金源煤矿发生安全事

---

① [德]尤尔根·哈贝马斯著，曹卫东译：《交往行为理论——行为合理性与社会合理化》，上海人民出版社2005年版，第167页。

② 赵长江：《官本位思想对当今社会的影响研究》曲阜师范大学硕士论文，2013年，第16页。

故与周边的其他煤矿没有任何关系。但是，正如案例情景一所描述的，该县在 2013 年 1 月 13 日的全县安全生产专题会议上，却部署对所有煤矿进行停产停工整顿。无端地停产停工，会提高成本，造成不必要的浪费，从而直接影响企业效益。试问，既然煤矿普遍存在如此大的安全隐患，煤矿安全生产的日常监管去了哪里，为什么要等到发生煤矿伤亡事故才去补救？因此，这种做法从理论上讲，就是官本位思想特征的表现。

官本位思想还有一个特征就是权力过分集中。在本案例中，这一特征也得到了展现。从案例情景二可以得知，金源煤矿是一个各种证照齐全的合法煤矿。也就是说，金源煤矿不论在事故前后是否具备开工的安全生产条件，但是至少它的存在是合法化的。因此，对政府来说，金源煤矿发生安全事故以后，应该监督和督促它在满足生产条件的情况下继续开工生产；或者经审定确实无法再具备开工条件，也应该依法依规采取赎买或变卖的方式进行处理，而不能像案例情景三所述的那样，"建议地方人民政府依法关闭该矿"，因为政府的这种过于武断和极端的方式，恰恰加剧了很多私营煤矿生产的短期行为和伤亡事故瞒报现象。官本位思想在经济生活中的嬗变和泛化，使很多经济工作找不到合理的机制，而只能在或左或右中挣扎和徘徊。

第七章

煤矿安全事故对策的
路径考察

　　煤矿安全事故的成因是多元的、综合的，不仅有技术上的，也有权力与制度上的，还包括文化和心理的。因此，规避煤矿安全事故就必须采取综合的措施。实现采煤技术的人性化转向、再造政治权力机制、调整经济利益关系、建立全员参与的决策体系、增进心理沟通与相互信任等方式、重建煤矿安全生产的文化情境等，都是煤矿安全事故综合治理的路径。

第一节　实现煤矿技术的人性化转向

　　前文已经论述，煤矿安全事故的成因是多方面的，采煤技术是煤矿安全事故发生的内在根源。因此，规避煤矿安全事故，首先应该从采煤技术自身着手，对采煤技术的发展和未来进行深刻反思，促进采煤技术发展的人性化转向。

一、技术的人性化转向

"物竞天择，适者生存。"人类与动物相比，既没有厚实的皮毛和坚硬的鳞片，也没有锋利的牙齿和锐利的爪子，体力逊色于大型动物，奔跑的速度、敏捷的程度与很多动物都无法相比，对气候变化和各种环境条件的适应更是远不及动物。那么，人类为什么能在与动物的竞争中生存下来，不断地繁衍壮大，并成为动物王国的"统治者"呢？答案就是：因为人类对技术的发明和使用。

有了技术，人类才有了生存的手段和征服自然的能力，人类生存条件的满足和人种的延续才有了基本保障。因此，人类有理由理直气壮地说，技术是对人性的关怀。特别是近现代的三次技术革命以来，技术为人类创造了巨大的财富。正如恩格斯所说："仅仅詹姆斯·瓦特的蒸汽机这样一个科学成果，它在存在的头 50 年中给世界带来的东西就比世界从一开始为发展科学所付出的代价还要多。"①面对技术创造如此之多的财富，与其说人类是生存意义上的存在，还不如说是享受意义上的生存。为了表明技术对于人类生存的意义，甚至很多学者直接把现今人类的生存方式称为技术生存，因为相对于过去人类主动适应自然界的自然生存，技术已经使自然界倒转过来乖乖地适应人的生存了。

但是，技术在解放人、发展人的同时，也在束缚人、异化人。技术延伸了人的四肢，却使人四肢不勤；技术强化了人的体力，却使人身体虚弱；技术开发了人的智力，却使人头脑简单。同样，技术在利用自然、改造自然的同时，也在遗弃自然、破坏自然。技术原理来自自然界的规律，技术的运行却在破坏自然的法则；技术的目标是改造自然以服务于人，技术的结果却常常使人承受改造自然带来的风险，技术发展和应用所产生的诸如全球气候变暖、天然资源短缺、环境污染等问题，已经打破了人与自然的和谐。特别是现代技术，总是与不确定性和风险联系在一起，它一面在不断地为人类提供尽享甜蜜的物质资源，一面又使人类

---

① [德]马克思、恩格斯：《马克思恩格斯全集》（第一卷），人民出版社 1995 年版，第607 页。

越来越深地陷入暗流涌动的"风险社会"（贝克语）。核污染、核战争这些传统社会闻所未闻的概念，不仅已经给人类带来了看得见的风险，也给人的心灵带来无尽的不安与恐惧。总之，技术的发展已经脱离了既定的目标和轨迹，人类在一如既往地感激技术施与的同时，却也更加强力地意识和感受到技术带给人类的生存危机和一触即发的风险。

因此，人类不再徜徉在技术的怀抱中，任凭技术一路向前高歌猛进，而是开始重新审视和反思技术，技术的发展也因此出现了以规避现代技术风险为代表的当代转向思潮。这种社会思潮主要包括三种观点，可以简称为技术放弃论、技术应用控制论和技术发展转向论。技术放弃论认为，技术风险是技术的固有属性，要规避技术风险就必须放弃技术。持这一观点的学者们主张，人们应该回到山水田园，在碧水蓝天之间过着田园牧歌式的生活，以确保自然免遭破坏。他们认为，以现代技术为标志的现代文明无异于邪教和巫术，带给人类的只有灾难，而现代教育是现代文明的渊源，因此为了放弃现代技术首先就要放弃现代教育方式。很显然，这种彻底否定现代生活方式，主张回归传统的原始生活的观点，既是错误的，也是行不通的。

技术应用控制论则认为，"技术产生什么影响、服务于什么目的，这些都不是技术本身所固有的，而取决于人用技术来做什么"[1]。按照美国哈佛大学技术哲学家 G. 梅塞纳的这一观点，技术是价值中立的，技术应用的负面效应和风险完全是人的使用不当所致，因此，规避技术风险不需从技术本身着手，而只要改变人对技术的态度和使用方式即可。这种观点实际上主张技术状态和结果完全由技术目的所决定，以此推理，技术负面效应和风险就必然是技术滥用的结果，这显然也有悖于技术应用的实际情况。

持技术发展转向论观点的学者很多。弗洛姆认为，"我们的技术能力是服务于人的成长的"[2]。芒福德坚持，技术的发展不应该通向巨机器的

---

① Emmanul G. Mesthene. Technological Change: Its Impact on Man and Society[M]. New York: New American Library, 1970: 60.
② Erich Fromm. The Revolution of Hope: Toword a Humanized Technology[M]. New York: Harper &Row, 1968: 96.

扩张，而应该导向对个人和有机环境的保护。①芬伯格的技术批判理论则更是直接了当地主张应该改变技术的目的和方向。这些观点概括起来就是，要规避技术风险，就应该改变技术的目的和方向，实现技术发展的人性化转向。譬如，医学家要回避像克隆这样有伦理争议的技术研究，应该把时间和注意力转移到常见的疑难杂症的预防和治疗上来；生物化学家不应该涉猎任何生物化学武器的研究，而应该研究如何利用生化技术改变植物、水果和蔬菜的性状，使之更有益于人的使用。显然，这种改变技术目的和方向的技术进步方式，的确可以在一定程度上规避技术风险，但是技术风险的成因并不仅仅在于技术，所以只通过技术措施彻底规避技术风险是办不到的，还必须从技术的制度、文化、心理根源上下功夫。

二、人性化转向如何可能

"技术与人的关系是手段与目的的关系"是技术人性化的立论根据。康德说："在全部被造物之中，人所愿意的和他能够支配的一切东西都只能被用作手段；惟有人，以及与他一起，每一个理性的创造物，才是目的本身。"②康德的"人是目的"的思想包括两重意思。第一重意思是，唯有人以及人的发展才是目的；第二重意思是，人是区别于动物的理性存在者，人能理性地创造和支配其他一切存在物，使之导向自己的目的。技术人道主义者弗洛姆有类似的观点。他认为，"不是技术，而是人，必须成为价值的最终根据；不是生产的最大化，而是人的最优发展，成为所有计划的标准"③。弗洛姆的意思是，我们应该确立一个人性化的计划，这一计划的标准不是生产的最大限度发展，而是人的最理想发展，在这个计划中，技术只是由人的理性和意志决定的、实现人的目标的工具。事实上，除康德、弗洛姆等比较"直白的"技术人性化观点之外，很多

① 吴国盛：《技术哲学经典读本》，上海交通大学出版社 2008 年版，第 506 页。
② [德]康德著，韩水法译：《实践理性批判》，商务印书馆 1999 年版，第 94-95 页。
③ Erich Fromm. The Revolution of Hope: Toword a Humanized Technology[M]. New York: Harper &Row, 1968: 96.

技术批判理论也包含着技术人性化立场，充满着对人性的关爱。肇始于20世纪50年代的技术生态学批判思潮，涌现出如罗马俱乐部学者、舒马赫、舒尔曼等一批早期的技术生态学批判学者。他们认为，人口急增、环境污染、资源短缺、生态失衡等当前威胁人类生存的危机，其主要的根源都在于技术，并认为技术导致人与自然的不和谐将直接导致人类社会危机，人类有可能因此从地球上销声匿迹。现代技术批判学者马尔库塞（单向度的人）、海德格尔（技术座架）、哈贝马斯（批判理论）、埃吕尔（技术自主论）等，他们的理论基点都是出于对技术社会中人的处境的关怀，他们的理论也无一不是表达了对人在技术社会中被压抑、被异化地位的忧思，因此作为人文主义学者，他们实际上也是技术人性化的主张者和捍卫者。

什么是技术人性化呢？技术人性化就是人性化技术。所谓人性化技术，"指将人性赋予技术，在技术中赋予人性因子，使技术尊重人的价值、维护人的尊严、张扬人的个性"，"人性化技术实质上就是指与人的各种本性相适宜、与人的内在特性相和谐的技术"。[1]可见，人性化的技术不会消解人性，不会造成主客体关系的颠倒，不会弱化人的道德责任，不会抑制人的潜能，不会限制人的自由。恰恰相反，人性化技术会把人从单一的、标准化的工作方式和生活方式中解放出来，使人能快乐工作、享受生活、和谐交往、认同社会、追求人生。那么，人性化技术转向如何可能呢？人类恐怕只有一面从思想上深刻地反思技术，一面积极行动起来重构人性化技术，才有可能实现技术的人性化。

具体地说，实现技术发展的人性化转向，要确立正确的人—技关系。技术发明、技术设计、技术制造、技术使用等描述技术形态的概念暗含的意思，是人从事技术发明、技术设计、技术制造和技术使用。换句话说，离开了作为主体的人，技术不仅在实践中无从发端，在理论上也无法得到解释。因此，在人与技术的关系中，人是当然的主体，技术永远只是客体；人是技术的主人，不是技术的奴隶。技术决策、技术评价、技术预见等关于描述技术的词汇，也无一不反映人凌驾于技术之上的主

---

① 龙翔、陈凡：《现代技术对人性的消解及人性化技术重构》，《自然辩证法研究》2007年第7期，第69页。

体地位。技术的用途以及技术发展的方向也都是人决定的。很多人应用技术服务人类，同样也有人滥用技术祸害人类。甚至技术情境也是由人来掌控的，技术实验就是人对技术情境的干预。

实现技术发展的人性化转向，要坚持正确的技术发展观。马克思、恩格斯把人的全面发展和彻底解放当成一切实践活动的最高价值。康德哲学的核心就是"人是目的"的思想。这些"技术发展为了人"的技术发展观，要求一切技术应该围绕人的需要而开发，应该作为服务于人的价值实现的工具而使用。换句话说，人是目的，技术是手段，人是技术存在的唯一依据，技术的合理性必须以人的合目的性为前提。上述技术发展观还要求人们在技术实践中，绝对不能为技术而技术，更不能颠倒人与技术的主客关系，为了技术的进步而牺牲人的利益。当然，技术发展不仅为了人，技术发展还依靠人。尽管技术发展有其自身的内在逻辑，但技术发展的进程、方向和结果都应尊重人的决策，按照人的规划，依靠人来控制，绝不能任由技术自行发展。"技术发展依靠人"也是正确的技术发展观。

实现技术发展的人性化转向，要倡导技术与人文的融合。"技术是科学的应用"的观点已经为学界普遍接受。这一观点所隐藏的一个关系就是，科学的逻辑性是技术实效性的保证。正因为如此，技术原理反映的仅仅是物质与物质之间的交互关系，人被淡出其外，即使有人，也是位于一定时空关系中被物化了的没有人性的人。在技术实践中，工程师或技术专家常常只注重技术原理的准确应用，以保证技术实效性的发挥，而缺少对人性的反思和关照。这样，技术本来是起源于人的，却越来越背离人，出现了技术与人性渐行渐远的局面。

然而，"工程的设计和实践中充满了辩证法，工程中有许多哲学问题需要研究和思考"[①]。因此，以人文指引技术、以人文规约技术、以人文涵养技术已经势在必行。爱因斯坦说得好："仅凭知识和技巧并不能给人类的生活带来幸福和尊严。人类完全有理由把高尚的道德标准和价值观

---

① 转引自龙翔、陈凡：《现代技术对人性的消解及人性化技术重构》，《自然辩证法研究》2007 年第 7 期，第 72 页。

的宣道士置于客观真理的发现者之上。"①技术的本来面目是求善，求真只是通往善的路径，而如果我们忽视对人性的关爱，一味偏执地求真，就无异于先关上善的大门。

实现技术发展的人性化转向，要注重人的精神需要。马克思说："所谓人的肉体生活和精神生活同自然界相联系，也就等于说自然界同自身相联系，因为人是自然界的一部分。"②可见，人的生活分为物质生活和精神生活，人的需要由物质需要和精神需要两个部分构成。相比较于物质需要，人的精神需要是更高层次的需要。从人与动物的区别来看，目前恐怕还很难确认动物也有精神需要；从人的需要的特点来看，人的物质需要以本能的、维持和延续生命的自发需要为主，但是，人的精神需要大多数是自觉的。同时，随着人的物质需要的不断满足，人的精神需要越来越多，也越来越高级。总而言之，从技术存在形式到运行方式，再到最终目标，都应更多地关注人的精神需求的满足。譬如，在技术发明过程中，要开发出更多的"绿色技术""有机技术"；在技术设计中，充分考虑技术人工物外形的美感，保证技术运行的节奏适应人的生理节奏；等等。

三、采煤技术人性化转向探讨

技术的运行固然要遵循技术原理，但技术毕竟是"人为的"；人的操作也固然要按照技术路线和规程，但终究技术是"为人的"。所以，人性化技术不应该是空洞的哲学，而应该是人所建构的生产方式和管理模式。构建人性化技术是多角度的。学者们提出的"绿色技术"等理想的、全新的技术模式，固然属于人性化技术；同样，对传统的技术方式进行合理的改造，促进其与人性相适宜，使操作者在操作中精神愉悦，从而潜能和创造性得到发挥，这一过程也是技术的人性化转向。

从技术特征上来说，我国的采煤技术偏向于传统技术。工作环境差、

---

① 转引自范岱年：《传统文明、现代科学工业文明和人类的未来》，《科学文化评论》2009年第4期，第86-95页。
② 转引自林德宏：《科技哲学十五讲》，北京大学出版社2004年版，第27页。

劳动强度大、煤矿安全事故率高是我国采煤技术的主要特点。这些特点不利于矿工的身心健康和潜能的发挥。因此，采煤技术虽然不是"非人性的技术"，但也算得上是"非人性化的技术"（如果"非人性的技术"指的是技术目标的非人道，那么，"非人性化的技术"则是指技术过程的逆人性），必须对之进行人性化改造。

对我国采煤技术的人性化改造，要努力促进采煤技术升级，保障矿工的人身安全。国内学者邹诗鹏说："所谓人性并不是一个僵化的和封闭的概念，人性的这种品性在很大程度上正是通过与自然环境的关联性活动表现出来的。"①的确，技术是人类在征服自然的实践中产生的，所以就技术的工具性而言，技术是人性的表达。但是，技术又正是在改造自然的过程中，使自身蕴含着风险而产生对人性的抑制。这就要求技术不断地从两个方面升级，以解决技术既抒发人性而又压制人性的悖论。采煤技术的总体特征是"人—机—环"一体化，即人、机器和自然环境三个主体技术要素之间相互关联，整体联动。这就预示着采煤技术风险一旦出现，就可能在人—机—环三个技术要素之间快速扩散。因此，采煤技术升级的主要方向不是技术效率的提高，而是技术风险的规避。具体地，采煤技术的升级不应该着眼于如何提高煤炭的采掘进度，而是应该着力于解决诸如如何提高通风技术降低瓦斯浓度以减少瓦斯爆炸，如何提高防透技术以减少透水事故的发生，如何提高顶板技术以防止煤井塌方等问题。这就是说，采煤技术升级应导向对有机环境和矿工的精心呵护上，把采煤技术的生态化转向和人性化转向结合起来，既要尊重矿工的主体地位，也要尊重自然的主体地位，达到采煤技术在煤炭生态化开采基础上的人性化使用，以实现矿工与自然的共生共存。

对我国采煤技术的人性化改造，要努力推动采煤技术管理的民主参与机制，发挥矿工的潜能和创造性。弗洛姆认为，工业制度至少有两种选择——"人道化的官僚政治"和"异化的官僚政治"。其中，"异化的官僚政治"是一种单向体系，即命令、建议、计划从金字塔上面发出指向底部。这种"官僚政治"的基本特征有两点：一方面，不对个体的需要、

---

① 邹诗鹏：《人与自然的生存论关联——环境意识确立的基点》，《江海学刊》2002 年第 1 期，第 39 页。

观点和要求做出"反应";另一方面，由于官僚觉得自己只是官僚机器的一个部件，不愿意做决定，因为害怕做错事承担责任，因此，这种体制会造成人的创造性瘫痪而产生深深的无能感。相反，"人道化的官僚政治"中间有一条双向通道，下属的愿望和意见可以反映到上层决策者，而上层决策者又必须对下属的反映做出反应。[①]推动采煤技术管理的民主参与机制，实际上就是发挥矿工在采煤技术决策、评估和其他管理中的作用，特别是突出矿工在技术风险决策中的作用，因为矿工不仅是采煤技术风险的受害者，也是采煤技术风险的制造者和应对者。这就要求煤矿各级管理机构在具体决策或管理事务中，要多听矿工的意见或建议，同时，要鼓励矿工通过职工代表大会等形式维护自己的权利，因为只有采用这些方式肯定矿工的意志，他们的精神才能维持平衡，能量才能最大限度地释放。

对我国采煤技术的人性化改造，要努力改革采煤技术管理制度，扩大矿工的身心自由。在我国煤矿企业中，深井煤矿占大多数。因此，很多矿工长年在地面以下几百米甚至上千米的井下作业。工作时间长是我国煤矿矿工工作的另一个特点。很多矿工正常作业加上上下井准备工作的时间，日工作超过 12 小时。矿工们的生活图景可以描绘为：长时间被限定在井下狭小的空间，身体得不到自由的活动，思想得不到自由的驰骋，还要做一些繁重或单调的劳动，下班回到家里以后，除去吃饭时间，也只有拖着疲劳的身体睡觉，为明天的井下工作积蓄力量，根本没有时间也没有精力去从事娱乐或文体活动，人际交往也很少。矿井和家庭真正成为矿工生活的"两点一线"。在这种身体得不到自由活动的生存状态下，矿工们也就失去了思考的意志和独立的思想，除了自己的班数和月薪水的多少外，其他的事情他们根本就不关心，也没有必要关心。煤矿矿工们普遍感到自由的失落和精神的空虚。因此，要对我国采煤技术进行人性化改造，就要通过制度改革，缩短矿工的井下工作时间，减小劳动强度，把矿工疲惫的身体从狭小、黑暗的井下空间解放出来，让他们有更多的时间生活在光天化日之下，重返绿水蓝天，能够"停下来，唱

---

① 高亮华:《人文主义视野中的技术》,中国社会科学出版社 1996 年版,第 116-117 页。

一支歌吧"[1]；能够跟亲人、朋友和同事多一些思想和感情的交流与沟通，以排遣孤独与寂寞；能够激活思维的内核，重新找回热望、理想和奋斗目标，以达到他们内心的自我满足，做到身与心俱备、灵与肉结合。

对我国采煤技术的人性化改造，要全面提高矿工的素质，增强矿工的采煤技术水平。矿工是采煤技术的使用主体，所以采煤技术的使用状况与矿工的认知能力、技术水平以及心理状态等因素不无关系。因此，对矿工进行必要的技术培训以及安全教育，不仅可以提升矿工的生产技术水平，也会提高矿工的技术风险预防、控制和应对能力，从而减少煤矿安全事故。其中道理十分简单，不做赘叙。

我国采煤技术的人性化改造是一项综合工程。技术升级、制度变革、人的再造、自然与社会环境的改良等，都是采煤技术系统人性化改造的着眼点和落脚点，在此不一一赘述。

第二节　促进煤矿安全事故规避的制度创新

乌尔里希·贝克指出："的确，无法禁止现代生活中的风险，但是我们能够和确实应该获得的是新的制度安排的发展，这种安排能够更好地处置我们目前面临的风险。"[2]下文将主要从规范法律法规章程、再造政治权力机制、调整经济利益关系三个方面来论述煤矿安全事故的制度规避措施，为煤矿安全事故规避留下制度创新的启示。

一、规范立法工作体系

立法工作包括建立行政机构、制定法律政策、法规规章及相应的许可制度。立法的目的是为守法者提供行为标准和为执法者提供管理方法。

---

[1] 田松：《有限地理时代的怀疑论——未来的时代是垃圾做的吗》，科学出版社 2007 年版，第 5-15 页。

[2] [德]乌尔里希·贝克著，吴英姿、孙淑敏译：《世界风险社会》，南京大学出版社 2004 年版，第 141 页。

立法分为国际法和国内法两个部分。但不论是从国际还是国家层面上讲，立法都是通行的风险管理方法。因为能给违反者以处罚的方式，立法部门制定的法律政策和法规规章已经成为颇具威慑力的风险管理工具。

世界各国关于技术风险管理的立法有很大的差异。总体而言，发达国家起步较早，发展较快，而发展中国家起步相对比较晚，发展的速度也比较慢。就我国来说，立法工作更多的是考虑如何刺激科学技术的发展，而对如何规避科技风险考虑不多。即使有一些规避技术风险的立法条款，也只是散见在诸如促进科技进步的立法文件中，而缺少专门立法。比如，我国在《科技进步法》和《促进科技成果转化法》中规定："国家禁止危害国家安全、损害社会公共利益、危害人体健康、违反伦理道德的科学技术研究开发活动。"究其内容，也只是原则性的要求和导向性的规定，而不是具体实施细则和执行办法。

在煤矿安全法律法规制定方面需要规范的问题很多。一是立法机构的设置需要规范。二是煤矿安全风险规避的相关法律法规的内容需要完善。我国当前的煤矿安全生产规制很多重要的概念尚不清楚，条款也比较粗化，不利于执法工作的实际开展。同时，由于立法依然存在很多漏洞，许多实际工作因为缺少必要的手段，而对违法者处罚过轻。比如，对瞒报事故的责任人至今还没有明确的处罚条款。在《矿山安全法》如此重要的法规中竟然没有规定瞒报事故的刑事责任，在另一部重要的法规《矿山安全法实施条例》中，也只有第七章"法律责任"的第五款适用煤矿安全事故瞒报，而且，第五款"未按照规定及时、如实报告矿山事故的，处 3 万元以下的罚款"的内容，只适用于经济处罚（处罚也太轻）。另外，相关法律法规政出多门、相互冲突的现象，也对实际执法工作造成很大的负面影响。比如，根据相关规定，我国劳动行政主管部门和安全监察部门分享矿山安全规制权。但是，《矿山安全法》和《矿山安全法实施条例》作为调整矿山安全的基本法律文件，却只规定了劳动行政主管部门的规制权，而安全监察部门对矿山的规制权在 2002 年颁布的《安全生产法》才得到确认，那么，此前安全监察部门对规制权的行使实际上是不合法的。三是煤矿安全监管部门的权力需要合理配置。比如，虽然煤矿安全监察部门是代表国家行使监察权，但是它的实际权力很小，对于一般违规行为只能据情开列 15 万元以下的经济罚款，只有对严重违反者才有责令整改或关闭的权力，而强行关闭煤矿的权力把握在地方政府手中，煤矿安全监察部门只有建议权。

在煤矿安全法律法规执行方面需要规范的问题也不少。一是煤矿安全监察部门内部的工作需要得到规范。为防止和避免地方政府出于地方保护思想而对煤矿安全监察工作进行干扰，中央政府建立了一套具有独立人权、事权和财权的煤矿安全监察体系。由于直接隶属于中央政府，煤矿安全监察体系的建立确实起到了一定的摆脱地方牵制的作用。二是煤矿安全监察部门与安全监督及管理部门之间的工作关系需要得到规范。国家安全监察局与安全生产监督管理局都隶属国务院领导，并合署办公，因此工作协调方便，不容易产生冲突。而到了地方情况就不一样了，地方安全生产监督管理局隶属地方政府，人权、事权和财权分属并相互独立，但是彼此的"监察"和"监督"职能却牵扯在一起，难以真正分开。在实际工作中难免会出现监察部门对违法单位责令整改而监督部门却暗中保护的情况。"遇利则两相争，遇责则两相推"的局面在现实中难免会发生。三是被监管的煤矿企业之间的竞争需要得到规范。国有大中型煤矿跟乡镇煤矿、私营煤矿之间存在竞争。国有大中型煤矿的优势是煤质好、市场销售价格相对较高，劣势是生产成本高。而乡镇和私营煤矿虽然生产成本相对较低，但煤质差，市场销售价格低。这样，减少安全投入、降低生产成本就成了两者最现实、最有效的竞争策略。显而易见，这种竞争是以牺牲煤矿安全生产为代价的。

针对诸如上述煤矿安全生产立法工作中存在的问题，本书提出如下四点建议。

（1）取缔地方安全生产监督管理局对煤矿的管理职能，并入同级国家煤矿安全监察局，以解决职能交叉造成的牵制、扯皮和推诿等问题。美国社会心理学家巴克在解释"什么是权力"时说，权力是"在个人或集团的双方或多方之间发生利益冲突或价值冲突的形势下执行强制性的控制"[①]。根据这一解释，既然权力可以解决利益冲突或价值冲突，也就

---

① [美]克特·W. 巴克：《社会心理学》，南开大学出版社 1984 年版，第 19 页。

可以通过同样的方式获取利益或价值。也就是说，当权力的边界交叉或重叠时，就会因为各自所服务的利益格局而产生冲突。因此，应该尽量避免权力的交叉或重叠。

（2）通过立法转变国家煤矿安全监察部门对煤矿的工作方式，改"突袭式"检查为现场监察，以提高监察工作的实效。学者郭道晖在论说政府和非政府组织的权力时说："非政府组织的能量巨大，甚至成为左右经济、政治、文化和社会生活等各个领域的巨大社会势力。"[①]就我国目前煤矿安全监察来说，事实上就是政府与非政府组织力量的博弈。在博弈中，监察部门采取的是上有政策下有对策的"突击式"检查方式，所以收不到好的监察效果。建议应该通过立法的方式，充实监察人员队伍，对煤矿监察人员采取派驻制，而且对派驻人员 1~2 年轮换一次。

（3）加强对国家煤矿安全监察部门及其工作人员监察责任的立法工作，杜绝玩忽职守。法国著名思想家孟德斯鸠认为，"一切有权力的人都容易滥用权力，这是万古不易的一条经验。有权力的人们使用权力一直到遇有界限的地方才休止"，所以，"要防止滥用权力，就必须以权力约束权力"。[②]而任何权力都应该也可以受到立法和司法的制约。因此，加强对国家煤矿安全监察部门及其工作人员监察责任的立法，是制约国家煤矿安全监察部门及其工作人员行使权力，杜绝权力滥用、玩忽职守的良策。

（4）强化煤矿安全投入的立法工作，确保投入资金按章提取和使用。美国学者格尔哈斯·伦斯基说："国家权力在其内部的分权制衡和外部的权利抗衡面前，不得不服从法律权威和正当程序，从而确立起无人在法律之上也无人在法律之下的法治机制。"[③]任何权力主体只有受到法律的规约，它所操纵的权力运行才不会越轨。所以，对于煤矿安全投入资金的提取和使用，必须建立可操作的法规，而且违规成本应该高昂到足以

---

① 郭道晖：《权力的多元化和社会化》，《法学研究》2001 年第 1 期，第 9 页。
② [法]孟德斯鸠著，张雁深译：《论法的精神》(上)，商务印书馆 1982 年版，第 154-160页。
③ [美]格尔哈斯·伦斯基著，关信平等译：《权力和特权：社会分层的理论》，浙江人民出版社 1988 年版，第 131 页。

让违法者完全丧失违法违规利益驱动力的地步，只有这样，煤矿才会采取安全的生产方式。

二、再造政治权力机制

乌尔里希·贝克主张，为了适应风险社会的需要，我们需要对传统意义上的风险管理体制进行"政治再造"，即建立一种政治非政治化、非政治政治化的"亚政治"。贝克指出："亚政治区别于政治表现在：首先，政治体系和法团主义之外的代理人也可以出现在社会设计的舞台上（这个群体包括职业团体和行业团体、工厂、研究机构和管理阶层中的技术知识界、熟练工人、公民主动权、公共领域等）。其次，不但社会和集体代理人而且个人也可以与后者相互竞争，争夺新兴的政治塑形权。"①

贝克的亚政治体制，实际上就是主张提高社会公众的政治参与意识和参与度，通过提升公众塑形政治的能力来强化风险应对的社会基础。如果与煤矿安全风险的防范、控制相对应，贝克上述观点的意思就是提倡发挥煤矿矿工的煤矿安全生产决策权、管理权和监督权，就是提倡要发挥社会大众对煤矿安全生产的监督作用，以建立煤矿安全风险的新型应对机制。但是，在我国现有的煤矿企业安全管理体制中，矿工和社会大众的参与地位只是在形式上得到了一定程度的体现，实际上并没有发挥积极有效的作用。换句话说，我国现有煤矿企业安全管理体制，实质上还完全是政府设计的标准的政治化的管理制度，而不是群众广泛参与的、有着坚实的社会基础的所谓"亚政治"安全风险应对机制。这一点可以用煤矿企业工会安全管理监督职能的发挥现状来加以说明。

煤矿企业工会代表群众行使安全管理监督职能是合情、合理、合法的。煤矿企业是由矿工组成的，矿工既是安全措施的贯彻者，同时又是安全事故的直接受害者，并且深谙企业的安全生产现状，因此，以代表矿工和矿工利益的工会组织对煤矿企业的安全生产工作予以监督是合情

---

① [德]乌尔里希·贝克等著，赵文书译：《自反性现代化》，商务印书馆 2004 年版，第 23 页。

合理的。同时，煤矿工会组织对企业的安全生产工作进行监督也是合法的。根据《中华人民共和国工会法》的规定，维护职工的生存权和健康权，工会责无旁贷。《安全生产法》《矿山安全法》等法律文件也对工会参与安全管理的权益做了明确的规定。例如《矿山安全法》规定："矿山企业工会维护职工生产安全的合法权益，组织职工对矿山安全工作进行监督。"

然而，我国煤矿企业工会安全生产监督职能长期以来一直处于"虚位"状态。作为群众监督管理机构，煤矿企业工会的安全生产管理机构一般分为劳动保护监督检查委员会和工会小组劳动保护检查员，在同级工会领导下工作，肩负宣传安全法规和企业规章制度、发动和组织职工开展安全生产活动、监督法规和规制的执行等职责。因此，按理说煤矿企业工会安全生产监督职能是实际存在的。但是，由于肩负众多的行政职能，工会已经俨然成为准行政机构，所以在实际工作中不得不依附政府或煤矿管理方，维权的职能因此大大弱化。同时，相关法律虽然规定了工会的维权职能，但即使遇到危及职工生命的安全问题，工会也只能采取与管理方或政府协商的方式，而缺少强制性措施。另外，工会主席等工会领导名为按照工会章程选举产生的，而实际上是煤矿管理方提名"任命"的，因此其必然要接受管理方的倚重和控制，当遇到矿工和管理方发生利益之争时，很多工会负责人甚至直接为管理方说话。

总之，种种因素造成了煤矿企业工会在安全生产管理中的"三失"地位，即日常安全管理"失位"，遇到安全隐患"失策"，出了安全事故"失声"。"三失"地位表明，煤矿企业工会安全生产监督职能实际上是处于"虚位"状态。那么，如何才能使工会在安全生产管理机构中"有位"，在安全生产日常监督中"在位"，在安全生产维权中"实位"？本书提出如下建议。

（1）改组煤矿企业工会的组建方式，使之日益职业化和社会化。西方早期的工会都是工人自发成立的代表工人整体利益的群众组织，工会通过与资本家交涉或者领导罢工的方式维护职工的基本权利。因为资本家和工人在利益上是根本对立的，所以工会基本上不会受资本家的牵制，一般能够起到为工人维权的作用。而在我国，要真正发挥工会的作用，就必须按照职业化和社会化的方向改组工会，使之真正成为独立于政府和企业管理方的社会团体。正如贝克所说："作为亚政治化的后果，从前未卷入实质性的技术化和工业化过程的团体有了越来越多的机会在社会安排中取得发言权和参与权，这些团体包括公民、公众领域、社会运动、在岗工人、勇敢的个人甚至有机会在发展的神经中枢'移动大山'。"[①]

（2）改进煤矿企业工会负责人的选举方式、工会的工作方式以及工会会费的收缴方式。鉴于工会负责人在工会工作中的重要性，应该采取直选的方式选举工会负责人，以确保其能够真正代表职工的利益和心声，坚决维护职工的权利。改变工会的工作方式是提升工会安全生产监督职能的另一个实质性举措。改变工会的工作方式的重点是加强工会维权的手段建设，关键是要通过相关立法程序来提高工会维权手段的刚性，克服软弱无力的现状。比如，如果规定工会在能够举证具有重大安全隐患的情况下，有权强令停止生产，撤离矿工，则势必会大大减少煤矿安全事故的发生，减少事故伤亡及财产损失。工会会费的收缴应该采取费改税的方式，从给养上保证工会摆脱企业的控制，真正独立地开展工作。

（3）调动第四方积极性，建立社会外部对政府、企业管理方及工会安全管理工作监督机制。如果说煤矿工会的安全生产监督是第三方监督的话，那么建立社会外部对煤矿安全生产的监督机制实际上就是第四方监督。对政府、企业管理方来说，第四方监督是对工会第三方监督的补充，是对政府、企业安全生产双边管理的再监督；而对工会来说，第四方监督是对工会安全生产监督职能的监督，是防止工会"懒政""庸政"和腐败的保险机制。第四方监督应该建立包括新闻媒体和社会大众的正式或非正式组织。新闻媒体具有群众性和广泛性，新闻媒体的监督作用日渐为广大人民群众所认同。社会大众对于重大或热点社会问题的关注度日益提升，对社会管理具体事务进行监督的自觉性也在不断提高。这些都是发挥第四方监督作用的有利条件。

---

① [德]乌尔里希·贝克等著，赵文书译：《自反性现代化》，商务印书馆 2004 年版，第23 页。

三、调整经济利益关系

风险管理学家苏珊·卡特指出，自由市场和资本对管理技术风险和危险作用显著，经济战略既能降低技术风险，同样也具有制造风险的巨大力量。[1]苏珊·卡特还在 *Living with Risk* 一书中详细介绍了美国政府通过经济手段来管理风险的做法。例如，在治理污染和有害废物方面，美国政府打着污染预防、污染降低及风险降低的旗号，本着"谁污染，谁交费，谁治理"的指导思想，向污染者和废物制造者收取高额的费用。这样，制造污染和危害废物的高成本迫使许多工厂不得不改善生产工艺流程，提高管理风险与危害的效率。卡特认为，这实际上是从工厂的源头来减少污染的方式，它比先污染然后采取强制性的行政措施来治理污染效率高得多。[2]

我国政府利用经济杠杆调节煤矿安全风险还缺少独到的措施，特别是在煤炭行业准入方面更是缺少完善的经济手段。2007 年国家发改委颁发的《煤炭产业政策》共 50 条，但基本上没有涉及生态和环境保护的内容，涉及安全生产的相关政策也只有 4 条。直到 2013 年，在国家能源局颁发的新的《煤炭产业政策》中，才对生态和环境保护做了一些原则性的规定，而涉及安全生产的政策性条款也只增加到 5 条。也就是说，在 2013 年之前，我国尚没有对煤矿在建设、开采过程中造成生态和环境问题进行经济处罚的政策依据，对涉及安全生产方面进行经济处罚的政策依据也很不充分。这些情况表明，我国还没有利用经济调节手段来建立一套完善的煤炭行业准入标准。这是我国煤炭行业准入门槛不高，以至于煤矿安全事故多发的重要原因之一。

在日常的安全生产中，通过经济杠杆控制安全事故的职能也没有得到有效的发挥。2012 年 5 月，财政部、国家安全监管总局联合下发了《企业安全生产费用提取和使用管理办法》，对煤矿安全生产的安全费用进行

---

[1] Susan L Cutter. Living with Risk—The Geography of Techological Hazards[M]. London New York：Edward Arrold.1993: 81.

[2] Susan L Cutter. Living with Risk—The Geography of Techological Hazards[M]. London New York：Edward Arrold.1993: 81.

了提高，但提高的幅度很小，还远未达到实现调节和控制安全事故的目标。《办法》列明：煤炭生产企业安全费用的提取标准为：（1）煤（岩）与瓦斯（二氧化碳）突出矿井、高瓦斯矿井吨煤 30 元；（2）其他井工矿吨煤 15 元；（3）露天矿吨煤 5 元。虽然这一标准与 2005 年《财政部、国家发展和改革委员会、国家安全生产监督管理总局、国家煤矿安全监察局关于调整煤炭生产安全费用提取标准，加强煤炭生产安全费用使用管理与监督的通知》（财建〔2005〕168 号）中规定的标准相比，翻了近两番，但是 2012 年同规格煤炭价格与 2005 年相比也翻了近两番，安全费用提取标准的增加对增加煤矿企业负担来说，实际上堪称"九牛一毛"，根本未起到通过经济措施限制煤炭产量、调控安全事故的作用。

经济杠杆不仅没有起到正面调节安全事故的作用，甚至反向调控，起到刺激安全事故发生的作用。表现之一是有些地方降低政策性费用，为地方煤矿松绑，鼓励煤矿开采和销售，其直接目的是提高地方煤矿的市场竞争力，但客观上刺激了煤矿安全事故的发生。根据《2014 年山西省煤炭政策性收费下调对成本影响简析》，自 2013 年以来，由于煤炭市场疲软，煤价下跌，2014 年山西省对地方煤炭的政策性收费做了较大幅度的下调。山西等其他省份也纷纷效仿。研究表明，这种通过降价方式的市场竞争是一种恶性竞争，对安全事故的发生具有巨大的负面效应。经济杠杆对安全事故的反向调控还表现在诸如政府的电煤价格政策上。为了稳定电价，我国政府多次出台了"限定电煤价格"政策。这一举措虽然对确保电厂发电成本起到了一定的作用，但是负面后果是直接导致煤矿风险投入的减少，其结果是电厂的风险被转嫁给煤矿，从而大大增加了煤矿安全事故发生的可能性。再如，"以赔代责"——用金钱来补偿职工生命的代价——已经成为普遍认可的煤矿安全事故善后工作的通用"法宝"，但是，这种淡化和模糊事故责任的做法，从客观上讲，大大刺激了煤矿安全事故的常态化发生。

总而言之，根据我国目前经济杠杆调节煤矿安全事故能力薄弱甚至存在反向调节的实际情况，应该迅速制定政策或措施，通过调整各利益主体之间的经济利益关系来调节煤矿安全事故的发生。具体建议如下。

（1）政府应加大煤炭开采的项目投资，优先支持地质条件好（如煤层浅）、煤质好、煤藏丰富、安全性高（如低瓦斯）的项目立项，并给予经费支持。而对那些地质条件差、风险性高、与经济发展目标不相适应的项目，应坚决不予以立项或给予经费支持。譬如深井高瓦斯煤矿，不仅煤炭开采难度大、出煤少，而且安全事故发生概率高，政府应从立项和经费上把它排除在准入门槛之外。对于已经立项正在开采的，政府也应出台相关配套政策，引导和督促其尽早停产关闭。

（2）政府应通过出台更严格的煤炭产业政策，降低煤矿安全风险。产业政策体现产业发展的基本方向和原则，是行业准入的门槛。产业政策过于严格会限制产业的发展，使其出现与其他产业发展失衡；但是如果产业政策过于宽松，也会使其发展出现混乱状态，并与其他产业发展不配套。在目前煤炭市场总体供大于求的形势下，对于高风险的煤炭行业来说，应该制定严格的产业政策，以提高行业的准入门槛，减少煤矿安全事故的发生。在煤炭产业政策中应该强化生态和环境保护方面的内容。煤炭产业政策应该更多地体现为经济杠杆（如税收）的调控作用。

（3）政府应鼓励煤炭企业通过采煤技术升级，降低采煤安全事故发生率，减少矿工伤亡。传统的采煤技术人工化特征明显，一旦发生安全事故，矿工伤亡数量大。而现代采煤技术机械化程度较高，分工精细但人员数量减少，特别是采掘一线用人少，二线等辅助工种人员占较大比重，这样，即使发生煤矿安全事故，人员伤亡也相对较少。因此，政府应该利用技术改造经费支持、税收刺激等经济手段，鼓励煤矿通过技术改造、技术创新等手段进行技术升级，最大限度地减少煤矿安全事故及人员伤亡损失。

（4）政府应建立更加有力的煤矿安全事故奖惩机制。在我国，相对于煤矿安全事故的高发生率，对煤矿安全事故的经济处罚可谓太轻。譬如，我国 2003 年 5 月颁发的《煤矿安全事故处理处罚法律制度》规定，对造成 1~2 人死亡事故的煤矿企业单位主要负责人尚不够刑事处罚的，处以 2 万元以上 5 万元以下的罚款。而当时煤矿企业主要负责人的其他灰色收入不计，摆在桌面上的年薪金收入平均也超过 10 万元。因此，要发挥经济处罚的杠杆作用，就要加大处罚力度，让受罚者"伤筋断骨"。同时，也要建立有力的奖励措施，对年度未发生人员死亡的主要负责人应给予重奖，调动受奖者抓安全工作的积极性。

第三节　完善煤矿安全事故规避的心理机制

既然人的心理机制可以放大对煤矿安全事故的认知，也可以直接导致煤矿安全事故的发生，就可以通过对人的心理机制的调节来规避煤矿安全事故。本书认为，加强煤矿安全教育和培训工作、建立全员参与的安全决策体系、增进各主体之间的沟通与信任，是通过调节心理机制来规避煤矿安全事故的良策。

一、加强采煤技术风险教育

现代技术风险学者习惯于把社会公众的风险认知作为风险水平的一个变量。比如贝克就指出："公众所认识到的风险越少，生产出来的风险就越多。"[1]贝克的这句话印证了心理学研究的一个发现：如果社会大众对技术风险缺少足够的认识，一种情况是盲目乐观，看不到技术风险的存在，其行为可能引发技术风险，从而导致客观风险的增加；另一种情况是可能会片面夸大技术风险，从而导致主观风险与实际风险之间的很大偏差，即主观风险大于客观风险。学者们把社会大众认识不到技术风险的存在而盲目乐观的心理状态称为"技术搭布"，把社会大众因夸大技术风险而产生的心理状态称为"技术恐惧"。

事实上，对于采煤技术风险来说，社会大众和矿工同样存在"技术搭布"和"技术恐惧"的心理现象。这两种心理现象同其他的心理现象一起，构成采煤技术风险的心理致因。本书第五章介绍了造成技术风险心理成因的两个根源——人的心理"缺陷"和技术心理，还对煤矿安全事故的情境类、个性类和状态类三种成因心理状态进行了深入的分析。

---

[1] [英]芭芭拉·亚当等著，赵延东等译：《风险社会及其超越》，北京出版社2005年版，第334页。

毕业于中国矿业大学的张东博士的博士毕业论文《煤矿员工安全心理要素模型及应用研究》，从安全动机、安全心理过程、安全心理特性三个维度，很有特色地建立了境遇型、缺陷型和内生型三个不安全心理要素模型。在这些模型中，文章确立了 18 个不安全心理要素因子，并据此对煤矿矿工的安全心理进行了测量和实验数据分析，得出了缺陷型不安全心理要素是影响煤矿矿工安全行为主要因素的结论。文章还认为，从业人员的文化程度高低与心理状态的稳定程度成正比。一些其他学者的相关研究也表明，诸如侥幸心理、麻痹心理、依赖心理、逆反心理、自大心理等不安全心理状态，虽然成因十分复杂，但缺乏风险认知是根本原因。正如埃鲁尔在《技术社会学》一书中谈到"技术恐惧"心理状态的出路时所说，要使恐惧者从技术恐惧中平静下来，就要调整他的心灵与思维。[①]很显然，教育是调整人的技术恐惧心理的主要方式，因为从根本上说，只有通过教育才能提升人的认识，从而调整人的心灵与思维。因此，不论是本书的研究，还是张东博士的研究以及其他学者的相关研究，可以得出的一个相同的结论就是，煤矿作业人员的安全心理状态与安全认识有关，而安全认识依靠教育，其中安全教育是最直接、最有效的教育方式。

但是，我国煤矿的安全教育工作还不能适应安全生产的需要。首先，煤矿企业以及政府对安全教育工作重视不够。一些煤矿企业因为领导缺少对安全工作的紧迫感，安全教育工作还没有被纳入发展计划；一些生产经营部门的负责人片面追求经济效益，无视安全法规，甚至在未对从业人员进行基本的安全技能培训的情况下，就安排其上岗操作；从政府来说，安全教育立法迟缓，安全教育法规不健全，习惯于用行政手段来管理安全培训，从而导致安全培训缺乏统一的标准。其次，我国煤矿的安全教育工作形式化严重。很多单位为了完成培训指标，逃避罚款，随便选派职工参与培训，滥竽充数。再次，安全教育内容脱离实际。安全教育培训以安全法规、文件的学习为主，缺少生产实践知识的培训，更缺少生产现场和生产监管人员需要的较高技术水平的安全教育内容；安全教育师资队伍本身知识更新缓慢，大大滞后于煤炭科技的发展，影响

---

① 转引自舒尔曼：《科技文明与人类未来》，东方出版社 1995 年版，第 124 页。

安全教育水平的提高。最后，安全教育经费不足。非公有制煤矿不愿在安全教育上花"冤枉钱"，大量受雇的农民工得不到基本的安全技能教育。国有煤矿受煤炭市场疲软的影响，无力保证安全教育经费的现象十分普遍。[①]

针对上述我国煤矿安全教育培训中存在的种种问题，为了使煤矿从业人员提高安全风险认知水平，减少不安全心理状态，从而减少不安全行为所引起的煤矿安全事故，本书提出如下建议。

（1）从国家教育体系着手，恢复已经脱去"煤炭""矿业"外衣的10余所煤炭院校的招生，以加强后备人才的培养。这一举措的目的是使煤矿从业人员真正能做到"先安全教育培训后就业上岗"，在就业前就有安全意识、懂安全知识、会安全技能，从而缓解日常生产中安全教育培训工作的压力。要做好这项工作，政府必须从政策上引导办学，保证就业。办学经费应采取双轨制，一方面，政府统一财政拨款，保证起码的行政经费；另一方面，鼓励校企合作，提倡学校为企业有偿服务，获取适当报酬。事实上，这项工作还将收到"一石二鸟"的作用。其不仅在一定程度上解决了煤矿的安全教育问题，还会从根本上消除自20世纪末以来因为煤炭市场低迷煤矿技术人才只出不进所造成的"人才断档危机"。

（2）从安全教育培训工作的形式着手，改传统的课堂式安全教育培训方式为生产现场安全教育培训。传统的课堂式安全教育培训的弊端很多。一是安全教育培训的内容脱离实际。由于课堂式教学的局限性，传统的安全教育培训内容主要集中在相关的安全法规、文件、生产知识技能及安全事故案例上，无法涉及生产现场的安全情境、安全生产条件、生产设备状况，完全脱离了煤矿的生产实际。二是安全教育培训的模式僵化陈旧。课堂式的安全教育培训以教师为中心。教师一般以技术原理和技术理论的讲解为主，以定时定量完成教学任务为目标，很少考虑学员的实际接受情况。不仅教育培训考核只停留在问答、背诵记忆、试卷答题等机械式的模式，而且考核的难度、培训结业的标准也都是由老师人为掌握，缺少科学依据。

---

① 姚敏等：《煤炭安全教育问题浅析》，《陕西煤炭》2010年第6期，第64-65页。

（3）从安全教育培训工作体制着手，改"内部培训"为"外部培训"。我国现行的国有煤矿企业基本上是集团化管理体制，即一个集团公司下属管辖多家煤矿企业。这样，集团公司实际上避免不了要承担政府的一部分管理职能，安全教育培训工作就是其中之一。大多集团公司都有自己的安全教育培训学校，或者是职业技术学院（校）。职业技术学院（校）一方面对社会招生，承担全日制高等教育职能，另一方面培训集团公司下属煤矿的从业人员。这种"内部培训"常常流于形式，培训人员只要参加培训就能通过并领取合格证，实际培训效果甚微。因此，煤矿从业人员应该由政府组织统一实施"外部培训"，即培训机构应该具有政府管理的事业单位编制，从而不受煤炭企业的钳制，以保证煤矿从业人员安全教育培训工作收到实效。

二、搭建沟通与对话的平台

1958年维也纳召开的第三届普格沃什会议宣言指出："我们相信，致力于民众教育，让他们广泛地了解科学空前发展所带来的危险和潜在可能性，是所有国家科学家的责任。"可见，在技术风险认知水平上，科学家与社会大众有着很大的差距，而且两者之间存在教育与被教育的义务。

但是，由于技术的不确定性、技术发展的无限性以及人的有限理性的存在，技术专家的风险判断和决策不可避免会出现偏差和失误。特别是由于受专业领域偏狭的局限，技术专家还会对涉及复杂技术系统的风险判断表现出明显的片面和偏见。因此，社会大众也常常表现出对技术专家及由其组成的管理机构失去信心和信任。加之技术风险决策和管理中的政治权力关系及利益纠缠，社会大众有时会对技术专家或管理机构的风险判断、意见和政策产生强力的怀疑和抵触情绪。2003年春"非典"暴发之初，社会大众就对技术专家发表的意见持怀疑态度，甚至对"非典"蔓延而专家一时没有好的对策表现出较强烈的不满。

然而，社会大众对技术专家和管理机构权威质疑的负面作用是灾难性的。首先，因为受文化程度、学科背景、个人志趣、利益取向、社会地位等因素的影响，社会大众对技术风险的认知与判断常常跟技术专家和管理机构有着很大的差异。比如，社会大众因为信息和知识的不对称，对技术风险的认知经常偏离技术风险的实际情况，使技术的客观风险通过心理作用和社会传播而放大，最后蜕变为主观风险。这样，社会大众对技术专家和管理机构权威质疑，就会造成技术专家的判断和意见难以贯彻到社会大众中去，从而两者之间在技术风险认知上的教育与被教育关系难以真正形成。

其次，社会大众会因为对技术专家和管理机构的不信任而产生技术风险不可认知的观念，因而在技术实践中产生侥幸心理、冒险心理等不健康的心理状态。社会大众的心理逻辑往往是：既然技术专家或专业机构对技术风险都缺乏正确的判断，技术风险就是不可认知的，因此也就不可预防、不可控制、不可应对。由此可以进一步推断出，技术实践是否会遭遇风险是"碰运气"的事，与实践者的行为特征没有太大关系。可见，社会大众的这种心理逻辑的实践危害性是不言而喻的。

最后，社会大众对技术专家和管理机构的不信任，不仅会弱化社会大众对科学技术负面价值的思考，也会弱化社会大众对技术滥用的认识和警惕性。社会大众因为文化程度、专业背景的限制，比较欠缺科学素养，对技术风险认识不足。如果他们对技术专家和管理机构产生不信任，就等于自行关闭了一条认识技术风险的重要渠道。这样，社会大众就很可能认识不到技术风险的现时代话语霸权，只一味地关注技术原理的真实性、技术结构的有效性和技术功能的有用性。结果是，或者片面地夸大技术的应用价值，盲目地推崇技术的发明、创造、推广和使用，而认识不到存在技术负面价值或技术滥用等现象；或者即使认识到存在技术负面价值或技术滥用等现象，要么简单地把它们归结为人的问题而与技术本身无关，要么坚持人们对技术负面效应和技术滥用完全束手无策。社会大众的这些思想倾向，必然会影响到国家技术风险管理政策的制定和实施。

通过上述论述可见，社会大众对技术专家和管理机构不信任，不仅影响到社会大众技术风险认知水平的提高，增加了技术实践的安全风险，而且还会危及整个社会的技术风险管理，导致社会技术风险管理系统的混乱和失灵。所以，"恢复和保持公众对管理机构的意见和政策的信任，对于建立健全的国家管理系统至关重要"[1]。而要恢复社会大众对技术专家和管理机构的信任，就必须搭建大众和技术专家互动交流的机制和平台。这一机制和平台必须保证社会大众的意见能够通过畅通的渠道反映到技术专家那里，让技术专家知道大众的真实想法、确实需要和衷心盼望；同时，也必须保证技术专家就技术决策和管理的依据、过程、目标，以社会大众能够理解的方式而不是纯粹的专业术语与社会大众展开对话和讨论，让社会大众了解技术的潜在风险及其社会影响，从而使社会大众在理解和信任技术专家以及管理机构的意见、政策的基础上，配合和参与技术风险的预防、控制和应对。

社会大众对技术专家及管理机构在技术风险决策和管理上的不信任，以及由此产生的消极作用，包括解决这一问题的途径，都适用于煤矿企业和煤矿安全事故。煤矿矿工与煤矿领导、技术专家之间在采煤技术风险决策和管理上的"隔阂"增加了煤矿安全管理工作的难度，并构成煤矿安全事故的致因因素。因此，搭建矿工、领导、技术专家之间沟通与交流的平台，增进矿工、领导、技术专家之间的相互了解和信任，是煤矿安全风险管理的一项重要工作，它是从心理机制上规避煤矿安全事故的具体举措之一。本书就此提出如下具体措施。

（1）建立采煤技术风险重大决策的双向反馈机制。具体地说就是，在采煤技术风险评估、项目建设验收、停工复产等重大工作之前，煤矿领导、技术专家及管理机构事先应通过文件、广播、宣传栏、网站等形式，告知广大矿工技术场存在或可能出现的风险及其等级。在此基础上，还应该采取发放调查表、个别谈心、会议等方式，就如何降低决策风险广泛征求并"自下而上"地反馈矿工的意见和建议，使风险决策工作更能尊重矿工意愿，体现矿工智慧，保护矿工利益。同时，对矿工意见和建议的采纳情况，还应该"自上而下"地反馈给矿工，让矿工知道，使矿工对决策做到了解而不曲解，相信而不偏信，从而更好地与领导、技术专家、管理机构一起防范、控制和应对风险。

---

① 联合国开发计划署：《2001 年人类发展报告——让新技术为人类发展服务》，中国财政经济出版社 2001 年版，第 76 页。

（2）建立矿工参加的煤矿日常安全生产定期交流分析会制度。我国国有煤矿大多已经建立了定期的安全生产分析会制度，但是普通矿工基本无权参加。其弊端主要表现在：没有矿工的参加，安全生产分析会往往不是出于满足矿工健康和安全的需求，而是出于确保生产任务的完成，以兑现领导的产量和效益承诺，体现领导的政绩。而矿工始终工作在采煤技术场，又来自不同的技术生产岗位，实践经验丰富，熟悉技术环节和情境，因此矿工的参加将给领导、技术专家和管理机构决策提供有价值的第一手资料和信息，从而有利于决策的针对性和科学化。

（3）建立有普通矿工参与的采煤技术风险决策体系。这是加强矿工、领导、技术专家沟通与对话的实质性举措，也是完善煤矿安全事故规避心理机制的重要步骤。相关内容将在下一目专门探讨，在此不作细究。

三、建立公众参与决策体系

美国社会学家查尔斯·佩罗指出："要理智地和高风险系统共存，就必须让争论意见始终存在，就必须听取公众的意见，还要看到风险评估方法本质上的政治色彩。从根本上说，问题不在于风险而在于权力，在于那种为少数人利益而将风险强加于大多数人的权力。"①根据佩罗的上述观点，社会大众对技术风险专家应该采取一分为二的态度。一方面，社会大众应该承认技术风险专家和权威的风险知识是丰富的，承认技术风险专家和权威在技术风险决策中的优势地位，充分信任技术专家，尊重专家对技术风险的评估，给予专家一定的技术风险判断和决策的权力。具体地说，社会大众应该主动接受技术风险专家关于技术风险知识的普及和教育，在技术风险决策时，要先主动听取技术风险专家的意见，并主动接受专家给予的引导和帮助。另一方面，社会大众也应该认识到，技术风险专家总是受雇于政府或某组织，是一定利益集团的代表，所以他（们）对技术风险的评估和判断总是避免不了利益集团的干预，而常

---

① [美]查尔斯·佩罗著，寒窗译：《高风险技术与"正常"事故》，科学技术文献出版社 1988 年版，第 264 页。

常做出以损失技术风险评估的客观性换取既得利益的事情。因此，社会大众应该打破传统的专家技术风险治理模式，敢于质疑专家技术风险评价和判断的真实性，动摇专家技术风险评估的"法官"地位，建立广泛参与的技术风险决策体系。

佩罗所论述的风险评估中的政治权力关系，虽然针对的是西方社会背景下的高风险技术，但是他的描述对认识我国现时的技术风险评估实际也有很大帮助。在我国，不仅狭义上的技术风险评估工作，而且广义上的技术风险管理工作也充满政治色彩和权力关系。就采煤技术风险管理来说，我国在国有大中型煤矿都建立了"三结合"的安全生产管理体系，即专职安全管理机构、兼职安全管理机构和群众监督管理机构。煤矿企业专职安全管理机构（安全技术科、处或安全监察处、室等）是煤矿企业负责安全生产监督职能的专门机构，从理论上说，它对安全生产中的安全隐患，有权视情节勒令"停产整顿"。但是，实际情况是，在生产任务和效益指标面前，一般就是"限期整改"。煤矿企业兼职安全管理机构一般称为"安全生产委员会（或称安全生产领导小组、安全管理工作委员会等）"，一般由企业的行政"一把手"（如矿长）挂帅，主要成员还包括专职安全管理机构的负责人以及各工区、队、车间、工段的负责人。由煤矿企业各级领导组成的煤矿企业兼职安全管理机构的建立，除贯彻政府"管生产必须管安全"的要求之外，旨在解决煤矿企业安全生产管理中的重大问题，以实现安全生产目标。但是，在煤矿安全生产实践中，安全生产委员会的集体决策，往往成为煤矿主要领导冒险蛮干合法化的外衣。换句话说，煤矿领导的所需承担的决策风险一旦置于安全生产委员会这块"挡箭牌"下，就会大大缩小，因此，冒险决策就成了很多煤矿企业领导一贯的工作风格。煤矿企业的安全生产群众监督管理机构一般就是煤矿企业的工会组织。按理说，工会组织应该代表矿工的切身利益，对煤矿企业的安全生产及其管理起到监督作用，但是由于体制和机制上的问题，工会对安全生产的监督管理工作大多流于形式（详见本章第二节第二目"再造政治权力机制"）。

我国煤矿企业的技术风险评估工作一般都是由政府聘请技术专家来执行，因此从理论上讲，评估的结果应该具有很大的客观性和权威性。

但是，由于地方税收、管理费用、社会就业等都关系到地方政府的实际利益，所以在对煤矿企业进行技术风险评估中，即使煤矿符合关闭的条件，地方政府也希望专家们网开一面。

鉴于上述我国在采煤技术风险评估以及采煤技术风险管理决策中存在的问题，本书认为，建立"大众"参与的采煤技术风险决策体系，可以有效地消除采煤技术风险评估中的政治权力关系和利益机制的负面影响，具体建议如下。

第一，煤矿企业技术风险评估应同时成立专家委员会和监事会，其中监事会应全部由普通矿工组成，对技术风险评估享有知情权、参与权和表决权。所谓知情权就是，如新项目验收评估、旧项目技术改造评估、安全事故整改评估等，政府或煤矿企业必须先告知技术风险评估监事会，专家委员会的评估标准、评估日程安排也要事先通知监事会；参与权是指，监事会全部成员或其代表应该全程参与风险评估，并有权在评估中向专家委员会提出询问，而专家委员会必须做出明确的解答；表决权是指，监事会成员有权对最后风险评估结果进行表决，而且表决结果应被写入评估报告。这样做，不仅可以实现技术风险评估利益取向的转变，使技术专家在考虑政府和煤矿的利益之外更多地考虑矿工利益，让矿工为自己说话，从而把矿工的生命安全放在风险评估的首位，同时也可以切实提高矿工的风险认识和管理水平，有利于减少煤矿安全事故的实际发生。

第二，煤矿企业应该成立由半数以上普通矿工组成的安全生产委员会，享有日常安全管理的最高决策权，对煤矿企业安全生产负责。在日常安全生产管理中，实行定期例会制度，矿长和专职安全管理人员要听取矿工的意见和建议，协商解决安全生产管理中的问题；在重大安全生产决策中，实行投票表决，集体对企业的安全生产负责。提高矿工安全管理决策权的依据是：矿工以生命安全承担企业风险决策带来的风险。因此，这是一种合理的企业内部风险管理决策机制，它改变了长期以来煤矿企业风险管理决策以领导为主导、以职能部门为补充的风险管理决策模式，使煤矿企业领导、技术人员与矿工能在互相了解与信任的基础上，加强有效合作，做出民主与科学的决策。

第四节　加快煤矿安全事故规避的文化建构

作为社会历史的产物和人的精神产品，技术既是物质的，也是文化的。因此，从社会文化的视角来探讨技术和提升技术，能够促进技术更好地为人所用。既然社会文化和人的心理因素构成技术风险的致因因素，心理、文化塑造以及伦理重建就是规避技术风险的良方。

一、采煤技术的文化塑造

"技术，在现代人的眼里，是一种科学理论的实际应用，这是人类对技术的工具化理解及其实际应用。其实，技术本质上是一种价值观念的体现，是人类作用于对象和在对象中体现人类意志的方法，因为技术本质上是干预事件的进程、预防某种状态的发生、制造某种不能自发出现的状态……"[①]上述观点表明，文化是技术之源，人类很多认识世界、理解世界、改造世界的技术实践实际上只是文化塑造的过程，换句话说，所谓的技术，只不过是一种塑造世界的文化形式。那么，文化是如何塑造技术的呢？文化得以塑造技术的根据存在于以下几个方面。

首先，文化塑造技术功能。在德国学者 W. 拉莫特看来，有三种文化力量塑造新技术的特征。拉莫特认为，"第一，依赖于功能和用途观，包括范式引导、功能的解释和未来用户的想象，这些与进一步的技术发展相联"[②]。其实，不仅是技术的发展，任何一项具体技术的诞生，也都离不开人的价值观念对其用途的设计。这一"设计"在技术原理中体现为技术的功能，也正是这一"设计"使技术及其实际应用成为可能。

其次，文化塑造技术结构。W. 拉莫特所说的塑造技术的第二种文化力量是："第二，依赖于概念和工程模式，它们来自于不同的学术、职业

---

① 许斗斗：《技术风险与文化的塑造和规范》，《哲学动态》2007 年第 8 期，第 54 页。
② [德]W. 拉莫特：《技术的文化塑造与技术多样性的政治学》，《世界哲学》2005 年第 4 期，第 86 页。

和组织文化,而且被刻写于技术设计中。"①从技术原理上讲,技术的"概念和工程模式"对应的就是技术的结构特征,反映的是技术功能对结构的预设,即技术应该呈现出什么样的结构才能实现技术的功能。因此,所谓的"概念和工程模式"是技术设计文化的组成部分。技术人工物的几何结构、质料的选择、运行的技术路线等体现技术设计问题的解决方案,都渗透着专业文化和学术背景。

最后,文化塑造技术情境。W. 拉莫特在论述塑造技术的第三种文化力量时指出,"第三,依赖于传统和机制,它们反映了特定的态度与该领域行为者之间的已有关系,而且它们稳定了使技术发展制度化途径"。②拉莫特的上述论述除了说明只有新技术与原有的技术结构共同形成生产系统才能发挥功能之外,还包含的一个观点就是:技术是社会—技术大系统的一部分,技术的发展依靠社会传统和制度框架来塑造,换言之,技术发展并不完全取决于技术原理的先进程度,而是取决于技术与社会相互作用中形成的技术情境是否构成稳定和支持技术发展的制度化因素。

显而易见,就从文化视角探讨技术风险规避问题来说,着力讨论技术情境的意义比分析技术功能和技术结构的意义更加重大。因为技术功能和结构对应的是技术原理或技术的概念体系,所以只能从技术规律的角度对其进行分析,最后也只能做出"是"与"非"或"先进"与"落后"的事实评价,即研究所得出的结论只是技术意义上的。而对技术情境的研究则不同。不论是技术的自然情境还是社会情境,其意义的体现都离不开人或社会。因此,从技术情境角度的研究,就能够对技术的应用与发展做出"好"与"坏"或"善"与"恶"的价值判断和评价。

我国采煤技术的社会情境在不同文化价值观念的塑造下,历经演化和变迁。在旧中国,封建剥削制度宣扬等级文化,资本家和矿主迫使矿工为自己挖煤,根本谈不上保障健康和生命安全。在极其恶劣的自然、技

---

① [德]W. 拉莫特:《技术的文化塑造与技术多样性的政治学》,《世界哲学》2005 年第 4 期,第 86 页。

② [德]W. 拉莫特:《技术的文化塑造与技术多样性的政治学》,《世界哲学》2005 年第 4 期,第 86 页。

术和制度条件下，矿工企盼的只是能吃饱饭，生命的安全只能听天由命。一言以蔽之，在旧社会，煤矿安全生产观念形成的环境土壤还不具备。

中华人民共和国成立后，矿工成了煤矿的主人，从此以主人翁的姿态投入国家经济建设中。但是，经过短暂的几年国民经济恢复时期之后，中国进入了"大跃进"年代，经济生活领域也刮起了政治和文化之风。在生产领域，"一不怕苦，二不怕死"的宣言成了表达工人阶级劳动态度的决心书。不顾生命安危被作为工人阶级的职业操守加以褒扬。正因为工作环境的苦、累和高风险，煤矿工人、石油工人和炼铁工人被塑造为社会正统的劳动者形象，成为全社会学习的榜样。相反，那些在工作中畏惧风险、止于困难的行为会被耻笑或视为小资产阶级的行为表现。可以说，在当时不讲客观规律，一味强调人的主观认识和主观态度的社会制度背景下，"敢于冒险""不怕苦""不怕死"已经成为形塑包括技术在内的一切社会实践的核心文化词汇。可见，在那个时代，安全生产没有得到足够的重视。

改革开放以后，中国经济发展进入快车道，发展经济成了压倒一切的中心工作。"不管白猫黑猫，逮住老鼠就是好猫""时间就是金钱，效益就是生命"是那个年代主流价值观的反映，产值和效益指标成为衡量一切工作成败得失的根本依据，而工作中存在的一切其他问题都被视为次要的、发展中的和暂时的。由于能源和原材料的需求量猛增，煤炭与钢铁、石油一起成为国家经济发展的能源和原材料支柱。煤炭被称为"黑金"，"多出煤"是社会催促的脚步声。因此，对于煤矿来说，煤炭的产销量是评价煤矿、领导和矿工贡献的标准。可以说，在20世纪70年代后期到90年代中期，采煤技术是在"唯经济主义"价值观的塑造下发展的。

到21世纪，中国经济超速发展暴露出的复杂的社会问题也越来越多，从而进一步深化了人们对经济、社会、人与自然之间发展关系的深刻反思。特别是2003年"非典"暴发后，人们的生态意识、环境意识开始增强，对人的生命安全和健康的认识有了很大的提高。科学发展观的提出，标志着中国人本文化和生态文化时代的到来，宣告唯经济主义价值观的统治地位开始瓦解。在这种形势下，采煤技术的科学发展已经成为时代的必然。重塑采煤技术文化，规避技术风险，是"以人为本"的人本主义文化的体现。具体地说，当前应该从国家、企业和矿工个人三个层面上重塑采煤技术文化。

第一，国家应该确立"大经济"和"大生态"的采煤技术发展观。所谓"大经济"就是要把各行各业纳入国家整个经济发展轨道来规划、运行和评价，就是要把经济的发展纳入社会、经济、文化和生态"四位一体"的协调发展圈。所谓"大生态"就是各行各业的发展要从尊重和保护生态环境的角度出发，而且要把自然和生态的保护与人的生存健康和长远发展紧密结合起来，不能就自然和生态保护而保护，更不能敷衍了事地"头痛医头，脚痛医脚"。煤炭作为重要的能源，虽然在国家经济中仍然占据重要的基础性地位，但是从其开采技术风险大、环境和生态破坏严重、经济效益走低、可被核能或其他形式能源替代等角度考虑，煤炭行业的"夕阳产业"地位已经确定。因此，对采煤技术应该采取限制发展的政策，鼓励煤矿关停并转，从而从根本上规避采煤技术风险。

第二，煤炭企业应该倡导"安全第一、预防为主"的采煤技术使用风险观，而不是树立"安全第一、预防为主"的煤矿安全生产价值观。名义上，"安全第一、预防为主"已由国家行为确立为我国生产企业共同的安全生产价值观，但是大多数生产企业都把它降格为安全教育培训的具体内容，换句话说，"安全第一、预防为主"并没有真正作为企业安全生产的指导思想而贯穿于安全生产过程之中，而仅仅作为安全教育培训的内容写在纸上、贴在墙上、印在培训资料上。煤炭企业安全生产过程中大量存在着违章指挥、冒险作业等现象，这些现象与"安全第一"的思想是水火不容的；广泛存在的逃避安全监督和监察、拉拢和贿赂安全监察官员等现象，更是与"安全第一"的理念格格不入。安全事故"预防为主"也只是一句空话。很多煤矿企业安全投入资金不到位，但是一旦事故发生，救援工作却能做到不惜一切代价，要什么有什么。为什么煤矿安全事故的防控还存在如此的"马后炮"现象呢？首先，"安全第一、预防为主"的安全生产价值观在理论上就遭遇困境。"安全生产"虽然重心在安全，但中心在生产，安全只是生产中的安全，而生产首先尊重的是经济规律，突出的是经济效益，强调安全必然以付出生产的速度和效率为代价，所以，"安全"与"生产"本身就是冲突的。事实上，"安全第一、预防为主"应该是技术使用风险观，而不是安全生产价值观。技术使用遵从的是技术原理，技术原理要求技术使用必须遵守技术规范，而遵守技术规范不仅可以保证技术使用的有效，也可以防范技术风险的发生，也就是说，规避技术风险是技术使用的应有之义。这样，倡导"安全第一、预防为主"的采煤技术使用风险观，实际上就是塑造"生产"与"安全"相统一的采煤技术文化，从而从根本上切断煤矿领导和矿工安全文化无用论、可有可无论的错误认识根源，有助于推动采煤生产实践中的安全风险规避。

第三，引导和教育煤炭企业职工树立正确的采煤技术使用观。从操作意义上讲，一般认为，技术使用对使用者的要求不高，因为大多成熟的技术都有技术路线和程序化的方法可以遵循，只要使用者肢体健全，器官完好，就可以"照葫芦画瓢"。其实，这种观点是不成立的。因为虽然技术路线和程序化方法是相对固定的，但是技术使用情境总是处于不断变化之中，所以如果技术使用者技术认识水平低，就可能看不到技术情境变化所产生的风险征兆，也就无法采取正确的应对之策。而采煤技术情境的总体特征是"人—机—环"一体化，人、机器和自然环境三个主体技术要素整体联动，技术环节之间的关联性强，技术风险转移较快，不利于技术风险的控制。可见，采煤技术使用者需要具有一定专业知识背景，并经过严格的培训才能上岗。因此，对煤炭企业职工进行正确的技术观的教育，帮助他们树立正确的采煤技术使用观，不仅可以减少文盲或偏低文化程度的工人入职或上岗的数量，还会促进煤炭企业职工自我学习，重视安全教育培训工作，从而起到规避安全风险的作用。

二、采煤技术的文化规范

如果说采煤技术的文化塑造是从价值观等内在方面规约相关技术主体以规避采煤技术的安全风险的话，那么采煤技术的文化规范则是从外在方面规约相关技术主体（包括政府机构）以规避采煤技术的安全风险。

所谓文化规范技术，就是文化规范和制约技术的发展，使技术的发展体现人类的文化追求和方向。[①]文化何以能规范技术呢？因为文化内嵌于技术的实践方式和制度化组织方式之中，所以能起到规范和制约技术发展的作用。具体地说，技术实践方式就是技术原理、技术路线和技术规范的运行方式，它是技术思想的结晶，所以理所当然是文化形塑的结果。而技术的制度化组织方式所囊括的制度理念、机构运行目标，其本身就是文化精神的体现。

那么，文化规范技术的意义何在呢？如果我们对"规范"一词进行探究则不难发现，规范是一种"应然"的价值判断，表现为"应该做……/不应该做……"或者是"应该怎么……/不应该怎么……"，但是，规范也与"实然"的事实判断紧密相联，因为规范是在对某种客观存在的行为或其后果观察、归纳、总结基础上达到的本质规律的认识和评价。这样，用文化规范技术，就能够把技术的"真"和"善"统一起来，使技术朝着更加健康而有益于人类的方向发展。

文化又是如何规范技术的呢？技术是人类认识和改造外部世界的实践活动。而人类认识和改造外部世界的实践是主观见之于客观的，也就是说，技术实践活动既要尊重技术规律，同时也体现个体的主观能动性。这样，由于人的技术认识、技术目的和技术能力的差异，技术实践方式就会表现出明显的个体化特征，从而使得技术实践的过程和结果变得不确定。因此，就需要有一定的文化符号体系表达的价值观来规定和限制个体的技术实践行为，从而赋予技术实践方式以"共同体"意义，以保证技术实践方式对技术原理和技术路线的遵从。

在当今社会，工匠式的个人技术活动已经不占主流，大多技术活动都体现为多主体的协作劳动，这就意味着需要建立制度化的技术组织机构来为技术主体提供合作和交流的平台，使技术主体能够获得知识、方法、信息上的支持和帮助，同时也需要技术机构有明确的制度理念、统一的技术目标和正确的运作方式，以显示组织机构权力和权威的意义，为技术主体能够达成共识、形成统一的技术活动共同体和技术活动范式

---

① 许斗斗：《技术风险与文化的塑造和规范》，《哲学动态》2007年第8期，第55页。

提供制度和权力上的保证，从而保证技术活动的有效性和技术发展方向的正确性。因此，文化渗透于技术的制度化组织方式，并对其起规约作用，是文化何以规约技术的另一个依据和途径。

从技术风险规避的角度说，我国采煤技术实践方式和制度化组织方式的文化规范更具意义。从煤炭企业职工的安全生产行为来说，因为造成煤矿企业矿工不安全行为的原因十分复杂，既有个人认知方面的，也有个性心理或社会等其他方面的，所以文化规范煤矿企业矿工安全生产行为的形式和内容是多种多样的。直接体现为一定文化符号形式的《安全行为规章》以及安全教育培训，对煤炭企业职工的安全生产行为能起到规范作用，同样，那些包含一定文化内容的诸如安全生产竞赛、安全心理咨询辅导等活动，也能对煤炭企业职工的安全生产行为起到规范作用；根据煤炭企业职工的行为特征制定的义务性规范（应该做到）或禁止性规范（禁止做到），能起到规范和制约安全生产行为的作用，同样，针对煤炭企业职工的个性心理特点而制定的授权性规范（可以做到），也能调动个体的积极性，从而起到规范安全生产行为的作用，比如，"如果职工连续三年未出安全事故，可以有权享受公费出国旅游"；外在于煤炭企业职工的文化能够规范和制约其安全生产行为，同样，煤炭企业职工的技术责任和社会责任等观念形式的内在文化，也能对其安全生产行为起到自我规范的作用。因此，政府、煤炭企业在安全生产管理工作中，应该把文化符号表达的"安全行为规章"的制定、完善、执行与制度性活动的开展结合起来。在制定、完善和执行"安全行为规章"中，既要重视义务性规范、禁止性规范，也不能忽视授权性规范的补充作用。在突出煤炭企业职工安全生产行为外在规范的同时，也要加强对煤炭企业职工价值观的引导和教育，帮助他们树立正确的技术责任和社会责任，从而做到自我规范。

与直接规约煤炭企业职工的安全生产行为相比，通过加强煤炭企业制度化组织方式建设，以实现煤炭企业职工安全生产行为的文化规范显得更加重要。我国目前煤炭企业组织机构（包括政府监管部门，下文简称"组织机构"）的设置及其制度理念、运作方式都存在比较突出的问题。必须努力促进问题的解决，以达到实现文化规范的目的。首先，应该通过组织机构制度理念的重新设计，实现煤炭企业职工安全生产行为的文化规范。例如，我国煤炭企业从分管领导到各级生产管理部门都具有安全管理的职责。这一职责是根据"管生产必须管安全"的理念确立的。"管生产必须管安全"的理念，是我国政府提出的适用所有生产企业的制度理念，其目的是把生产管理与安全管理统一起来，让管理生产者同时承担管理安全的责任，就不至于在生产中无视安全的存在，从而有利于防范安全风险、杜绝安全事故。但是，立足语义和逻辑，"管生产必须管安全"的解释是：生产与安全是不可分离的，必须同时管理。而根据这一解释，并不能得出安全之于生产的优先性。关键问题是，人们对生产与安全之间关系的常识认识却是生产优先于安全，即生产是前提，而安全是条件，生产是当下的，而安全风险是未来的，生产会增加效益，而安全工作会减少效益。所以，在实际工作中，管理者难免把生产放在中心位置，当生产与安全发生冲突时，总会自觉不自觉地以安全服从生产。因此，要真正引导和教育生产管理者树立强烈的安全管理意识，重视安全管理工作，"管生产必须管安全"的制度理念还需重新设计或完善。这就需要政府、学界、煤炭企业加以深入的研究和探讨。

其次，通过组织机构运行方式与制度理念的适应性调适，强化安全监管的意识形态价值，实现煤炭企业职工安全生产行为的文化规范。例如，我国2000年颁发的《煤矿安全监察条例》规定安全监察工作实施原则是：预防为主的原则，安全监察与安全管理相结合、教育与惩处相结合的原则，依靠群众的原则。这三项原则基本上反映了国家安全监察机构运行的制度理念。很容易理解的是，"预防为主""安全监察与安全管理相结合""依靠群众"的制度理念，是建立在事前和日常监察等常态化工作机制之上的。但是，我国目前安全监察机构的人员严重不足，有研究表明，除事故多发煤矿外，一般矿井平均一年只能监察 2 次，甚至有些矿井只有出了安全事故才会有人监察。显而易见，这种突击式监察和事后监察的安全监察工作方式与监察机构运行的制度理念是不相适应的。因此，政府应该建立新的监察方式和规范对其进行调适。具体地说，政府应该树立和倡导现场监察的理念，强化组织机构建设，培养和选拔更多高素质的人员充实煤矿监察队伍，改变事后监察的被动方式，做到事前监察和日常监察，并在此基础上派监察员定点常驻矿井，把现场监察作为监察工作的日常方式。对现场监察人员还应进行定期轮换，以防止上演"猫鼠同笼"的把戏。只有这样，才能真正树立监察机构的组织性和权威性，使"煤矿安全监察"具有意识形态意义，从而对煤矿企业职工的安全生产行为起到规范作用。

最后，通过组织机构运行方式的变革，强化煤炭企业领导和职工对安全事故的敬畏心理，实现安全生产行为的自我规范。毫无疑问，组织机构的安全风险预防、控制以及安全事故的处置都应该体现规避安全风险这一基本理念和宗旨。但是，当前组织机构的一些具体工作方式，不仅在本质上与规避安全风险的理念和宗旨是冲突的，甚至反过来会滋生安全风险。比如，本书第六章第三节"煤矿安全事故文化成因分析"中描述的"过场式的安全监察"现象，表现出的是一种走过场的形式化工作作风，它会使煤炭企业及其职工把安全监察工作当成"猫捉老鼠的游戏"。同样，"煤矿安全事故文化成因分析"中描述的"安抚式的事故责任追究"，会使煤炭企业领导及职工对安全事故责任"举重若轻"。可见，上述种种行为实际上削弱了煤炭企业领导及职工对安全事故的审慎和敬畏心理。事实上，我们不能仅仅把文化理解为一种外在于事物的符号，它也内嵌于事物的运行方式之中，以制度文化的形式呈现出来并影响人的行为。因此，应该积极变革诸如"过场式的安全监察"和"安抚式的事故责任追究"等工作方式，强化安全监察和事故责任追究，培养煤炭企业领导及职工对安全事故的审慎感和敬畏心理，使他们做到"心有所畏而行有所止"，自觉规范自己的安全生产行为，从而体现制度文化的规范意义。

三、采煤技术的伦理重建

随着技术负面效应的不断显现，人类在日益增加的技术风险的困扰之下，对技术行为和结果"应当"与"不应当"的关注，远远超越了对技术功能"能够"与"不能够"的关注，这正是技术伦理问题不断产生的根源，也是技术伦理需要重建的依据。

技术行为与人类实践的其他行为一样，总会对周围的人或事物产生有益或有害的影响，因此，任何技术行为都存在需要评价的问题。但问题是，由于技术行为对人们的利害关系存在差别，人们对同一种技术行为是"应该"还是"不应该"会做出不同的评价。这就需要人们共同协商得出统一的标准，以此为技术行为主体提供一个判断和决策的依据，从而有效地规范技术行为主体的行为。这一"标准"或"依据"就是技术伦理评价标准。

因此，技术伦理是应然领域的概念，是对技术行为的道德评价。它表明什么样的技术行为符合道德要求，是应该做的；什么样的技术行为不符合道德要求，是不应该做的。具体地讲，对于技术行为主体来说，技术伦理的意义是，当面临价值冲突时，能够对自己的行为做出正确的道德选择。更进一步地说，技术伦理对应的是技术行为主体的伦理责任，即技术行为主体正因为负有某种道德上的责任，才会对自己的行为做出选择。然而，"现实中真正的价值冲突往往不是对与错截然不同的冲突，而是道德的两难冲突，是哪个更有意义更值得去追求的冲突"[1]。所以说，文化建设中的技术伦理建设是十分复杂的，也是十分困难的。技术伦理评价标准的建立、技术伦理治理方式的选择以及技术伦理责任视域的确立都充满困境。这就是现有的技术伦理建设存在局限性并需要不断重建的原因。

采煤技术因为安全风险大而蕴含着突出的安全伦理问题。可以说，煤矿安全伦理构成了采煤技术伦理的核心内容。建设好煤矿安全伦理，能够起到规范煤矿职工安全行为的积极作用。但是，现有的煤矿安全伦理存在诸多问题。比如煤矿安全伦理评价机制存在局限、安全伦理治理方式落后、安全伦理责任视域狭窄等。这些问题的存在，使得现有的煤矿安全伦理不仅起不到很好地规范煤矿职工安全行为的目的，甚至还会造成安全风险的扩大化。因此，重建煤矿安全伦理是采煤技术伦理重建的主要任务，也是规避采煤技术风险重要的文化举措。本书认为，可以

---

[1] 许斗斗：《技术风险与文化的塑造和规范》，《哲学动态》2007年第8期，第56页。

通过如下三个维度的煤矿安全伦理重建来规避采煤技术风险。

首先，重建煤矿安全伦理的协商评价机制。伦理是人们在长期交往中形成的处理人与人之间关系的基本原则。伦理追求的不是真、善、美，而是人与人之间的协调与和谐。因此，伦理本身就是人们协商的结果，而不是个人的"独白"。而作为伦理重要内容的一个方面，伦理的评价原本应该也是一种协商机制。反之，如果以个人"独白"式的言论，对某一行为做出"应该"或"不应该"的评价，则有悖于伦理原则和伦理精神的要求。但是，在近代科学技术诞生和发展以前，由于生产力水平落后，人的生活空间相对封闭，人们之间的交往较少，视野狭窄，对某一事物或现象的评判只能依靠理性的自我反思来建立标准和规范。这既符合人类的思维惯式，也符合当时的历史条件。然而，当今世界在科技飞速发展和经济全球化的推进中已经成为"地球村"，也就是说，人们之间的交往开始日益频繁，关系日益密切，特别是经过两次世界大战以及技术在发展过程中给人类带来的危害与风险，人们开始认识到以一种普遍认同的伦理去反思技术，是建立新型人类秩序所不可或缺的。法兰克福学派的代表人物哈贝马斯的"交往行为理论"，就是致力大家通过平等协商来建立共同遵循的伦理规范的努力。

煤矿安全的伦理评价就是人们对于煤矿安全的伦理价值判断，是人们基于一定的伦理标准对煤矿安全生产行为做出的善或恶、肯定或否定的判断。按理说，各种煤矿安全生产行为的评价都应该有"普适性"的煤矿安全伦理规范作为参照和依据。但是，现有的煤矿安全伦理规范没有借助一定的公共论坛，诸如报纸、电视、书籍、问卷调查等平台来进行。换句话说，当前的煤矿安全伦理规范实际上缺少社会大众的广泛参与。这就有可能会造成人们对煤矿安全生产中的不安全行为做出迥然不同的判定。譬如，煤矿安全生产中的"违章指挥"和"冒险作业"行为，如果没有酿成风险、造成事故，通常只会被煤矿企业安全管理部门认定为一般安全违章事件，接受较轻的行政处罚。但是，一些相关的法律专家则认为，不论是否酿成风险或引发事故，煤矿安全生产中的"违章指挥"和"冒险作业"行为都应该被界定为"犯罪故意"而视情节予以法律制裁；伦理学专家则认为，"违章指挥"和"冒险作业"行为是对他人生命和财产极不负责任的表现，反映的是行为者道德的严重缺失，应予以严厉的谴责；安全心理学家则主张，"违章指挥"和"冒险作业"的发生是在特定环境下的心理变化造成的，而心理变化有其客观方面的原因，不能完全从主观上认定。可见，不同身份的专家对同一种煤矿安全生产的不安全行为会做出不同的判定。

因此，应该建立煤矿安全的伦理协商平台，为人们发表不同意见或进行争论提供可能条件。尽管各种观点在交锋中并不一定显示出具有主导地位的一方，更多的可能只是各持己见，"公说公有理，婆说婆有理"，得不出明确的结论，但是，一旦人们通过这种协商方式得出了某些原则性的道德共识，就可能为国家职能部门以及煤矿安全管理部门制定煤矿安全政策、规章提供伦理依据，从而实现规约采煤技术风险的目的。

其次，重建煤矿安全伦理的大众治理方式。一般认为，伦理是协调人与人、人与自然、人与社会关系的道德准则。然而，人与自然的关系以及人与社会的关系，最终都体现为人与人的关系。因此，从根本上说，伦理是协调人与人之间关系的基本规范。而正因为伦理是协调人与人之间关系的基本规范，伦理的大众治理就成为伦理建设的应有之义。但是，受传统伦理的影响，很多领域的伦理治理方式还停留在传统伦理的自治阶段。近代自然科学诞生以前，生产力水平落后，人的生活范围狭小，人们之间的交往还很简单化，人的生活只需处理家庭、亲属、师生（徒）等几对简单的人际伦理关系。因此，"传统伦理的治理方式通常是通过个体的道德自治来完成的，它排除外界的控制，认为通过个体的'单边行动'就可以完成伦理关系的调整"①。也就是说，传统伦理是通过个体的人道德自律、自我管理起作用的。但是，近现代以来，特别是随着大科学时代的到来，技术成为这个时代的一个重要特征。技术广泛应用产生的一个后果是，人类的整体力量得到了增强，但个人英雄主义时代走向结束，个体的价值和能力只有在相互协作中得到体现。因此，人与人之间的伦理关系越来越复杂，传统伦理依靠道德自治的方式已经不能适应技术社会人际关系调节的实际需要，进一步地说，人与人之间关系的调

① 肖光：《技术风险的伦理反思》，湖南大学硕士论文，2011 年，第 27-28 页。

整，必须通过强调人与人在合作基础上的共同责任及其履行才能加以实现。换言之，社会伦理只有通过大众治理的方式才能起作用，即伦理关系主体之间必须加强合作并履行各自的伦理责任。

按照社会伦理大众治理的要求，煤矿安全伦理强调的是，与煤矿安全生产有关的所有主体都应该对煤矿安全负有责任，并有义务认真履行自己的责任。或者说，煤矿安全伦理只有通过大众治理的方式才能得到建设，也只有通过大众治理的方式才能发挥规避煤矿安全风险的作用。但是，目前在煤矿安全生产中大量存在的"无责主体"和"主体有责不负"的现象说明，煤矿安全伦理的治理方式远未达到大众治理的要求。譬如，我国煤矿企业的社会安全责任缺失就是典型的表现。尽管目前我国与煤矿安全生产相关的法律有"五法三规"，已经初步具备了安全法规体系，但是在这些具体法律法规中，尚没有关于煤矿企业社会责任的立法条款。而正因为煤矿企业没有必须履行的社会责任，很多煤矿在雇佣员工时仅凭一张契约文书就成为合法手续。问题是，当煤矿安全事故发生后，这张文书就成为给予事故伤亡家属经济补偿的唯一依据，而伤亡家属的其他补偿要求是否能兑现就要看居于优势地位的煤矿管理方的态度，如果管理方借口这些要求超出契约范围的话，伤亡家属的其他补偿要求就会被拒绝。这样，事故伤亡家属得到的经济补偿往往较低。而低事故成本必然会削弱矿方管理者对安全工作的重视，从而客观上刺激煤矿安全事故的发生。"主体有责不负"的现象更加普遍。我国《环境保护法》明确规定，生产企业对生态环境有保护义务。但是，目前煤矿企业对生态环境破坏的程度有目共睹。地层错动、地表下沉、地下水位下降、空气污染等，都与煤矿企业肆意开采煤炭不无关系。而煤矿企业对生态环境的破坏如何进行综合治理尚处在探索阶段，目前破坏所造成的后果主要由政府和社会买单。

因此，要规避煤矿安全风险，就必须实现煤矿安全伦理的大众治理。实现煤矿安全伦理的大众治理应采取综合的方式，多管齐下。既要做好宣传教育工作，促进煤矿企业管理者和职工的道德自省，做到对安全伦理大众治理的积极参与，同时也要完善相关的立法工作，以法律的强制性做保证。

最后，重建煤矿安全伦理的多维责任视域。在鸡犬之声相闻，老死不相往来的人类早期，人们生活在狭小的地缘空间，因此人们的情感认同、道德信念及所对应的规范遵守、责任承担及义务履行等行为，只会指向家庭成员、亲朋好友或较小的利益圈，而对他人和自然等外界事物的伦理认同还很不普遍，责任视域十分狭窄。但是，现代科技的发展，打破了地缘意义上的人际交往和利益格局，经济的国际化和全球化使得国家、组织和个人都不得不在合作基础上谋求共同发展，从而客观上促进了人与人之间价值观的相互认同以及责任、义务的彼此承担和履行，个体对他人的责任开始拓展为"人际责任"。同时，由于科学技术向纵深发展，人对自然由简单的利用走向深层的改造，过度的利用和改造又造成了对自然日益严重的破坏，而对自然的严重破坏实质上就是人类自毁家园。因此，摒弃人类中心主义思想，承认自然的内在价值，确立自然的伦理主体地位，与自然和谐相处，就成为人类必须树立的生态伦理观念和必须履行的"自然责任"。此外，人与自然关系的发展，还会引起当代人对后代人应负的"代际责任"问题。人类总是靠对自然资源的利用来维持生存并世代繁衍，而自然资源又是有限的，某种意义上说也是不可再生的，因此就产生了人类的可持续发展问题。而所谓可持续发展，简单地说就是在自然资源的节约利用和生态保护上当代人对后代人负有责任。总之，"人际责任""自然责任"和"代际责任"构成了人类实践多维伦理责任视域的主要内容，而技术作为人类重要的实践形式，技术伦理所包含的责任视域更应该朝着多维方向整体提升。

但是，作为采煤技术的核心伦理部分，我国煤矿企业安全伦理责任视域十分狭窄。具体地说，我国煤矿企业领导、职工心目中的安全责任尚停留在狭隘的"人际责任"上，"自然责任"视域和"代际责任"视域还没有形成。据《人民日报》2010年6月28日消息，截至2009年，仅山东济宁市因采煤塌陷的土地就高达35万亩。而大面积的土地塌陷会造成地表下沉、地层错动、地表水流失等多种生态环境破坏现象。可见，我国煤矿企业的生产实践与"自然责任"的伦理要求相差甚远。与"自然责任"相比，"代际责任"伦理规范的"命运"更加不堪。譬如，为了提高煤炭的开采效率，很多煤矿进行选择性开采，只采掘富矿区或富煤层，而把发热量不高、开采难度大、风险高的矿区或煤层（如"鸡窝煤"）留给后代人开采。这样做显然是把安全风险也留给了后代人。

因此，积极探索和重建多维的煤矿安全伦理责任视域，是规避煤矿安全风险的必要途径。加强科学发展观的教育，在煤矿企业干部、职工的心目中树立自然界伦理主体地位，是建设煤矿安全伦理自然责任视域的有效途径。而引导和教育煤矿干部职工认识到煤矿安全生产应该走可持续发展道路，以确立后代人在煤矿发展中的平等地位，实际上就是重建煤矿安全伦理的代际责任视域。另外，把人本思想与煤矿安全生产管理有机地结合起来，引导广大煤矿干部职工珍惜自己的生命，善待他人的生命，也是拓展煤矿安全伦理人际责任视域的要求。

参考文献

一、著作类

[1] 陈凡，张明国. 解析技术[M]. 福州：福建人民出版社，2002.

[2] 高亮华. 人文主义视野中的技术[M]. 北京：中国社会科学出版社，1996.

[3] 贾春增. 外国社会学史[M]. 北京：中国人民大学出版社，2008.

[4] 李曙华. 从系统论到混沌学[M]. 桂林：广西师范大学出版社，2002.

[5] 林德宏. 科技哲学十五讲[M]. 北京：北京大学出版社，2004.

[6] 刘李胜. 制度文明论[M]. 北京：中共中央党校出版社，1993.

[7] 彭聃龄. 普通心理学[M]. 北京：北京师范大学出版社，2001.

[8] 乔瑞金. 马克思技术哲学纲要[M]. 北京：人民出版社，2002.

[9] 秦书生. 复杂性技术观[M]. 北京：中国社会科学出版社，2004.

[10] 邵辉，王凯全. 安全心理学[M]. 北京：化学工业出版社，2004.

[11] 舒红跃. 技术与生活世界[M]. 北京：中国社会科学出版社，2006.

[12] 田松. 有限地球时代的怀疑论——未来的世界是垃圾做的吗[M]. 北京：科学出版社，2007.

[13] 王治东. 技术的人性本质探究[M]. 上海：上海人民出版社，2012.

[14] 吴国盛. 技术哲学经典读本[M]. 上海：上海交通大学出版社，2008.

[15] 尹贻勤. 煤矿安全心理学[M]. 徐州：中国矿业大学出版社，2006.

[16] 尹贻勤. 煤矿安全问题的心理学分析[M]. 北京：煤炭工业出版社，1992.

[17] 赵建军. 追问技术悲观主义[M]. 沈阳：东北大学出版社，2001.

[18] 郑杭生. 社会学概论新编[M]. 北京：中国人民大学出版社，1985.

[19] 郑希付. 普通心理学[M]. 长沙：中南大学出版社，2002.

[20] 周寄中. 科技资源论[M]. 西安：陕西人民出版社，1999.

[21] [英]芭芭拉·亚当，乌尔里希·贝克，约斯特·房龙. 风险社会及其超越[M]. 赵延东，等，译. 北京：北京出版社，2005.

[22] [美]保罗·斯洛维奇. 风险的感知[M]. 赵延东，等，译. 北京：北京出版社，2007.

[23] [美]丹尼尔·贝尔. 后工业社会的来临[M]. 北京：商务印书馆，1986.

[24] [美]克特·W. 巴克. 社会心理学[M]. 天津：南开大学出版社，1984.

[25] 联合国开发计划署. 2001年人类发展报告——让新技术为人类发展服务[M]. 北京：中国财政经济出版社，2001.

[26] [德]马克思，恩格斯. 马克思恩格斯全集：第42卷[M]. 北京：人民出版社，1979.

[27] [德]马克思，恩格斯. 马克思恩格斯选集：第1卷[M]. 北京：人民出版社，1995.

[28] [德]马克思，恩格斯. 马克思恩格斯选集：第1卷[M]. 北京：人民出版社，1979.

[29] [德]马克思，恩格斯. 德意志意识形态[M]. 北京：人民出版社，1972.

[30] [德]马克思. 资本论：节选本[M]. 北京：人民出版社，2004.

[31] [德]马克思，恩格斯. 马克思恩格斯全集：第46卷下[M]. 北京：人民出版社，1980.

[32] [美]赫伯特·西蒙. 现代决策理论的基石[M]. 杨砾，徐立，译. 北京：北京经济学院出版社，1989.

[33] [荷]E. 舒尔曼. 科技时代与人类未来——在哲学深层的挑战[M]. 李小兵，等，译. 北京：东方出版社，1995.

[34] [美]希拉·贾撒诺夫，等. 科学技术论手册[M]. 盛晓明，等，译. 北京：北京理工大学出版社，2004.

[35] [比]伊利亚·普利戈金. 从存在到演化：自然科学中的时间及复杂性[M]. 曾庆容，等，译. 上海：上海科学技术出版社，1986.

[36] [比]伊利亚·普里戈金. 确定性的终结[M]. 湛敏，译. 上海：上海科技教育出版社，2009.

[37] [德]埃德蒙德·胡塞尔. 欧洲科学危机和超验现象学[M]. 张庆熊，译. 上海：上海译文出版社，1988.

[38] [德]奥特弗里德·赫费. 政治的正义性[M]. 上海：上海译文出版社，1998.

[39] [德]贝克. 风险社会[M]. 何博闻，译. 南京：译林出版社，2004.

[40] [美]弗罗姆. 占有还是生存[M]. 关山，译. 上海：生活·读书·新知三联书店，1989.

[41] [德]冈特·绍伊博尔德. 海德格尔分析新时代的科技[M]. 北京：中国社会科学出版社，1993.

[42] [德]海德格尔. 海德格尔选集（下）[M]. 孙周兴，选译. 上海：生活·读书·新知三联书店，1996.

[43] [德]赫尔曼·哈肯. 协同学：大自然构成的奥秘[M]. 凌复华，译. 上海：上海译文出版社，2001.

[44] [德]康德. 实践理性批判[M]. 韩水法，译. 北京：商务印书馆，1999.

[45] [德]拉普. 技术哲学导论[M]. 沈阳：辽宁科学技术出版社，1987.

[46] [德]马克斯·韦伯. 经济与社会：上卷[M]. 北京：商务印书馆，2006.

[47] [德]马尔库塞. 单向度的人[M]. 上海：上海译文出版社，1989.

[48] [德]乌尔里希·贝克，等. 自反性现代化[M]. 赵文书，译. 北京：商务印书馆，2004.

[49] [德]乌尔里希·贝克. 风险社会再思考[M] .郗卫东，译. //薛晓源，周战超. 全球化与风险社会. 北京：社会科学文献出版社，2005.

[50] [德]乌尔里希·贝克. 世界风险社会[M]. 吴英姿，孙淑敏，译. 南京：南京大学出版社，2004.

[51] [德]乌尔里希·贝克，约翰内斯·威尔姆斯. 自由与资本主义[M]. 路国林，译. 杭州：浙江人民出版社，2001.

[52] [德]雅斯贝尔斯. 历史的起源和目标[M]. 魏楚雄，新天俞，译. 北京：华夏出版社，1989.

[53] [德]尤尔根·哈贝马斯. 交往行为理论——行为合理性与社会合理化[M]. 曹卫东，译. 上海：上海人民出版社，2005.

[54] [法]布鲁诺·拉图尔. 科学在行动：怎样在社会中跟随科学家和工程师[M]. 刘文旋，郑开，译. 北京：东方出版社，2005.

[55] [法]梅洛·庞蒂. 行为的结构[M]. 杨大春，张尧均，译. 北京：商

务印书馆，2005.

[56] [法]梅洛·庞蒂. 知觉现象学[M]. 杨大春，张尧均. 译. 北京：商务印书馆，2007.

[57] [法]孟德斯鸠. 论法的精神（上）[M]. 北京：商务印书馆，1982.

[58] [法]米歇尔·福柯. 规训与惩罚：监狱的诞生[M]. 北京：生活·读书·新知三联书店，1999.

[59] [法]皮埃尔·布尔迪厄.科学的社会用途——写给科学场的临床社会学[M]. 刘成富，张艳，译. 南京：南京大学出版社，2005.

[60] [法]皮埃尔·布尔迪厄.科学之科学与反观性——法兰西学院专题讲座[M]. 陈圣生，涂释文，梁亚红，等，译. 桂林：广西师范大学出版社，2006.

[61] [法]让·拉特利尔. 科学和技术对文化的挑战[M]. 吕乃基，等，译. 北京：商务印书馆，1994.

[62] [美]安德鲁·皮克林. 实践的冲撞[M]. 邢冬梅，译. 南京：南京大学出版社，2004.

[63] [美]安德鲁·皮克林. 作为实践和文化的科学[M]. 柯文，等，译. 北京：中国人民大学出版社，2006.

[64] [美]安德鲁·芬伯格. 可选择的现代性[M]. 陆俊，严耕，译. 北京：中国社会科学出版社，2003.

[65] [美]安德鲁·芬伯格. 技术批判理论[M]. 韩连庆，曹观法，译. 北京：北京大学出版社，2005.

[66] [美]巴里·康芒纳. 封闭的循环——自然、人和技术[M]. 侯文蕙，译. 长春：吉林人民出版社，1997.

[67] [美]查里·佩罗. 高风险技术与"正常事故"[M]. 寒窗，译. 北京：科学技术文献出版社，1998.

[68] [美]丹尼斯·朗. 权力论[M]. 陆震纶，郑明哲，译. 北京：中国社会科学出版社，2001.

[69] [美]道格拉斯·C. 诺思. 经济史中的结构与变迁[M]. 陈郁，罗华平，等，译. 上海：上海人民出版社，1994.

[70] [美]杜威. 人的问题[M]. 傅统先，等，译. 上海：上海人民出版社，1965.

[71] [美]格尔哈斯·伦斯基. 权力和特权：社会分层的理论[M]. 关信平，等，译. 杭州：浙江人民出版社，1988.

[72] [美]赫伯特·马尔库塞. 单向度的人[M]. 刘继，译. 上海：上海译文出版社，2006.

[73] [美]H. W. 刘易斯. 技术与风险[M]. 杨建，缪建兴，译. 北京：中国对外翻译出版公司，1994.

[74] [美]卡尔·米切姆. 技术哲学概论[M]. 殷登祥，等，译. 天津：天津科学技术出版社，1999.

[75] [美]马斯洛. 人本哲学[M]. 成明，编译. 北京：九州出版社，2003.

[76] [美]弗朗西斯·福山. 大分裂[M]. 刘榜离，等，译. 北京：中国社会科学出版社，2003.

[77] [美]弗洛姆. 弗洛姆文集[M]. 冯川，等，译. 北京：改革出版社，1997.

[78] [美]刘易斯·芒福德. 技术与文明[M]. 王克仁，李华山，译. 北京：中国建筑工业出版社，2009.

[79] [美]唐·伊德. 让事物"说话"——后现象学与技术科学[M]. 韩连庆，译. 北京：北京大学出版社，2008.

[80] [美]谢尔顿·克里姆斯基，多米尼克·戈尔丁. 风险的社会理论学说[M]. 徐元玲，等，译. 北京：北京出版社，2005.

[81] [英]安东尼·吉登斯. 失控的世界[M]. 周红云，译. 南昌：江西人民出版社，2001.

[82] [英]安东尼·吉登斯.现代性的后果[M]. 田禾，译. 南京：译林出版社，2000.

[83] [英]吉登斯. 现代性——吉登斯访谈[M]. 北京：新华出版社，2000.

[84] [英]休谟. 人性论[M]. 北京：商务印书馆，1982.

[85] Bijker, Wiebe E. Law John. Shaping technology/building society: studies in sociotehnical change[M]. Cambridge, Massachusetts: The MIT Press 1.

[86] Bijker, Wiebe E. Of bicycles, bakelites, and bulbs: Toward a theory of socio-technical change[M]. Cambridge, MA: MIT Press, 1995.

[87] Bird Jr, Frank E. Management Guide to Loss Control [M]. Institute Press, 1974.

[88] Bruno Latour. 'Give Me a Laboratory and I Will Raise the World'[A]. in Karin Knorr-Cetina and Michael Mulkay.Science Observed: Perspectives on the Social Study of Science. London, UK: Sage Publication, 1983.

[89] Erich Fromm. Man For Himself [M]. Fawcett publication Inc., 1947: 27.

[90] Gibson J J, A Brief for Basic Research, Behavioral Approaches to Accident Research, Association for the Acid of Children [M]. New York. 1960.

[91] Jacques Ellul. The Technological Society[M]. New York: Random House, 1964: 98.

[92] Rosa E A. The logical structure of the social amplification of risk frame (SARF): Met theoretical foundation and policy implications[M]. In N K Pidgeon, R E, P Slovic (Ed), The social amplification of risk. Cambridge: University Press, 2003: 47-79.

[93] Benner L. Safety, Risk and Regulation, Transportation Research Forum Proceedings[M]. Chicago, 1972.

[94] Chellis Glendinning. When Technology Wounds-The Human Consequence of Progress[M]. New York: William Morrow and Company, Inc. 1990: 43.

[95] CraigBrod. Technostress: The Human Cost of the Computer Revolution[M]. Readings, MA; Addison-Wesley, 1984:1-3.

[96] Don Ihde. In Technology[M]. Minnessta: University of Minnesota Press, 2002(1).

[97] Emmanul G. Mesthene, Technological Change: Its Impact on Man and Society[M]. New York: New American Library, 1970: 60.

[98] Erich Fromm. The Revolution of Hope: Toword a Humanized Technology[M]. New York: Harper &Row, 1968:96.

[99] Heinrch H. Industrial Accident Prevent [M]. McGraw-Hill, 1980.

[100] Mark. J. Brosnan. Technophobia-The Psychological Impact of Information Technology[M]. London and New York Routledge, 1998: 12-16.

[101] Pigou, A. C.. The Economics of Welfare[M]. London: Macmillan, 1920.

[102] Susan L Cutter，Living with Risk—The Geography of Techological Hazards[M]. London New York：Edward Arrold, 1993:81.

二、论文类

[1] 陈多闻，陈凡，陈佳. 技术使用的哲学初探[J]. 科学技术哲学研究，2010（4）.

[2] 范岱年. 传统文明、现代科学工业文明和人类的未来[J]. 科学文化评论，2009（4）.

[3] 高杨帆. 论技术决策及其伦理意义[J]. 伦理学研究，2012（5）.

[4] 郭道晖. 权力的多元化和社会化[J]. 法学研究，2001（1）.

[5] 郭瑜桥，王树恩，王晓义. 技术风险与对策研究[J]. 科学管理研究，2004（2）.

[6] 胡明轩. 论矿工的不安全心理与安全管理的应对措施[J]. 陕西煤矿，2004（4）.

[7] 荆筱槐，陈凡. 技术不确定性的价值观规约——一种技术价值观的功能剖析[J]. 科学技术与辩证法，2006（2）.

[8] 李豪峰，高鹤. 我国煤矿生产安全监管的博弈分析[J]. 煤炭经济研究，2004（7）.

[9] 李竞，沈农高. 工业技术风险管理浅谈[J]. 现代职业安全，2008（7）.

[10] 李军. 权力涵义探微[J]. 北京市政法管理干部学院学报，2003（2）.

[11] 李少林，叶秀东. 煤炭行业的集中度对煤矿安全影响的实证研究[J].

东北财经大学学报，2010（1）.

[12] 李树刚，等. 煤矿安全投入评价指标体系建构方法研究[J]. 中国安全科学学报，2009（5）.

[13] 李志光. 安全生产中的侥幸心理剖析与消除[J]. 水利电力劳动保护，1995（2）.

[14] 梁秉铎. 煤矿安全管理工程的几个问题的探讨[J]. 煤炭工程师，1998（5）.

[15] 刘婧. 技术风险认知影响因素探析[J]. 科学管理研究，2007（4）.

[16] 刘婧. 试论技术风险管理创新的人文导向[J]. 科学学与科学技术管理，2007（9）.

[17] 刘松涛，李建会. 断裂、不确定性与风险——试析科技风险及其伦理规避[J]. 自然辩证法研究，2008（2）.

[18] 刘铁光. 风险社会中技术规制基础的范式转换[J]. 现代法学，2011（4）.

[19] 刘伟娜，汪代全. 矿难的经济学分析[J]. 甘肃农业，2006（11）.

[20] 刘振翼，等. 安全投入与安全水平的关系[J]. 中国矿业大学学报，2003（4）.

[21] 龙翔，陈凡. 现代技术对人性的消解及人性化技术重构[J]. 自然辩证法研究，2007（7）.

[22] 缪成长. 对中国矿难应急救援的技科学分析[J]. 自然辩证法研究，2012（7）.

[23] 乔龙德. 经济与科学技术一体化的必由之路[J]. 经济世界权威论坛，2003（5）.

[24] 石洪波. 企业技术决策价值观的矛盾分析[J]. 工业技术经济，2005（7）.

[25] 司汉武，傅朝荣. 结构与功能的哲学考察[J]. 汉中师范学院学报：社科版，2000（4）.

[26] 汤凌霄，郭熙保. 我国现阶段矿难频发成因及其对策：基于安全投入的视角[J]. 中国工业经济，2006（12）.

[27] 唐代喜. 权力寻租成因的多维透视[J]. 湖南科技大学学报：社科版，

2004（1）.

[28] 王伯鲁. 马克思技术与人性思想解读[J]. 自然辩证法研究，2009（2）.

[29] 王红. 违章作业者的心理现象及管理对策[J]. 中国安全科学学报，1995（5）.

[30] 王建设. 技术风险视域下技术主体的伦理责任[J]. 洛阳师范学院学报，2013（10）.

[31] 王丽，夏保华. 从技术知识视角论技术情境[J]. 科学技术哲学研究，2011（5）.

[32] 吴彤. 科学哲学视野中的客观复杂性[J]. 系统辨证学学报，2001（9）.

[33] 吴跃平. 技术传统与传统技术的类型[J]. 东北大学学报：社科版，2006（2）.

[34] 肖玲. 知识经济之底蕴及其展望[J]. 南京大学学报：哲学·人文·社会科学，1998（4）.

[35] 谢科范. 技术开发风险问题调研报告[J]. 科学学与科学技术管理，1993（8）.

[36] 谢晓非，郑蕊. 风险沟通与公众理性[J]. 心理科学进展，2003（4）.

[37] 许斗斗. 技术风险与文化的塑造和规范[J]. 哲学动态，2007（5）.

[38] 杨荣生. 当前安全形势下的煤矿安全培训[J]. 能源与安全，2005（3）.

[39] 姚敏，等. 煤炭安全教育问题浅析[J]. 陕西煤炭，2010（6）.

[40] 曾磊，石忠国，李天柱. 新兴技术不确定性的起源及应对方法[J]. 电子科技大学学报：社科版，2007（2）.

[41] 曾小春，孙宁. 基于消费者的电子商务风险界定及度量[J]. 当代经济科学，2007（3）.

[42] 张平，王雪峰，陈丽新. 我国煤矿安全管理的立法思考[J]. 中国国土资源经济，2008（7）.

[43] 张振平. 权力的越位与权利的缺位[J]. 党政论坛，2009（6）.

[44] 邹诗鹏. 人与自然的生存论关联——环境意识确立的基点[J]. 江海

学刊，2002（1）.

[45] [德]W. 拉莫特. 技术的文化塑造与技术多样性的政治学[J]. 世界哲学，2005（4）.

[46] [德]乌尔里希·贝克. 从工业社会到风险社会[J]. 马克思主义与现实，2003（3）.

[47] [美]斯万·欧维·汉森. 知识社会中的不确定性[J]. 国际社会科学杂志：中文版，2003（1）.

[48] [瑞典]斯文·欧威·汉森. 技术哲学视阈中的风险和安全[J]. 张秋成，译. 东北大学学报：社科版，2011（1）.

[49] 李爽. 煤矿企业安全文化系统研究[D]. 徐州：中国矿业大学，2005.

[50] 梁海慧. 中国煤矿企业安全管理问题研究[D]. 沈阳：辽宁大学，2006.

[51] 林德昌. 矿难的制度性分析[D]. 南京：东南大学，2006.

[52] 肖光. 技术风险的伦理反思[D]. 长沙：湖南大学，2011.

[53] 薛振华. 煤矿安全事故致因因素研究[D]. 西安：西北大学，2010.

[54] 张胜强. 我国煤矿事故致因理论及预防对策研究[D]. 杭州：浙江大学，2004.

[55] 赵长江. 官本位思想对当今社会的影响研究[D]. 曲阜：曲阜师范大学，2013.

[56] Adams. JGU. Risk and Freedom: the record of road safety regulation [J]. Transport Publishing Projects, 1985.

[57] Andrew Pickering. Decentering Sociology: Synthetic Dyes and Social Theory[J]. Perspectives on Science, 2005(13).

[58] Alison Vredenburgh G. Organizational safty: which management practices are most effective in reducing employee injury rate[J]. Journal of Safety Research, 2002.

[59] Beck U. The anthropological shock: Chernobyl and contours of the risk society[J]. Berkeley Journal of Sociology, 1987: 32.

[60] Birgitte Rasmussena, Kurt Petersenb E. Plant functional modeling as a basis for assessing the impact of management on plant safety Reliability

Engineering and System Safety, 1999.

[61] C. E. Althaus. A Disciplinary Perspective on the Epistemological Status of Risk[J]. Risk Analysis, 2005(25): 567.

[62] David Dejoy M. Creating safer workplaces: assessing the determinants and role of safety climate[J]. Journal of Safety Research, 2004.

[63] Greenwood, M. & Woods, H. M. The Incidence of Industrial Accidents upon Individuals with Specific Reference to Multiple Accidents (Report No 4) London: Industrial Fatigue Research Board, 1919.

[64] Hofmann Stetzer. The role of safety climate and communication in accident interpretation[J]. Academy of management journal, 1998.

[65] Jane Mullen. Invertigating factors that influence individual safety behavior at work[J]. Journal of Safety Research, 2004.

[66] Jean- Pierre Dupuy. Living with Uncertainty: Tow and the Ongoing Normative Assessment of Nanotechnology[J]. TecheL: Winter2004(8), No. 2.

[67] Kroes P. Technological Explanations: The Relation between Structure and Function of Technological Objects [J]. Society for Philosophy and Technology, 1998, 3(3): 18.

[68] Tygai, RajeevK. Why Do Suppliers Charger Larger Buyer Lower Price?[J]. The Journal of industrial Economics, 1995(2): 614-641.

[69] T. Aven&Renn. On Risk defined as an Event Where the Outcome is Uncertain[J]. Journal of Risk Research, 2009(12): 1-11.

[70] Yates J. F., Stones E. R. The Risk-taking Behavior, 1992: 1-25.

后记　走向中国采煤技术的未来

中国采煤技术的高风险，使人们不得不思考中国采煤技术的未来。既然存在高风险，中国采煤技术是否应该废弃？如果采煤技术必然存在高风险，那么，发达国家采矿业零死亡率说明了什么？如果不可废弃，也并不必然存在高风险，那么未来的中国采煤技术将如何走向低风险？

技术是人类通往幸福的阶梯，也是人类建立真正自由、民主和平等的社会的凭借。这已是大多学者和仁人志士所达成的普遍共识。即使是人文主义者，当他们出于技术灾难和技术工具理性而对技术展开批判的时候，也必须承认技术是人文坚实的基础，因为没有技术，人类只能面对贫穷与蛮荒，人文思想就会枯竭，人文精神也无法形成和传承。因此，尽管技术存在缺陷、风险和灾难，因噎废食地一味排斥技术也是不明智的，主张废弃技术更是荒谬至极。技术的车轮必将滚滚向前，无可阻挡。

当然，人类的确应该谨慎地对待工具理性文化裹挟下的技术。我们不能任凭技术任性地与资本结合，让资本的冒险本性放大技术的风险本质；我们也不能任凭技术任性地与制度和权力结合，使政治和权力的控制本性演化为技术对外部世界以及对人的控制目的；我们同样不能任凭技术任性地与科学结合，因为求真是科学的首要原则，而求善才是技术的根本追求，求真与求善既和谐协调，也矛盾对抗。因此，用马克斯·韦伯所说的价值理性而不是工具理性去统辖和指导技术，使技术朝着文明和人道化的方向发展，应该成为人类对一切技术的共同追求。

中国采煤技术的人道化，不是采煤技术消费的人道化，而是采煤技术使用的人道化。"技术消费"突出的是作为商品的技术能够满足人的某种需要，强调的是技术应用的目的，而"技术使用"突出的是人对技术或其人工物的使用，强调的是技术应用过程中的人技关系。因此，换句话说，中国采煤技术的人道化，不是要实现采煤技术应用的人道化目的，而是要实现采煤技术应用的人道化过程。具体地说，就是要在采煤技术的使用中，最大可能地规避风险，还煤矿矿工一个安全的工作空间和健康的身心，也让煤矿矿工家属把悬着的心放下来，揪着的心松开去。

实践和研究表明：大安全观的树立，制度的重新设计，人本主义安全管理模式的创建，技术自身的革新与变革等，都是实现中国采煤技术人道化的努力方向；政府、企业、专家、学者、媒体、社会大众等，都是实现采煤技术人道化的主体力量。时下，学界对采煤技术风险的研究虽然称不上千帆竞发、群星璀璨，但是可喜的是，有关的学术成果层出不穷。政府、企业、专家、媒体、社会大众，越来越多有良知的组织和个人也都纷纷觉悟和觉醒，共同奔赴采煤技术人道化未来的局面即将形成。

　　但是，十年强势崛起，三年猝然滑坡。中国的采煤技术在煤矿企业经历浮华而重归沉寂之后，可能会面临新的风险考验。因为，在中国，煤矿企业安全投入的多与少，安全管理压力的增与减，与经济效益呈现出一致的节奏。这就是说，实现中国采煤技术人道化的道路可能会更加曲折而漫长，步履可能会更加沉重而艰辛。

　　当然，我们走在曲折的道路上，依然应该坚信前途的光明。发达国家采矿业零死亡率的事实告诉我们：中国的采煤技术同样可以实现低风险，只是我们仍然在求索之中，尚没有找到合适的路径。那么，路到底在何方？我们在明白上述道理的同时，不妨认真地审视和思考：发达国家的采矿业是如何实现低风险的？进一步说，发达国家的安全观，发达国家安全管理的制度设计，以及发达国家采矿技术的革新和变革的历史，都是需要我们研究的课题（这也是本书后续的重点工作）。在走向中国采煤技术未来的道路上，我们除了携手共进，还需要学习和借鉴。

缪成长

2020 年 1 月